北京大学数学教学系列丛书

典型群引论

王 杰 著

北京大学出版社
PEKING UNIVERSITY PRESS

图书在版编目 (CIP) 数据

典型群引论 / 王杰著 . — 北京 : 北京大学出版社 , 2015.2
（北京大学数学教学系列丛书）
ISBN 978-7-301-25450-9

Ⅰ . ①典… Ⅱ . ①王… Ⅲ . ①典型群 - 高等学校 - 教
材 Ⅳ . ① O152.3

中国版本图书馆 CIP 数据核字 (2015) 第 023555 号

书　　　　名	典型群引论
著作责任者	王　杰　著
责 任 编 辑	曾琬婷
标 准 书 号	ISBN 978-7-301-25450-9
出 版 发 行	北京大学出版社
地　　　　址	北京市海淀区成府路 205 号　100871
网　　　　址	http://www.pup.cn　新浪微博 : @ 北京大学出版社
电 子 信 箱	zpup@pup.cn
电　　　　话	邮购部 62752015　发行部 62750672　编辑部 62767347
印 　刷 　者	北京大学印刷厂
经 　销 　者	新华书店
	880 毫米 × 1230 毫米　A5　9.25 印张　266 千字
	2015 年 2 月第 1 版　2016 年 11 月第 2 次印刷
定　　　　价	28.00 元

内 容 简 介

本书是一部典型群方面的入门书, 它是作者基于多年来在北京大学数学科学学院讲授的同名课程, 以及在全国数学研究生暑期学校讲授的相关内容编写而成的. 本书在高等代数和抽象代数的基础之上, 较为系统、完整地介绍了域上典型群的基础理论和方法. 本书注意与高等代数和抽象代数内容的衔接, 在理论上达到相当深度和广度的前提下, 多采用比较直接和初等的处理方法, 同时提示读者注意代数与几何之间的内在关联.

全书分为七章. 第一章给出了群和域方面的相关预备知识. 第二章介绍了线性群, 包括特殊射影线性群的单性证明、线性群的若干重要子群以及若干有限群之间的同构等内容. 第三章从 sesquilinear 形式出发, 通过 Birkhoff-von Neumann 定理的证明, 给出了自反的非退化 sesquilinear 形式的分类, 进而统一引进形式空间的概念. 第四章到第六章分别讨论了辛群、酉群和正交群(char $F \neq 2$). 由于特征 2 域上的正交群有其特殊性, 单独设立第七章加以研究. 在各章中注意把握形式空间的几何性质与相应等距群的代数性质之间的平衡.

书中给出了一些习题, 其中一部分是属于验证性的, 另一些则提供了进一步的结果. 为了方便读者自学, 书末给出了部分习题的解答或者提示.

本书可以作为高等院校数学或者相关学科的高年级本科生和研究生的教材或者教学参考书, 也可供数学以及物理、化学等学科的教师、研究生和其他科技工作者学习参考.

作 者 简 介

王 杰 北京大学数学科学学院教授, 博士生导师. 1978 年进入北京大学数学系学习, 1985 年在北京大学数学系研究生毕业, 先后获得理学学士和理学硕士学位, 此后留校任教. 1991 年获理学博士学位. 长期从事本科生及研究生代数课程的教学以及有限群、代数图论等方向的研究工作.

序　言

　　自 1995 年以来, 在姜伯驹院士的主持下, 北京大学数学科学学院根据国际数学发展的要求和北京大学数学教育的实际, 创造性地贯彻教育部 "加强基础, 淡化专业, 因材施教, 分流培养" 的办学方针, 全面发挥我院学科门类齐全和师资力量雄厚的综合优势, 在培养模式的转变、教学计划的修订、教学内容与方法的革新, 以及教材建设等方面进行了全方位、大力度的改革, 取得了显著的成效. 2001 年, 北京大学数学科学学院的这项改革成果荣获全国教学成果特等奖, 在国内外产生很大反响.

　　在本科教育改革方面, 我们按照加强基础、淡化专业的要求, 对教学各主要环节进行了调整, 使数学科学学院的全体学生在数学分析、高等代数、几何学、计算机等主干基础课程上, 接受学时充分、强度足够的严格训练; 在对学生分流培养阶段, 我们在课程内容上坚决贯彻 "少而精" 的原则, 大力压缩后续课程中多年逐步形成的过窄、过深和过繁的教学内容, 为新的培养方向、实践性教学环节, 以及为培养学生的创新能力所进行的基础科研训练争取到了必要的学时和空间. 这样既使学生打下宽广、坚实的基础, 又充分照顾到每个人的不同特长、爱好和发展取向. 与上述改革相适应, 积极而慎重地进行教学计划的修订, 适当压缩常微、复变、偏微、实变、微分几何、抽象代数、泛函分析等后续课程的周学时, 并增加了数学模型和计算机的相关课程, 使学生有更大的选课余地.

　　在研究生教育中, 在注重专题课程的同时, 我们制定了 30

多门研究生普选基础课程 (其中数学系 18 门), 重点拓宽学生的专业基础和加强学生对数学整体发展及最新进展的了解.

教材建设是教学成果的一个重要体现. 与修订的教学计划相配合, 我们进行了有组织的教材建设. 计划自 1999 年起用 8 年的时间修订、编写和出版 40 余种教材. 这就是将陆续呈现在大家面前的 "北京大学数学教学系列丛书". 这套丛书凝聚了我们近十年在人才培养方面的思考, 记录了我们教学实践的足迹, 体现了我们教学改革的成果, 反映了我们对新世纪人才培养的理念, 代表了我们新时期的数学教学水平.

经过 20 世纪的空前发展, 数学的基本理论更加深入和完善, 而计算机技术的发展使得数学的应用更加直接和广泛, 而且活跃于生产第一线, 促进着技术和经济的发展, 所有这些都正在改变着人们对数学的传统认识. 同时也促使数学研究的方式发生巨大变化. 作为整个科学技术基础的数学, 正突破传统的范围而向人类一切知识领域渗透. 作为一种文化, 数学科学已成为推动人类文明进化、知识创新的重要因素, 将更深刻地改变着客观现实的面貌和人们对世界的认识. 数学素质已成为今天培养高层次创新人才的重要基础. 数学的理论和应用的巨大发展必然引起数学教育的深刻变革. 我们现在的改革还是初步的. 教学改革无禁区, 但要十分稳重和积极; 人才培养无止境, 既要遵循基本规律, 更要不断创新. 我们现在推出这套丛书, 目的是向大家学习. 让我们大家携起手来, 为提高中国数学教育水平和建设世界一流数学强国而共同努力.

张继平

2002 年 5 月 18 日

于北京大学蓝旗营

前　言

本书的研究对象是典型群. 它们或者是由某些特定形式的矩阵构成的群, 或者是这些矩阵群的商群. 矩阵群是人们从很早就开始研究的对象, 它们不仅在数学本身的各个分支有着广泛的应用, 在物理学等其他学科领域也发挥着极其重要的作用.

群的概念最早源于 Galois[1] 研究一般 5 次方程是否有根式解的工作. 他把一个 5 次方程与其所有复根之间的一组变换联系起来. 用现代术语, 这些变换就构成了一个群. 一个方程有根式解的充分必要条件是它对应一个**可解群** (solvable group). 而 Galois 构造了一个 5 次方程, 证明相应的群是非交换单群 A_5, 是不可解的, 进而证明了一般的 5 次方程没有根式解.

根据 Jordan[2]-Hölder[3] 定理, 有限群必有**合成群列** (composition series), 其**合成因子** (composition factor) 都是单群. 从这个意义上讲, 有限单群是构造有限群的基本单位, 它们在有限群研究中所起的作用类似于素数在数论中的作用. 在 20 世纪 80 年代以前, 有限单群分类一直是有限群研究的中心问题之一. 而用合成因子的术语, 群 G 可解的充分必要条件是其合成因子均为交换单群, 即素数阶循环群 $\mathbb{Z}_p$.

交换单群只有素数阶循环群, 而非交换单群的情况就复杂得多了. 用现代术语, 非交换单群可以分成三大类: (1) 交错群 A_n ($n \geqslant 5$); (2) Lie 型单群; (3) 零散 (sporadic) 单群.

交错群 A_n 是 19 世纪人们就知道的一个有限单群的无限族. 上面已经提到, 早在 1832 年 Galois 就证明了 A_5 是单群. 这也是最小的

---

[1]Évariste Galois (1811.10.25—1832.5.31), 法国数学家.
[2]Marie Ennemond Camille Jordan (1838.1.5—1922.1.22), 法国数学家.
[3]Otto Ludwig Hölder (1859.12.22—1937.8.29), 德国数学家.

一个非交换单群. **Lie 型单群**[4] (simple groups of Lie type) 是有限单群的主体. 其中最基本的例子是特殊射影线性群 $PSL_n(q)$, 这里 $q = p^f$ 为素数方幂. 其他如辛群、西群、正交群等, 都属于 Lie 型单群的范畴. 特别地, 线性群、辛群、西群和正交群通常被称为**典型群** (classical groups). 早在 1901 年, Dickson[5] 在其专著 [12] 中对它们就有完整的描述. 而 "典型群" 这个名称是 1946 年 Hermann Weyl[6] 在他的同名著作 [25] 中首先使用的. 1955 年, Chevalley[7][10] 给出了这些典型群的一个统一的构造模式, 将其视为某些 Lie 代数结构的自同构群, 并且从这种观点出发, 得到了新的有限单群的无限族. 这也是称它们为 Lie 型单群的原因.

典型群是高等代数和抽象代数的一个自然拓展和延续, 因为典型群可以统一看做具有某些特定几何结构的线性空间的变换群.

设 F 是一个域, V 是 F 上的 n 维线性空间, 则 V 上的全体可逆线性变换构成一个群 $GL(V)$. 取定 V 的一个基 $v_1, \cdots, v_n$, 则 V 的任一线性变换在这个基下的矩阵是唯一确定的, 于是 $GL(V)$ 中的每个可逆线性变换就 1-1 对应于 F 上的一个 n 阶可逆方阵. F 上的全体 n 阶可逆方阵构成一个群, 记为 $GL_n(F)$, 称为**一般线性群** (general linear group). 显然 $GL_n(F) \cong GL(V)$.

在高等代数中, 我们知道, 对于实数域 $\mathbb{R}$ 上的 n 维线性空间 V, 如果赋予 V 一个正定的内积, V 中的向量就具备了长度, 向量之间就有了夹角等度量性质和垂直等几何关系. 换言之, 我们就为 V 赋予了一个几何结构, 得到所谓的**正交空间** (orthogonal space). 进而可以考虑 $GL(V)$ 中那些保持特定内积不变的线性变换, 这样就得到了**正交群** (orthogonal group).

类似地, 对于复数域 $\mathbb{C}$ 上的 n 维线性空间 V, 我们也可以定义某种内积. 这时 V 中向量之间尽管没有了夹角, 但仍然有长度等度量

---

[4]Marius Sophus Lie (1842.12.17—1899.2.18), 挪威数学家.

[5]Leonard Eugene Dickson (1874.1.22—1954.1.17), 美国数学家.

[6]Hermann Klaus Hugo Weyl (1885.11.9—1955.12.8), 德国数学家.

[7]Claude Chevalley (1909.2.11—1984.6.28), 法国数学家.

性质和垂直等几何关系, 形成所谓的 **酉空间** (unitary space). 同样可以考虑 $GL(V)$ 中那些保持内积不变的线性变换, 进而得到 **酉群** (unitary group).

在本书中, 我们把上述做法推广到任意域 F, 考察 F 上的有限维线性空间 V. 我们要给 V 赋予某些满足特定条件的几何结构, 进而研究保持这些几何结构的变换群.

从教学的角度看, 数学或者相近专业的学生中有许多在学过 "高等代数" 和 "抽象代数" 课程之后便没有进一步的代数方面的课程了. 当他们要学习一些后续课程时, 往往会感到所需要的代数知识与学过的课程之间存在不小的差距. 多年来作者一直在探索建设一门能够帮助学生从抽象代数的基础知识进阶到较为现代的课程的具有中间环节性质的课程. 这也是编写本书的起因之一. 本书的主要章节曾多次作为北京大学数学科学学院高年级本科生和研究生相关课程的讲义, 部分内容也曾经在全国数学研究生暑期学校的系列报告中做过介绍.

我们假定读者对线性代数的基本理论和方法有较好的理解和掌握, 同时具备抽象代数和群论的初步知识. 抽象代数方面的标准参考书为文献 [3, 18]. 群论方面可参看文献 [1, 2, 7, 15]. 有关典型群及有限单群的参考书, 除了前面提到的文献 [12, 15] 之外, 其他经典的有文献 [6,9], 较新的有文献 [14, 23, 26].

本书中, 我们有意识地对代数概念背后的几何意义加以说明, 以强调代数与几何之间的内在联系, 例如自反的 sesquilinear 形式与配极之间的关系. 作者以为, 代数是一种表达, 而几何是其内涵. 缺少内涵的表达会失之于空泛, 而不善表达的内涵其发挥的作用也会大打折扣. 因此, 代数与几何之间有一种互为表里的关系, 需得融会贯通, 方能相辅相成、相映成辉. 出于同样的考虑, 我们专门写了一个附录, 说明对偶、直射、配极等几何概念与半线性映射、sesquilinear 形式等代数概念之间的内在联系, 以期加深读者在这方面的理解.

在具体处理方面, 我们尽量采用初等方法, 所以对一般线性群、辛群、酉群和正交群分别介绍. 对于特征 2 域上的正交几何和正交群, 专门单辟一章, 着重说明这种情形下的特殊性. 但是, 细心的读者应该能够发现, 在这些不同类型的群之间, 不论是在其本身的性质还是在处理的方法方面都有一些共同之处. 作为例证, 我们在第三章中给出了 Witt[8] 定理 (定理 3.5.2) 的一个统一的证明. 对于典型群, 也可以从 Lie 代数角度出发给予统一的描述. 对这方面感兴趣的读者无疑应当研读 Carter 的经典著作 [9]. 统一处理典型群的更为现代的理论框架是 Tits 几何和 Building 理论. 对这方面感兴趣的读者可参看文献 [5, 13, 21] 等.

　　书中给出了一些习题, 其中一部分是属于验证性的, 另一些则提供了进一步的结果. 为了方便读者自学, 我们在书后给出了部分习题的解答或者提示.

　　本书的内容远远超出了一学期课程可能的限度. 根据作者的教学实践, 作为研究生和大学高年级本科生一个学期的课程, 教师可以讲授第一章、第二章的前三节以及第三章和第四章的全部, 然后根据具体情况选用后三章的部分内容.

　　北京大学出版社曾琬婷女士为本书的付印出版给予了许多帮助, 特此致谢.

王 杰

2014 年 6 月

---

[8]Ernst Witt (1911.6.26—1991.7.3), 德国数学家. 两岁时随父母到中国长沙, 1920 年被送回德国.

目　　录

第一章 预 备 知 识

在本章中, 我们给出一些后面要用到的预备知识, 主要包括群作用和关于域的一些结果. 有些结果没有给出证明, 而是代之以指出相应的参考文献.

§1.1 群 作 用

设 G 是一个群. 记号 $H \leqslant G$ 表示 H 是 G 的一个子群, 而 $H < G$ 表示 H 是 G 的一个真子群; 记号 $H \lhd G$ 表示 H 是 G 的正规子群.

给定一个非空集合 Ω, 记

$$\mathrm{Sym}(\Omega) = \{\, \Omega \text{ 到自身的全体双射} \,\},$$

则 $\mathrm{Sym}(\Omega)$ 对于映射的复合构成一个群, 称为集合 Ω 上的**对称群** (symmetric group), 其中的元素称为 Ω 上的**置换** (permutation). 对称群的子群称为**置换群** (permutation group).

给定群 G, 称群 G **作用在** Ω 上, 如果存在群同态 $\varphi \colon G \to \mathrm{Sym}(\Omega)$. 群同态 φ 称为 G 在 Ω 上的一个**作用** (action). 这时对任意 $g \in G$, $\varphi(g) \in \mathrm{Sym}(\Omega)$ 是 Ω 上的一个置换. 如果 φ 是单同态, 就称 G 在 Ω 上的作用是**忠实的** (faithful). 这时 G 同构于 $\mathrm{Sym}(\Omega)$ 的一个子群, 故可以视为一个置换群, 而每个 $g \in G$ 就可以视为 Ω 上的一个置换.

设 $G \leqslant \mathrm{Sym}(\Omega)$ 是一个置换群. 对于 $\alpha \in \Omega$, $g \in G$, 记号 α^g 表示 α 在 g 下的像. 进一步定义

$$\alpha^G = \{\, \alpha^g \mid g \in G \,\},$$

称为 G 的一条**轨道** (orbit). 子群

$$G_\alpha = \{\, g \in G \mid \alpha^g = \alpha \,\}$$

称为 α 在 G 中的**稳定化子** (stabilizer). 如果存在 $\alpha \in \Omega$, 使得 $\alpha^G = \Omega$, 就称 G 在 Ω 上是**传递的** (transitive). 若对 Ω 中的任意 $\alpha, \beta, \gamma, \delta, \alpha \neq \beta$, $\gamma \neq \delta$, 都存在 $g \in G$, 使得 $\alpha^g = \gamma$, $\beta^g = \delta$, 就称 G 是**双传递的** (double transitive).

习题 1.1.1 设 G 是集合 Ω 上的置换群. 证明: G 是双传递的, 当且仅当 G 在 Ω 上传递, 且对任意 $\alpha \in \Omega$, 稳定化子 G_α 在 $\Omega \setminus \{\alpha\}$ 上传递.

设置换群 G 在 Ω 上传递. 对 $\alpha \in \Omega$, 如果稳定化子 G_α 在 Ω 上恰有 r 条轨道

$$\Delta_0 = \{\alpha\}, \ \Delta_1, \ \cdots, \ \Delta_{r-1},$$

就称 G 是**秩 r 的**. 上述习题说明: G 是秩 2 的等价于 G 是双传递的.

命题 1.1.2 $|\alpha^G| = |G : G_\alpha|$.

证明 α^g 与陪集 $G_\alpha g$ 是 1-1 对应的. $\qquad\qquad\square$

设置换群 G 在 Ω 上传递. 子集合 $\Delta \subset \Omega$ 称为 G 的一个**块** (block), 如果对任意 $g \in G$, 总有 $\Delta^g \cap \Delta = \Delta$ 或者 $\varnothing$. Δ 称为**平凡的**, 如果 $\Delta = \{\alpha\}$ 或者 Ω. 置换群 G 称为**本原的** (primitive), 如果 G 在 Ω 上没有非平凡的块.

习题 1.1.3 设 G 是有限集合 Ω 上的传递置换群, $\Delta \subset \Omega$ 是 G 的一个块. 证明: $|\Delta| \mid |\Omega|$.

命题 1.1.4 如果 G 在 Ω 上是双传递的, 则 G 是本原的.

证明 设 Δ 是一个非平凡块, 则存在 $\alpha, \beta \in \Delta$, $\alpha \neq \beta$, 且 $\Delta \subset \Omega$. 故存在 $\gamma \notin \Delta$. 因为 G 双传递, 所以对 (α, β), (α, γ), 存在 $g \in G$, 满足 $\alpha^g = \alpha$, $\beta^g = \gamma$. 于是 $\alpha \in \Delta^g \cap \Delta \neq \varnothing$. 但 $\gamma = \beta^g \in \Delta^g \setminus \Delta$, 即 $\Delta^g \cap \Delta \neq \Delta$, 矛盾. $\qquad\square$

用秩的术语, 上述命题说明: 秩 2 的置换群是本原的.

习题 1.1.5 设 $|\Omega| = n$, G 是 Ω 上秩 3 的传递置换群. 对 $\alpha \in \Omega$, G_α 的轨道长度为 $|\Delta_0| = 1, |\Delta_1| = k, |\Delta_2| = \ell$. 如果 $1 + k \nmid n$, $1 + \ell \nmid n$, 则 G 在 Ω 上本原.

命题 1.1.6 设 G 在 Ω 上本原, $1 \neq N \lhd G$, 则 N 在 Ω 上传递.

证明 由 $N \neq 1$ 知, 存在 $\alpha \in \Omega$, 满足 $|\alpha^N| > 1$. 记 $\Delta = \alpha^N$ 是 N 的一条轨道. 对任意 $g \in G$, 有

$$\Delta^g = \left(\alpha^N\right)^g = (\alpha^g)^{g^{-1}Ng} = (\alpha^g)^N,$$

即 Δ^g 是 N 的另一条轨道. 因此或者 $\Delta^g = \Delta$, 或者 $\Delta^g \cap \Delta = \varnothing$, 即 Δ 是一个块. 由 G 的本原性即得 $\Delta = \Omega$. □

命题 1.1.7 设 G 是 Ω 上的置换群, 子群 $H < G$ 在 Ω 上传递, 则对任意 $\alpha \in \Omega$, 有

$$G = HG_\alpha.$$

证明 任取 $g \in G$, 对于 α^g, 由 H 的传递性知, 存在 $h \in H$, 使得 $\alpha^h = \alpha^g$, 于是 $hg^{-1} \in G_\alpha$. 这说明, 存在 $x \in G_\alpha$, 使得 $hg^{-1} = x$, 进而有 $g = hx^{-1} \in HG_\alpha$. □

设 G 是任意一个群. 对于 $g, h \in G$, 定义 g 和 h 的**换位子** (commutator) 为

$$[\,g, h\,] = g^{-1}h^{-1}gh.$$

记 G' 为 G 中全体换位子生成的子群, 即

$$G' = \langle\,[\,g, h\,] \mid g, h \in G\rangle,$$

称为 G 的**换位子群** (commutator subgroup), 也称为 G 的**导群** (derived group). G' 是 G 的**特征子群** (characteristic subgroup). 进一步, 有

命题 1.1.8 (1) G 是交换群, 当且仅当 $G' = 1$;

(2) 商群 G/G' 是可交换的;

(3) 如果 $N \lhd G$, 则 G/N 是交换群, 当且仅当 $G' \leqslant N$.

命题 1.1.9 (N/C 定理)　设子群 $H \leqslant G$, 则 $N_G(H)/C_G(H)$ 同构于 $\text{Aut}\,(H)$ 的一个子群.

命题的证明参见文献 [1] 第 I 章的定理 5.7.

下面我们给出著名的 **Burnside**[1] **转移定理** (Burnside's transfer theorem).

定理 1.1.10　对于素数 p, 设 P 是有限群 G 的一个 Sylow[2] p-子群. 如果 $P \leqslant Z(N_G(P))$, 则 G 包含一个正规子群 N, 使得 $G/N \cong P$.

定理的证明参见文献 [1] 第 II 章的定理 5.4.

注 1.1.11　条件 $P \leqslant Z(N_G(P))$ 等价于 P 是交换群, 这时有 $C_G(P) = N_G(P)$. 进一步, 这时有 $G = NP$, $N \cap P = 1$. 称 N 是 G 的一个**正规 p-补** (normal p-complement).

最后, 我们给出岩泽[3]引理.

定理 1.1.12 (岩泽引理)　设 G 为 Ω 上的本原群, $G' = G$. 若对 $\alpha \in \Omega$, 其稳定化子 G_α 包含一个交换的正规子群 A, 满足

$$G = \langle A^g \mid g \in G \rangle,$$

则 G 是单群.

证明　假设 G 有非平凡正规子群 $1 < N \lhd G$, 则 N 在 Ω 上传递. 因此 $G = NG_\alpha = G_\alpha N$. 于是, 对任意 $g \in G$, 可以把 g 表示成 $g = hn$, 其中 $h \in G_\alpha$, $n \in N$. 因为 $A \lhd G_\alpha$, 所以 A 的共轭

$$A^g = g^{-1}Ag = n^{-1}h^{-1}Ahn = n^{-1}An \leqslant AN.$$

这意味着 $G = AN$. 于是

$$G/N = AN/N \cong A/(A \cap N)$$

---

[1] William Burnside (1852.7.2—1927.8.21), 英国数学家.

[2] Peter Ludwig Mejdell Sylow (1832.12.12—1918.9.7), 挪威数学家.

[3] 岩泽健吉 (Iwasawa Kenkichi, 1917.9.11—1998.10.26), 日本数学家.

是一个交换群. 因此 G/N 的导群等于 1, 即

$$1 = (G/N)' = G'N/N = GN/N = G/N,$$

与 $N < G$ 相矛盾. □

§1.2　域的有关知识

设 F 是一个域, $F[x]$ 是 F 上的一元多项式环. 对于任意 $n \geqslant 1$ 次多项式 $f(x) \in F[x]$, 存在 F 的一个域扩张 E/F, 满足

(1) $f(x)$ 在 E 中可分解成一次因式的乘积

$$f(x) = c(x - \alpha_1) \cdots (x - \alpha_n), \quad \alpha_i \in E, \quad 1 \leqslant i \leqslant n;$$

(2) $E = F(\alpha_1, \cdots, \alpha_n)$.

这样的域扩张 E/F 称为 $f(x)$ 的一个**分裂域** (splitting field). 分裂域的存在性和唯一性参见文献 [3] 第七章的 §3.

一个不可约多项式 $f(x) \in F[x]$ 称为在 F 上**可分的** (separable), 如果 $f(x)$ 在其分裂域内只有单根, 没有重根.

设域 K/F 是代数扩张. $a \in K$ 称为 F 上的**可分元素**, 如果 a 的极小多项式在 F 上可分. K/F 称为**可分扩张**, 如果 K 中每个元素在 F 上都是可分的.

命题 1.2.1　若域特征 $\operatorname{char} F = 0$, 则 $F[x]$ 中任一不可约多项式在其分裂域内只有单根.

命题的证明参见文献 [3] 第七章 §4 定理 8 的推论 2.

域 F 称为**完全域** (perfect field), 若 $F[x]$ 中的不可约多项式都是可分的. 于是特征 0 的域是完全域.

定理 1.2.2　设 $\operatorname{char} F = p > 0$, 记 $F^p = \{ a^p \mid a \in F \}$, 则 F 是完全域的充分必要条件是 $F^p = F$.

定理的证明参见文献 [3] 第七章 §7 的定理 14.

对于有限域 $F = F_q$, 其中 $q = p^n$ 为素数方幂, 有 **Frobenius 映射**[4]

$$\varphi : x \mapsto x^p, \quad \forall x \in F.$$

不难验证 φ 是 F 的一个域自同构, 因此 $\mathrm{Im}\, \varphi = F^p = F$. 于是得到

命题 1.2.3 有限域是完全域.

假设域 K 是 F 上的有限扩张, 则 K 可视为 F 上的有限维线性空间. 取定 K 的一个基 $\varepsilon_1, \cdots, \varepsilon_n$, 则任意 $\xi \in K$ 可以唯一表示成基元素的 F-组合

$$\xi = c_1\varepsilon_1 + c_2\varepsilon_2 + \cdots + c_n\varepsilon_n, \quad c_i \in F, \quad i = 1, \cdots, n.$$

对任意 $\alpha \in K$, 用 α 对 K 中的元素作左乘, 就导出一个线性变换 $\bar{\alpha} : x \mapsto \alpha x$. 设 $\bar{\alpha}$ 在基 $\varepsilon_1, \cdots, \varepsilon_n$ 下的矩阵为 $A = (a_{ij})\,(a_{ij} \in F)$, 则 A 的迹 $a_{11} + a_{22} + \cdots + a_{nn}$ 和行列式 $\det A$ 与基的选取无关, 分别定义为元素 $\alpha \in K$ 的**迹** (trace) 和**范数** (norm). 于是得到加法群 $K^+ \to F^+$ 的**迹映射** $T_{K/F}$:

$$T_{K/F}(\alpha) = \sum_{i=1}^{n} a_{ii} \in F$$

和乘法群 $K^\times \to F^\times$ 的**范数映射** $N_{K/F}$:

$$N_{K/F}(\alpha) = \det A \in F.$$

对任意 $\alpha, \beta \in K$, $a, b \in F$, 直接验证可得

$$T_{K/F}(a\alpha + b\beta) = aT_{K/F}(\alpha) + bT_{K/F}(\beta),$$
$$N_{K/F}(\alpha\beta) = N_{K/F}(\alpha)N_{K/F}(\beta),$$
$$N_{K/F}(a\alpha) = a^n N_{K/F}(\alpha),$$
$$T_{K/F}(0) = 0, \quad N_{K/F}(1) = 1.$$

---

[4]Ferdinand Georg Frobenius (1849.10.26—1917.8.3), 德国数学家.

定理 1.2.4 迹映射 $T_{K/F}$ 是 $K \to F$ 的线性函数. 特别地, 作为加法群 $K^+ \to F^+$ 的同态, $T_{K/F}$ 或者是满同态, 或者是零同态. 范数映射 $N_{K/F}$ 是乘法群 $K^\times \to F^\times$ 的一个同态.

定理的证明参见文献 [3] 第七章 §9 的定理 16.

定理 1.2.5 设 K/F 是有限扩张, 则迹映射 $T_{K/F} : K^+ \to F^+$ 是满同态当且仅当 K/F 是可分扩张.

定理的证明参见文献 [3] 第七章 §9 的定理 17.

推论 1.2.6 设 $F = F_q$ 是有限域, K 是 F 上的有限扩张, 则迹映射 $T_{K/F}$ 是满同态.

当 K/F 为 n 次 Galois 扩张时, 设相应的 Galois 群为

$$G = Gal(K/F) = \{1 = \sigma_1, \cdots, \sigma_n\},$$

则迹映射和范数映射还可以表示成

$$T_{K/F}(\alpha) = \sum_{i=1}^{n} \sigma_i(\alpha), \quad N_{K/F}(\alpha) = \prod_{i=1}^{n} \sigma_i(\alpha), \quad \forall \alpha \in K.$$

设 $F = F_q$ 是有限域, $E = F_{q^2}$ 是 F 上的一个二次扩张. 这时 E/F 的 Galois 群是 2 阶的, 由 Frobenius 映射 $\varphi : \alpha \mapsto \alpha^q$ 生成. 故在此情形下有

$$T_{E/F}(\alpha) = \alpha + \alpha^q, \quad N_{E/F}(\alpha) = \alpha^{1+q}, \quad \forall \alpha \in E.$$

定理 1.2.7 如果 $F = F_q$, $E = F_{q^2}$, 则迹映射和范数映射都是满同态.

证明 由推论 1.2.6 即得 $T_{K/F}$ 是满同态. 乘法群 $E^\times$ 是 $q^2 - 1$ 阶循环群, 包含唯一的 $q+1$ 阶子群. 而 $\mathrm{Ker}\, N_{K/F} = \{\alpha \in E^\times | \alpha^{1+q} = 1\}$, 因此 $|\mathrm{Ker}\, N_{K/F}| = q + 1$. 这说明 $|\mathrm{Im}\, N_{K/F}| = q - 1$. $\qquad \square$

第二章 线 性 群

§2.1　线性群与射影群

设 F 是一个域, V 是 F 上的 n 维线性空间. 定义**一般线性群** (general linear group) 为

$$GL(V) = \{\, V \text{的全体可逆线性变换} \,\}.$$

取定 V 的一个基后, 任意 $g \in GL(V)$ 都唯一对应于一个 F 上的 n 阶可逆方阵, 即线性变换 g 在这个基下的矩阵. 因此也可定义一般线性群为 F 上全体 n 阶可逆方阵构成的群, 记做 $GL_n(F)$. 特别地, 当 $q = p^f$ 为素数方幂, $F = F_q$ 是有限域时, 用 $GL_n(q)$ 表示这个有限矩阵群. 下面我们视不同情形, 会分别用线性变换或者矩阵的表述.

容易验证 $GL(V)$ 的中心是全体数乘变换 $\{\, \lambda 1_V \mid 0 \neq \lambda \in F \,\}$, 其中 1_V 是 V 上的恒等变换. 相应的矩阵群 $GL_n(F)$ 的中心

$$Z = \{\, \lambda E \mid 0 \neq \lambda \in F \,\}$$

为全体数量矩阵, 其中 E 是 n 阶单位矩阵. 当 $F = F_q$ 为有限域时, Z 是一个 $q - 1$ 阶循环群.

设 V 是 F 上的 n 维线性空间. 对于任一非零向量 $v \in V$, 记 $\langle v \rangle$ 为 v 生成的 1 维子空间. 定义 (基于 V 的) $n-1$ 维**射影空间** (projective space)

$$\mathscr{P} = \mathscr{P}_{n-1}(V) = \{\, \langle v \rangle \mid v \in V \,\},$$

其中的 1 维子空间 $\langle v \rangle$ 称为**射影点** (projective point). 当 $F = F_q$ 为有限域时, V 中共有 $q^n - 1$ 个非零向量, 每个 1 维子空间里包含 $q - 1$ 个非零向量, 因此这时射影空间中包含的射影点数目为

$$|\mathscr{P}| = (q^n - 1)/(q - 1).$$

一般线性群 $GL(V)$ 在 $\mathscr{P}$ 上有一个自然的作用

$$\langle v \rangle^g = \langle v^g \rangle, \quad \forall g \in GL(V), \ \langle v \rangle \in \mathscr{P}. \tag{2.1}$$

显然这个作用的核就是 $GL(V)$ 的中心 $Z(GL(V))$. 定义**一般射影线性群** (projective general linear group) 为

$$PGL(V) = GL(V)/Z(GL(V)).$$

$PGL(V)$ 忠实地作用在射影空间 $\mathscr{P}$ 上, 成为 $\mathscr{P}$ 上的一个置换群. 相应地, 有矩阵群的定义

$$PGL_n(F) = GL_n(F)/Z.$$

取定 V 的一个基, 任一可逆线性变换 $g \in GL(V)$ 唯一确定一个 F 上的 n 阶可逆矩阵 $M \in GL_n(F)$. 因为 g 在不同基下的矩阵是共轭的, 所以 M 的行列式 $\det M$ 与基的选取无关, 进而可以定义线性变换的行列式 $\det g = \deg M$. 容易验证: 行列式映射 $\det: M \mapsto \det M$ 是 $GL_n(F)$ 到 F 的乘法群 $F^\times$ 的一个满同态, $GL_n(F)$ 中行列式等于 1 的全体矩阵构成这个同态的核, 定义为**特殊线性群** (special linear group), 记做 $SL_n(F)$. 相应地, 记

$$SL(V) = \{\, g \in GL(V) \mid \det g = 1 \,\}.$$

显然有 $SL(V) \lhd GL(V)$. 与一般线性群类似, 通过 (2.1) 式, 特殊线性群 $SL(V)$ 也可自然地作用到射影空间 $\mathscr{P}_{n-1}(V)$ 上, 其作用的核为

$$Z(SL(V)) = Z(GL(V)) \cap SL(V).$$

定义**射影特殊线性群** (projective special linear group) 为

$$PSL(V) = SL(V)/Z(SL(V)),$$

则 $PSL(V)$ 也成为 $\mathscr{P}$ 上的一个置换群. 相应地, 有矩阵群的定义

$$PSL_n(F) = SL_n(F)/(SL_n(F) \cap Z).$$

注 2.1.1 $SL_n(F)$ 是 $GL_n(F)$ 的正规子群, 但是 $PSL_n(F)$ 并非 $PGL_n(F)$ 的子群. 不过两者之间总有同构

$$PSL_n(V) \cong SL_n(F)Z/Z \leqslant PGL_n(F).$$

在有限域 $F = F_q$ 的情形, 显然有 $|GL_n(q) : SL_n(q)| = q - 1$. 进一步, 取定 V 的一个基 $v_1, \cdots, v_n$, V 的任意一个线性变换被其在基向量上的像唯一确定. 设 $F = F_q$ 是一个有限域. 对于 $g \in GL(V)$, v_1 在 g 作用下的像 v_1^g 可以取 V 中的任意非零向量, 这时共有 $q^n - 1$ 种取法. 取定 v_1^g 后, v_2^g 要与 v_1^g 线性无关, 即 $v_2^g \notin \langle v_1^g \rangle$, 因此有 $q^n - q$ 种取法. 一般地, 取定 $v_1^g, \cdots, v_i^g$ 后, v_{i+1}^g 不能落在 i 维子空间 $\langle v_1^g, \cdots, v_i^g \rangle$ 里, 故有 $q^n - q^i$ 种取法, 于是得到

$$|GL(V)| = |GL_n(q)| = (q^n - 1)(q^n - q) \cdots (q^n - q^{n-1})$$
$$= q^{\frac{n(n-1)}{2}} \prod_{i=1}^{n} (q^i - 1).$$

根据定义, 有

$$|SL_n(q)| = |PGL_n(q)| = |GL_n(q)|/(q-1).$$

对于 $PSL_n(q)$, 考虑 $Z \cap SL_n(q)$, 即数量矩阵中行列式等于 1 的. 因为 $\det(\lambda E) = \lambda^n = 1, \lambda \in F$, 而 $F^\times$ 是 $q - 1$ 阶循环群, 其中 $x^n = 1$ 的解的个数等于 $(n, q-1)$, 所以

$$|PSL_n(q)| = |SL_n(q)/(SL_n(q) \cap Z)| = \frac{1}{(n, q-1)} q^{\frac{n(n-1)}{2}} \prod_{i=2}^{n} (q^i - 1).$$

命题 2.1.2 $PSL_n(V)$ 在 $\mathscr{P} = \mathscr{P}_{n-1}(V)$ 上的作用是 2-传递的.

证明 设 $\langle v_1 \rangle \neq \langle v_2 \rangle$, $\langle w_1 \rangle \neq \langle w_2 \rangle$ 是 $\mathscr{P}$ 中的两对射影点, 则 $v_1, v_2 \in V$ 和 $w_1, w_2 \in V$ 分别线性无关. 于是, 存在 $g \in SL_n(V)$, $c \in F^\times$, 使得

$$v_1^g = w_1, \quad v_2^g = cw_2.$$

当 $n = 2$ 时, 需要取适当的 c 以保证 $\det g = 1$; 当 $n \geqslant 3$ 时, 可以取 $c = 1$. 于是, g 在 $\mathscr{P}$ 上的作用满足

$$\langle v_1 \rangle^g = \langle v_1^g \rangle = \langle w_1 \rangle, \quad \langle v_2 \rangle^g = \langle v_2^g \rangle = \langle cw_2 \rangle = \langle w_2 \rangle,$$

即证得 $PSL_n(V)$ 在 $\mathscr{P}$ 上是 2-传递的. □

例 2.1.3 设 V 是域 F 上的 2 维线性空间. 这时相应的射影空间 $\mathscr{P} = \mathscr{P}_1(V)$ 是 1 维的, 通常称之为**射影直线** (projective line).

当 $F = F_q$ 是有限域时, V 中有 $q^2 - 1/(q-1) = q+1$ 个 1 维子空间, 即射影直线 $\mathscr{P}$ 包含 $q+1$ 个射影点. 对于 $x \in F_q$, 用 x 代表 1 维子空间 (射影点)$\langle (x,1) \rangle$. 记 $\infty = \langle (1,0) \rangle$. 于是 $\mathscr{P} = \{0, \cdots, q-1, \infty\} = F_q \cup \{\infty\}$. 线性群 $GL_2(q)$ 中任意矩阵作用在 V 上:

$$\begin{pmatrix} a & b \\ c & d \end{pmatrix} \begin{pmatrix} x \\ y \end{pmatrix} = \begin{pmatrix} ax + by \\ cx + dy \end{pmatrix}, \tag{2.2}$$

诱导出 $PGL_2(q)$ 在 $\mathscr{P}$ 上的一个作用:

$$\langle (x,1) \rangle \mapsto \left\langle \left(\frac{ax+b}{cx+d}, 1 \right) \right\rangle, \quad \infty = \langle (1,0) \rangle \mapsto \left\langle \left(\frac{a}{c}, 1 \right) \right\rangle.$$

例如, 当 $q = 5$ 时, 矩阵 $\begin{pmatrix} 2 & 1 \\ 3 & 3 \end{pmatrix}$ 把 x 映成 $\frac{2x+1}{3x+3}$, 对应于 $\mathscr{P}$ 上的置换 $(0,2)\,(1,3)\,(4,\infty)$.

习题 2.1.4 沿用例 2.1.3 的记号, 证明: (2.2) 式定义的作用, 其核为 $Z(GL_2(q))$, 从而 $PGL_2(q)$ 忠实地作用在射影直线 $\mathscr{P}$ 上. 这说明 $PGL_2(q)$ 同构于一个 2-传递的 $q+1$ 次置换群.

设 V_1, V_2 分别是域 F_1, F_2 上的 n 维线性空间, $\mathscr{P}(V_1), \mathscr{P}(V_2)$ 是相应的射影空间. $\mathscr{P}(V_1) \to \mathscr{P}(V_2)$ 的一个 1-1 对应 φ 称为**直射** (collineation), 如果 φ 把共线的点总映成共线的点. 对任一线性映射 $g : V_1 \to V_2$, 定义映射 $\mathscr{P}(g)$:

$$\langle v \rangle^{\mathscr{P}(g)} = \langle v^g \rangle, \quad \forall \langle v \rangle \in \mathscr{P}(V_1).$$

显然 $\mathscr{P}(g)$ 是一个直射. 但直射并不仅限于 $\mathscr{P}(g)$ 的形式.

定义 2.1.5 设 V_1, V_2 分别是域 F_1, F_2 上的线性空间, $\sigma: F_1 \to F_2$ 是一个域同构. 映射 $f: V_1 \to V_2$ 称为一个 σ-**半线性映射** (σ-semilinear mapping), 如果

$$(u+v)^f = u^f + v^f, \quad (av)^f = a^\sigma v^f, \quad \forall u, v \in V_1,\ a \in F_1.$$

在 σ 已明确的情形, 也常常将 f 简称为**半线性映射**.

习题 2.1.6 设 $f: V_1 \to V_2$ 是一个 σ-半线性映射, W 是 V_1 的一个子空间. 证明: $\operatorname{Ker} f$ 是 V_1 的子空间, $\operatorname{Im} f$ 和 $\operatorname{Im}(f|_W)$ 是 V_2 的子空间.

容易验证, 给定 σ-半线性映射 f, 定义 $\mathscr{P}(f)$:

$$\langle v \rangle^{\mathscr{P}(f)} = \langle v^f \rangle, \quad \forall \langle v \rangle \in \mathscr{P}(V_1),$$

则 $\mathscr{P}(f)$ 也是一个直射. 进一步, 我们有

定理 2.1.7 (射影几何基本定理) 设 V_1, V_2 分别是域 F_1, F_2 上的 $n \geqslant 3$ 维线性空间, $\varphi: \mathscr{P}(V_1) \to \mathscr{P}(V_2)$ 是一个直射, 则存在域同构 $\sigma: F_1 \to F_2$ 和 σ-半线性映射 $f: V_1 \to V_2$, 使得 $\varphi = \mathscr{P}(f)$.

定理的证明可以参看文献 [6] 的定理 2.26 和文献 [18] 的 8.4 节.
射影几何基本定理中的半线性映射具有某种唯一性.

定理 2.1.8 设 V_1, V_2 分别是域 F_1, F_2 上的 $n \geqslant 3$ 维线性空间, σ, τ 是 $F_1 \to F_2$ 的两个域同构. 如果双射 $f, g: V_1 \to V_2$ 分别是 σ-半线性映射和 τ-半线性映射, 且它们导出相等的直射 $\mathscr{P}(f) = \mathscr{P}(g)$, 则 $\sigma = \tau$, 且存在 $c_0 \in F_2$, 使得对任意 $v \in V_1$, 有 $v^f = c_0 v^g$.

证明 考虑 V_1 到自身的双射 $h = fg^{-1}$. 直接验证可知, $\theta = \sigma\tau^{-1}$ 是域 F_1 的自同构, 而 h 是 θ-半线性的, 且 $\mathscr{P}(h)$ 是 $\mathscr{P}(V_1)$ 上的恒等变换. 于是, 对任意 $w \in V_1$, 存在 $c_w \in F_1$, 使得 $w^h = c_w w$. 往证 c_w 与 w 无关. 取线性无关的向量 $u, v \in V_1$, 则

$$c_{u+v}(u+v) = (u+v)^h = u^h + v^h = c_u u + c_v v.$$

故得 $c_u = c_{u+v} = c_v$. 对任意 $w \in V_1$, 或者 u, w 线性无关, 或者 v, w 线性无关. 不论何种情形, 总有 $c_w = c_u = c_v$, 即 c_w 的取值与 w 无关. 把这个共同的值记做 c_1. 令 $c_0 = c_1^\tau$, 就有 $v^f = (c_1 v)^g = c_1^\tau v^g = c_0 v^g$, $\forall v \in V_1$.

进一步, 取定 $v \in V_1$, 则对任意 $c \in F_1$, 有
$$c^\sigma v^f = (cv)^f = c_0(cv)^g = c_0 c^\tau v^g = c^\tau v^f.$$
这就意味着 $c^\sigma = c^\tau$, $\forall c \in F_1$, 即 $\sigma = \tau$.   □

设 V 是域 F 上的线性空间, σ 是 F 到自身的一个域自同构. V 到自身的一个 σ-半线性映射称为 V 的一个**半线性变换** (semilinear transformation). 容易验证 V 上全体可逆的半线性变换构成一个群, 记做 $\Gamma L(V)$. 根据射影几何基本定理和定理 2.1.8, 当 $\dim V \geqslant 3$ 时, 射影空间 $\mathscr{P}(V)$ 上任一直射变换都是由唯一的可逆半线性变换导出的. 换言之, $\mathscr{P}(V)$ 上的直射变换群为 $\{\mathscr{P}(f) \mid f \in \Gamma L(V)\}$.

习题 2.1.9 设 F 是一个域, $\alpha \in \mathrm{Aut}(F)$, V 是 F 上的 n 维线性空间. 给定 V 的一个基 $e_1, \cdots, e_n$. 对任意向量 $v = \sum_{i=1}^n x_i e_i \in V$ $(x_i \in F)$, 定义映射 $\alpha': v \mapsto \sum_{i=1}^n x_i^\alpha e_i$. 证明:

(1) α' 是 V 到自身的一个 α-半线性变换;

(2) 对任意 α-半线性变换 f, 假定 $(e_1, \cdots, e_n)^f = (e_1, \cdots, e_n)A$, 其中 A 是 F 上的 n 阶方阵, 记 f' 为由 A 确定的 V 的线性变换, 则
$$f = \alpha' f';$$

(3) $GL(V) \lhd \Gamma L(V)$, $\Gamma L(V)/GL(V) \cong \mathrm{Aut}(F)$;

(4) $\Gamma L(V) = \mathrm{Aut}(F) \ltimes GL(V)$.

§2.2 $PSL_n(F)$ 的单性

设 V 是域 F 上的 n 维线性空间. 本节中我们要证明, 除了 $n = 2$, $|F| = 2$ 或 3 的情形外, 所有的特殊射影群 $PSL(V)$ 都是单群. 证明

所使用的工具是岩泽引理 (定理 1.1.12). 本节证明的逻辑框架同样也适用于其他几类典型群的单性证明. 下面首先引入平延 (transvection) 的概念.

定义 2.2.1 设 H 是 V 的一个**超平面** (hyperplane), 即 V 的一个 $n-1$ 维子空间. $1 \neq \tau \in GL(V)$ 称为关于 H 的一个**平延**, 如果 τ 满足

$$v^\tau = v, \ \forall v \in H; \quad v^\tau - v \in H, \ \forall v \in V.$$

参见图 2.1.

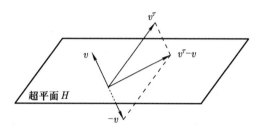

图 2.1   关于超平面 H 的平延 τ

记 $V^* = \operatorname{Hom}_F(V, F)$ 是 $V \to F$ 的全体线性函数构成的集合. 对任意 $0 \neq \varphi \in V^*$, 其核 $\operatorname{Ker}\varphi$ 的维数为 $n-1$, 它就是一个超平面; 反之, 给定 V 中任一超平面 H, 存在非零线性函数 φ, 使得 $\operatorname{Ker}\varphi = H$. 进一步, 有

命题 2.2.2 设 τ 是关于超平面 H 的平延, 则存在非零线性函数 $\varphi \in V^*$ 和非零向量 $w \in H$, 使得

$$v^\tau = v + \varphi(v)w, \quad \forall v \in V.$$

把这个平延记做 $\tau = \tau(w, \varphi)$. 反之, 给定 $0 \neq \varphi \in V^*$ 和向量 $0 \neq w \in \operatorname{Ker}\varphi$, 定义线性变换 $\tau: V \to V, v \mapsto v + \varphi(v)w$, 则 τ 是关于超平面 $H = \operatorname{Ker}\varphi$ 的一个平延.

证明 任取 $u \in V \setminus H$, 则 V 中的任一向量 v 可以唯一表示成 $v = h + cu \ (h \in H, c \in F)$ 的形式. 令 $\varphi: h + cu \mapsto c$. 不难验证 $\varphi \in V^*$,

$\operatorname{Ker}\varphi = H$, 且 $\varphi(u) = 1$. 令 $w = u^\tau - u \neq 0$, 则 $w \in H$, $\varphi(w) = 0$, 且

$$v^\tau = (h + cu)^\tau = h + c(u^\tau) = h + c(w + u) = v + \varphi(v)w.$$

反之, 对任意 $h \in H$, 有 $h^\tau = h + \varphi(h)w = h$. 而对任意 $v \in V$, 有

$$v^\tau - v = \varphi(v)w \in H.$$

这说明 τ 是平延. □

习题 2.2.3 设 V 是域 F 上的 n 维线性空间, $g \in GL(V)$ 是一个可逆线性变换. 证明: g 是平延的充分必要条件是 $\dim \operatorname{Im}(g - 1_V) = 1$ 且 $(g - 1_V)^2 = 0$.

命题 2.2.4 (1) 设 $0 \neq \varphi \in V^*$, $0 \neq v \in \operatorname{Ker}\varphi$. 对任意 $0 \neq a \in F$, 有 $\tau(av, \varphi) = \tau(v, a\varphi)$.

(2) 设 $0 \neq \varphi \in V^*$, $0 \neq v, w \in H = \operatorname{Ker}\varphi$, 则有

$$\tau(v, \varphi)\tau(w, \varphi) = \tau(v + w, \varphi),$$
$$\tau(v, \varphi)\tau(-v, \varphi) = 1_V.$$

于是关于 H 的所有平延添上恒等变换构成 V 上一个变换群 $T(H)$, 它同构于 H 中向量的加法群 H^+.

(3) 给定非零向量 $w \in V$, 非零线性函数 φ_1, φ_2 满足 $\varphi_i(w) = 0$ $(i = 1, 2)$, 则有

$$\tau(w, \varphi_1)\tau(w, \varphi_2) = \tau(w, \varphi_1 + \varphi_2).$$

进而集合

$$T_w = \{\, \tau(w, \varphi) \mid 0 \neq \varphi \in V^*, \varphi(w) = 0 \,\} \cup \{1_V\}$$

构成 $GL(V)$ 的一个交换子群.

(4) 对任意平延 τ, 存在 V 的一个基, 使得 τ 在这个基下的矩阵为

$$\begin{pmatrix} 1 & & & 1 \\ & \ddots & & \\ & & & 1 \end{pmatrix} \tag{2.3}$$

(空白处元素为 0), 从而有 $\tau \in SL(V)$.

(5) 设 $\tau = \tau(w, \varphi)$ 是一个平延, $g \in GL(V)$ 是任意可逆线性变换, 则

$$g^{-1}\tau(w, \varphi)g = \tau(w^g, \varphi \circ g^{-1}),$$

其中 $\varphi \circ g^{-1}\colon v \mapsto \varphi(v^{g^{-1}})$.

证明 (1), (2), (3), (5) 直接验证.

(4) 设平延 $\tau = \tau(u, \varphi)$, $H = \operatorname{Ker} \varphi$, $u_1 = u, \cdots, u_{n-1}$ 是 H 的一个基. 选取 $u_n \notin H$, 满足 $\varphi(u_n) = 1$, 则 $u_1, \cdots, u_{n-1}, u_n$ 构成 V 的一个基. 因为 $\tau|_H = 1_H$, 而

$$u_n^\tau = u_n + \varphi(u_n)u_1 = u_n + u_1,$$

所以 τ 在这个基下的矩阵形如 (2.3). $\qquad\square$

习题 2.2.5 证明: 平延 $\tau(u, \varphi)$ 和 $\tau(v, \psi)$ 可交换的充分必要条件是

$$\varphi(v) = \psi(u) = 0.$$

命题 2.2.6 设 V 是域 F 上的 n 维线性空间, 当 $n \geqslant 2$ 时, V 上任意两个平延在 $GL(V)$ 中是共轭的; 当 $n > 2$ 时, 它们在 $SL(V)$ 中是共轭的.

证明 1 对任意两个平延 $\tau(w_1, \varphi_1)$, $\tau(w_2, \varphi_2)$, 有 $\varphi_i(w_i) = 0$ $(i = 1, 2)$. 设 $e_1 = w_1, e_2, \cdots, e_{n-1}$ 和 $f_1 = w_2, f_2, \cdots, f_{n-1}$ 分别是 $\operatorname{Ker} \varphi_1$ 和 $\operatorname{Ker} \varphi_2$ 的基. 将其扩充成 V 的基 $e_1, \cdots, e_{n-1}, e_n$ 和 $f_1, \cdots, f_{n-1}, f_n$, 满足 $\varphi_1(e_n) = \varphi_2(f_n) = 1$. 考虑线性变换 $g \in GL(V)\colon e_i \mapsto f_i$. 由命题 2.2.4 (5) 有

$$g^{-1}\tau(w_1, \varphi_1)g = \tau(w_1^g, \varphi_1 \circ g^{-1}).$$

显然 $w_1^g = w_2$. 而

$$\varphi_1 \circ g^{-1}(f_i) = \varphi_1(f_i^{g^{-1}}) = \varphi_1(e_i) = 0 \quad (i = 1, \cdots, n-1),$$
$$\varphi_1 \circ g^{-1}(f_n) = \varphi_1(e_n) = 1,$$

所以 $\varphi_1 \circ g^{-1} = \varphi_2$. 这就证明了 $g^{-1}\tau(w_1, \varphi_1)g = \tau(w_2, \varphi_2)$.

当 $n > 2$ 时, 对任意 $0 \neq a \in F$, 取 h: $e_i \mapsto f_i$ $(i \neq 2)$, $e_2 \mapsto af_2$, 同样可以证明有 $h^{-1}\tau(w_1, \varphi_1)h = \tau(w_2, \varphi_2)$. 适当选取 a 即可使 h 的行列式为 1. 换言之, 任意两个平延在 $SL(V)$ 中共轭.

证明 2 对平延 σ, τ, 由命题 2.2.4 (4), 分别存在 V 的基 $\mathscr{B} = \{b_1, \cdots, b_n\}$ 和 $\mathscr{E} = \{e_1, \cdots, e_n\}$, 使得 σ 在基 $\mathscr{B}$ 下的矩阵为

$$\sigma_{\mathscr{B}} = \begin{pmatrix} 1 & & 1 \\ & \ddots & \\ & & 1 \end{pmatrix} \triangleq A.$$

而 τ 在基 $\mathscr{E}$ 下的矩阵 $\tau_{\mathscr{E}}$ 也等于 A. 设从基 $\mathscr{B}$ 到 $\mathscr{E}$ 的过渡矩阵为 T, τ 在基 $\mathscr{B}$ 下的矩阵为 $\tau_{\mathscr{B}} = B$, 则 τ 在基 $\mathscr{E}$ 下的矩阵

$$\tau_{\mathscr{E}} = T^{-1}BT = A = \sigma_{\mathscr{B}}.$$

设线性变换 g 在基 $\mathscr{B}$ 下的矩阵为 T, 就得到 $g^{-1}\tau g = \sigma$.

当 $n > 2$ 时, 令线性变换 h 在基 $\mathscr{B}$ 下的矩阵为

$$C = \begin{pmatrix} 1 & & & \\ & \det T & & \\ & & \ddots & \\ & & & 1 \end{pmatrix},$$

则 C 与 A 可交换, 于是有 $C^{-1}AC = A = T^{-1}BT$, 即得

$$CT^{-1}BTC^{-1} = A.$$

令 $D = TC^{-1}$, 则 $\det D = 1$. 这说明, 存在 $SL(V)$ 中线性变换 gh^{-1}, 把 τ 共轭变换为 σ. □

命题 2.2.7 设线性子空间 $U \subset V$, W 是 U 的一个超平面, τ 是 U 上关于 W 的一个平延, 则对任意 $v \notin U$, τ 可以扩充成 V 上的一个平延 τ_1, 使得 τ_1 固定的超平面 W_1 包含向量 v.

证明 设 $v_1, v_2, \cdots, v_k$ 是 U 的一个基, 其中 $v_2, \cdots, v_k$ 是 W 的基. 将其扩充成 V 的基 $v_1, \cdots, v_k, v_{k+1} = v, v_{k+2}, \cdots, v_n$. 考虑超平面 $W_1 = \langle v_2, \cdots, v_n \rangle$. 定义 V 上的线性变换 τ_1:

$$\tau_1 \mid_U = \tau, \quad v_i^{\tau_1} = v_i \ (i = k+1, \cdots, n),$$

则有 $\tau_1 \mid_{W_1} = 1_{W_1}$, $v_1^{\tau_1} - v_1 = v_1^\tau - v_1 \in W \subset W_1$. 可见, τ_1 是关于超平面 W_1 的一个平延, 而 $v = v_{k+1} \in W_1$. $\hspace{1cm}\square$

命题 2.2.8 设向量 $u, v \in V$ 线性无关, 则存在平延 τ, 使得

$$u^\tau = v.$$

证明 首先有 $u - v, u$ 线性无关. 如若不然, 则存在不全为 0 的 $a, b \in F$, 使得 $a(u-v) + bu = 0$, 从而有 $(a+b)u - av = 0$, 于是得到 $a = b = 0$, 矛盾. 因此, 存在超平面 W, 满足 $u - v \in W$, 而 $u \notin W$. 定义线性变换 $\tau : \tau|_W = 1_W$, $u^\tau = v$. 对任意向量 $x \in V$, x 可以表示成 $x = au + w$, $a \in F$, $w \in W$, 于是

$$x^\tau - x = (au^\tau + w) - (au + w) = a(v - u) \in W.$$

这说明 τ 确实是一个平延. $\hspace{1cm}\square$

习题 2.2.9 设 $\dim V \geqslant 2$. 如果 $\gamma \in \Gamma L(V)$ 与 $SL(V)$ 中所有元素可交换, 则 γ 是 V 上的一个数乘变换.

命题 2.2.10 设 $W_1, W_2 \subset V$ 是互异的超平面, $v \in V \setminus (W_1 \cup W_2)$, 则存在平延 τ, 满足 $W_1^\tau = W_2$, 且 $v^\tau = v$.

证明 设 V 的维数等于 n. 因为 $W_1 + W_2 = V$, 所以

$$\dim(W_1 \cap W_2) = n - 2.$$

记 $W = W_1 \cap W_2 + \langle v \rangle$ 是 V 的一个超平面. 设 $v = x + y$, 其中 $x \in W_1$, $y \in W_2$. 显然 $x \notin W_2$, 故得 $W_1 = W_1 \cap W_2 + \langle x \rangle$. 同理可得 $W_2 = W_1 \cap W_2 + \langle y \rangle$ (参见图 2.2). 如果 $x \in W$, 则有 $y = v - x \in W$, 进而得到 $V \subseteq W$, 矛盾. 因此 $V = W + \langle x \rangle$. 定义 V 的线性变换 τ: $\tau|_W = 1_W$, $x^\tau = -y$. 对任意向量 $z = ax + w$, $a \in F$, $w \in W$, 有

$$z^\tau - z = (ax^\tau + w) - (ax + w) = a(y - x) = -av \in W,$$

即 τ 是一个平延. 进一步, 有

$$W_1^\tau = (W_1 \cap W_2 + \langle x \rangle)^\tau = W_1 \cap W_2 + \langle y \rangle = W_2.$$

命题得证. $\square$

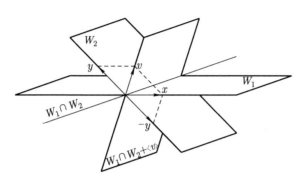

图 2.2 超平面 W_1, W_2 和 $W_1 \cap W_2 + \langle v \rangle$

定理 2.2.11 $SL(V)$ 可由平延生成.

证明 对 V 的维数 n 作数学归纳法. 当 $n = 1$ 时, $SL(V) = 1$, 定理显然成立. 假设对于维数 $< n$ 的情形定理成立. 当 $n \geqslant 2$ 时, 对任意行列式等于 1 的线性变换 $\rho \in SL(V)$, 往证 ρ 可以表示成若干平延的乘积.

取超平面 $W \subset V$ 和向量 $v \in V \setminus W$. 若 v, v^ρ 线性无关, 根据命题 2.2.8, 存在平延 τ_1, 满足 $v^{\rho\tau_1} = v$.

若 v^ρ, v 是线性相关的, 即存在 $a \in F$, 使得 $v^{\rho'} = av$, 取平延 $\tau_0 \neq 1$, 满足 $\tau_0|_W = 1_W$, 则

$$(v^\rho)^{\tau_0} - v^\rho \in W.$$

如果 $(v^\rho)^{\tau_0}$, v 线性相关, 即有 $(v^\rho)^{\tau_0} = bv$ $(b \in F)$, 则

$$(v^\rho)^{\tau_0} - v^\rho = bv - av \in W.$$

故得 $b = a$. 这意味着 $v^{\tau_0} = v$. 于是 $\tau_0 = 1$, 矛盾. 因此必有 $(v^{\rho})^{\tau_0}$, v 线性无关. 故由命题 2.2.8, 存在平延 τ_1', 使得 $v^{\rho\tau_0\tau_1'} = v$. 记 $\tau_1 = \tau_0\tau_1'$, 我们又得到了 $v^{\rho\tau_1} = v$.

注意到 $v \notin W$. 如果 $v \in W^{\rho\tau_1}$, 即存在 $w \in W$, 满足 $v = w^{\rho\tau_1}$, 则

$$v^{\rho\tau_1} = v = w^{\rho\tau_1}.$$

故得 $(v - w)^{\rho\tau_1} = 0$. 因为 $\rho\tau_1$ 是可逆的, 所以必有 $v - w = 0$, 进而得出 $v \in W$, 矛盾. 这说明 $v \notin W \cup W^{\rho\tau_1}$.

如果 $W^{\rho\tau_1} = W$, 令 $\tau_2 = 1_V$. 如果 $W^{\rho\tau_1} \neq W$, 由命题 2.2.10, 存在平延 τ_2, 满足 $W^{\rho\tau_1\tau_2} = W$, 且 $v^{\tau_2} = v$. 故得

$$v^{\rho\tau_1\tau_2} = (v^{\rho\tau_1})^{\tau_2} = v^{\tau_2} = v.$$

记 $\sigma = \rho\tau_1\tau_2$, 则有 $\sigma \in SL(V)$, $W^{\sigma} = W$, $v^{\sigma} = v$. 这意味着 $\sigma|_W \in SL(W)$. 由归纳假设, $\sigma|_W$ 是若干 W 上的平延的乘积. 根据命题 2.2.7, 这些 W 上的平延可扩充成 V 上的平延, 且保持 v 不变. 因此 σ 可以表示成若干 V 上的平延的乘积, 从而

$$\rho = \tau_1^{-1}\tau_2^{-1}\sigma$$

是若干平延的乘积. 定理得证. $\qquad\qquad\qquad\qquad\qquad\qquad\qquad\square$

注 2.2.12 在线性代数里, 矩阵的第三类初等变换是将第 i 列的 k 倍加到第 j 列, 或者将第 j 行的 k 倍加到第 i 行, 其对应的初等矩阵形为

$$P(i, j(k)) = \begin{pmatrix} 1 & & & & & & & \\ & \ddots & & & & & & \\ & & 1 & \cdots & k & & & \\ & & & \ddots & \vdots & & & \\ & & & & 1 & & & \\ & & & & & \ddots & \\ & & & & & & 1 \end{pmatrix} \begin{matrix} \\ \\ \text{第 } i \text{ 行} \\ \\ \text{第 } j \text{ 行} \\ \\ \\ \end{matrix} .$$

第 i 列　第 j 列

进一步, 有如下命题: 设 A 是一个 n 阶方阵, $\det A = 1$, 则 A 可以表示成 $P(i, j(k))$ 这一类初等矩阵的乘积(参见文献 [4] 第四章的补充题 9). 这个结果可以作为定理 2.2.11 的证明. 反之, 定理 2.2.11 也给这个关于矩阵的结果赋予了更多的内涵.

定理 2.2.13 如果 $n > 2$, 或者 $n = 2$, $|F| > 3$, 则有

$$GL(V)' = SL(V)' = SL(V), \quad PSL(V)' = PSL(V).$$

证明 显然有 $SL(V)' \leqslant GL(V)'$. 因为 $GL(V)/SL(V) \cong F^\times$ 是交换群, 所以 $GL(V)' \leqslant SL(V)$. 故只需再证明 $SL(V)' = SL(V)$ 即可. 如果我们能够证明某个平延 $\tau_0 \in SL(V)'$, 则由命题 2.2.6, 任意平延 τ 都与 τ_0 在 $GL(V)$ 中共轭, 即存在 $g \in GL(V)$, 使得 $\tau_0^g = \tau$. 注意到 $SL(V)' \lhd GL(V)$, 从而任意 $\tau \in SL(V)'$. 再由定理 2.2.11 即得 $SL(V)' = SL(V)$. 进一步, 因为 $PSL(V) = SL(V)/Z(SL(V))$, 所以

$$PSL(V)' = SL(V)'Z(SL(V))/Z(SL(V)) = PSL(V). \quad (2.4)$$

于是下面只需证明: 存在某个平延是 $SL(V)$ 中的换位子.

当 $n > 2$ 时, 任取线性无关的线性函数 $\varphi, \psi \in V^*$. 这时有 $\mathrm{Ker}\,\varphi \cap \mathrm{Ker}\,\psi \neq 0$. 故存在非零向量 u, 满足 $\varphi(u) = \psi(u) = 0$. 考虑平延 $\tau(u, \psi)$ 和 $\tau(u, \varphi + \psi)$. 由命题 2.2.6, 存在 $g \in SL(V)$, 使得 $g^{-1}\tau(u, \psi)g = \tau(u, \varphi + \psi)$. 再由命题 2.2.4 (2) 有 $\tau(u, \varphi + \psi) = \tau(u, \varphi)\tau(u, \psi)$, 故得平延

$$\tau(u, \varphi) = g^{-1}\tau(u, \psi)g\tau(u, \psi)^{-1}$$

是一个换位子.

当 $n = 2$ 时, 任给平延 $\tau(u, \varphi)$ ($\varphi(u) = 0$). 取 $v \in V \setminus \langle u \rangle$. 不妨设 $\varphi(v) = 1$, 则 $V = \langle u, v \rangle$, 而

$$\tau(u, \varphi): \ u \mapsto u, \ v \mapsto v + u.$$

因为 $|F| > 3$, 所以存在 F 中的元素 $a \neq \pm 1$. 考虑线性变换 $g \in SL(V)$: $u^g = au, v^g = a^{-1}v$. 于是

$$g^{-1}\tau(u, \varphi)g = \tau(u^g, \varphi \circ g^{-1}): \ u \mapsto u, \ v \mapsto v + a^2 u.$$

令 $w = (1 - a^2)u \neq 0$, 则 $\tau(u,\varphi)\tau(w,-\varphi)$ 保持 u 不动, 而将 v 映成

$$(v+u)^{\tau(w,-\varphi)} = (v+u) - \varphi(v+u)w = v+u-(1-a^2)u = v+a^2u.$$

这说明

$$g^{-1}\tau(u,\varphi)g = \tau(u,\varphi)\tau(w,-\varphi),$$

于是

$$\tau(w,-\varphi) = \tau(u,\varphi)^{-1}g^{-1}\tau(u,\varphi)g$$

是 $SL(V)$ 中的换位子. $\qquad\square$

设 $G = PSL(V)$. 由命题 2.1.2 知, G 在射影空间 $\mathscr{P}(V)$ 上 2-传递, 从而是本原的. 根据定理 2.2.13, 当 $n \geqslant 3$, 或者 $n = 2$, $|F| > 3$ 时, 有 $G' = G$. 于是, 要应用岩泽引理证明 G 的单性, 还需要在 G 的某个点的稳定化子中找到一个交换正规子群, 其全体共轭能够生成 G. 取定一个非零向量 $w \in V$, 考虑命题 2.2.4 (3) 中定义的子群

$$T_w = \{\,\tau(w,\varphi) \mid 0 \neq \varphi \in V^*, \varphi(w) = 0\,\} \cup \{1_V\}.$$

它是一个交换子群, 进一步有

命题 2.2.14 给定非零向量 $w \in V$. 记 $SL(V)$ 中稳定 1 维子空间 $\langle w \rangle$ 的稳定化子为

$$SL(V)_{\langle w \rangle} = \{\,g \in SL(V) \mid w^g = cw,\ c \in F^\times\,\},$$

则 T_w 是 $SL(V)_{\langle w \rangle}$ 的正规子群.

证明 由 T_w 的定义不难验证, 对 $0 \neq c \in F$, 有 $T_{cw} = T_w$. 由命题 2.2.4 (5) 知, 对任意 $g \in GL(V)$, 有 $T_w^g = T_{w^g}$. 特别地, 对 $g \in SL(V)_{\langle w \rangle}$, 有 $w^g = cw$, $c \in F^\times$, 于是 $T_w^g = T_{cw} = T_w$, 即 $T_w \lhd SL(V)_{\langle w \rangle}$. $\qquad\square$

现在我们可以来证明本节的主要定理了.

定理 2.2.15 当 $n \geqslant 3$, 或者 $n = 2$, $|F| > 3$ 时, $G = PSL(V)$ 是单群.

证明 先考虑特殊线性群 $SL(V)$ 在 V 上的作用. 给定非零向量 $w \in V$, 由命题 2.2.14 (5) 知, $SL(V)$ 中稳定 1 维子空间 $\langle w \rangle$ 的稳定化子 $SL(V)_{\langle w \rangle}$ 包含交换的正规子群 T_w. 而 $SL(V)$ 在射影空间 $\mathscr{P} = \mathscr{P}_{n-1}(V)$ 上的作用得出的变换群就是 G. 记 $\alpha = \langle w \rangle \in \mathscr{P}$, $SL(V)_{\langle w \rangle}$ 和 T_w 在 $\mathscr{P}$ 上分别诱导出稳定化子 G_α 和交换的正规子群 $A \triangleleft G_\alpha$.

任给 $\tau \in SL(V)$, 由命题 2.2.14 (1) 有 $T_w^\tau = T_{w^\tau}$. 因为 $SL(V)$ 在 $V \setminus \{0\}$ 上传递, 所以子群

$$\langle\, T_w^\tau \mid \tau \in SL(V) \,\rangle = \langle\, T_{w^\tau} \mid w^\tau \in V \,\rangle$$

包含所有的平延. 故由定理 2.2.11 得出结论

$$\langle\, T_w^\tau \mid \tau \in SL(V) \,\rangle = SL(V),$$

进而得到

$$\langle\, A^g \mid g \in G \,\rangle = G.$$

至此岩泽引理的所有条件都满足了, 从而证明了 $PSL(V)$ 是单群. $\square$

定理 2.2.15 中产生了两个例外 $PSL_2(2)$ 和 $PSL_2(3)$, 原因在于这时无法证明 $G' = G$. 事实上, 我们有

命题 2.2.16 (1) $PSL_2(2) \cong S_3$;
(2) $PGL_2(3) \cong S_4$, $PSL_2(3) \cong A_4$.

命题的证明留作习题. 容易证明: $S_3' = Z_3$ 为 3 阶循环群, $A_4' = Z_2^2$ 是 Klein[1] 四元群, 而 $S_4' = A_4$. 它们的确都不满足 $G' = G$.

§2.3 线性群的若干重要子群

在这一节中, 我们简要介绍 $G = GL_n(F)$ 的若干重要子群. 首先,

---

[1]Felix Christian Klein (1849.4.25 —1925.6.22), 德国数学家.

G 的 **Borel 子群**[2] B 定义为全体可逆的上三角阵构成的子群. 不难证明 B 在 G 中是自正规化的.

一个 n 阶方阵称为一个**单项矩阵** (monomial matrix), 如果该方阵的每一行、每一列都恰有一个非零元素. 定义子群

$$N = \{\text{全体单项矩阵}\}, \quad T = B \cap N = \{\text{全体对角阵}\}.$$

当 $|F| > 2$ 时, $T \neq 1$. 这时有 $T \lhd N$, 且 $N = N_G(T)$. 显然

$$T \cong \underbrace{F^\times \times \cdots \times F^\times}_{n \text{ 个}},$$

即 T 同构于乘法群 $F^\times$ 的 n 个拷贝的直积, 称 T 为 G 的**极大分裂环面** (maximal split torus).

定义 G 的 **Weyl 群** $W = N/T$, 这时有 $W \cong S_n$. 这是因为 N/T 模掉了 T 中主对角线元素的数乘, W 在相应基下的矩阵的每一行、每一列恰一个 1, 其余全为 0, 即它是一个**置换矩阵**, 在线性空间 V 上的作用就是置换 n 个基向量.

令 U 为全体主对角线元素为 1 的上三角阵构成的子群:

$$U = \left\{ \begin{pmatrix} 1 & & & * \\ & \ddots & & \\ & & \ddots & \\ & & & 1 \end{pmatrix} \right\} < B,$$

则 Borel 子群 $B = U \rtimes T$ 是半直积.

如果 $F = F_q$ 是一个有限域, 则 U 的阶为 $|U| = q^{n(n-1)/2}$. 这时 G 的阶为 $|G| = q^{n(n-1)/2} \prod_{i=1}^{n} (q^i - 1)$. 故当 F 是有限域时, U 就是 G 的一个 Sylow p-子群, 而 $T \cong Z_{q-1}^n$. 所以这时 Borel 子群 B 的阶为

$$|B| = q^{\frac{n(n-1)}{2}} (q-1)^n.$$

---

[2] Armand Borel (1923.5.21—2003.8.11), 瑞士数学家.

设 $\varepsilon_1,\cdots,\varepsilon_n$ 是 V 的一个基. 令 $V_i = \langle \varepsilon_1,\cdots,\varepsilon_i \rangle$ $(i = 1,\cdots,n)$, 则 $\dim(V_i) = i$, 且有子空间链

$$V = V_n \supset V_{n-1} \supset \cdots \supset V_1 \supset 0.$$

而 Borel 子群 B 恰为 G 中保持这个子空间链不变的稳定化子. 事实上, 对任意 $g \in B$, 有 $\varepsilon_1^g \in V_1$, $\varepsilon_2^g \in V_2$, $\cdots$, $\varepsilon_n^g \in V_n$, 故得

$$(\varepsilon_1,\varepsilon_2,\cdots,\varepsilon_n)^g = (\varepsilon_1,\varepsilon_2,\cdots,\varepsilon_n)\begin{pmatrix} \lambda_1 & * & \cdots & \cdots & * \\ 0 & \lambda_2 & * & \cdots & * \\ \vdots & 0 & \ddots & \ddots & \vdots \\ \vdots & \vdots & \ddots & \ddots & * \\ 0 & 0 & \cdots & 0 & \lambda_n \end{pmatrix}$$

恰为上三角阵.

上述 B,N,T,W,U 等都是 Tits 几何中的标准记号. 线性空间中一个按照包含关系形成的子空间链称为一个**旗** (flag). 如果子空间链中 $V_i \supset V_{i-1}$ 之间没有真子空间, 就称其为**极大旗** (maximal flag). 图 2.3 中显示的就是一个 2 维空间及其子空间构成的一个极大旗. Borel 子群 B 就是 V 的一个极大旗的稳定化子.

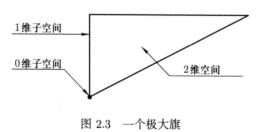

图 2.3　一个极大旗

一般地, 任意一个旗的稳定化子称为 G 的一个**抛物子群** (parabolic subgroup). 而一个极小旗 (即最短的非平凡子空间链) $V \supset W \supset 0$ 的稳定化子称为一个**极大抛物子群**. 换言之, 极大抛物子群就是 V 的某个子空间的稳定化子.

设 $V_k = \langle \varepsilon_1, \cdots, \varepsilon_k \rangle$ 是 V 的一个 k 维子空间, 记稳定子空间 V_k 的极大抛物子群为 P_k. 对任意 $g \in P_k$, 有

$$(\varepsilon_1, \cdots, \varepsilon_k, \varepsilon_{k+1}, \cdots, \varepsilon_n)^g = (\varepsilon_1, \cdots, \varepsilon_k, \varepsilon_{k+1}, \cdots, \varepsilon_n) \begin{pmatrix} A & B \\ 0 & D \end{pmatrix},$$

其中 A 和 D 分别是 k 阶和 $n-k$ 阶可逆方阵, B 可以是任意一个 $k \times (n-k)$ 矩阵. 显然这样的矩阵可以分解成

$$\begin{pmatrix} E_{k \times k} & C_{k \times (n-k)} \\ 0_{(n-k) \times k} & E_{(n-k) \times (n-k)} \end{pmatrix} \begin{pmatrix} A_{k \times k} & 0_{k \times (n-k)} \\ 0_{(n-k) \times k} & D_{(n-k) \times (n-k)} \end{pmatrix},$$

其中 $C = BD^{-1}$ 仍然是 F 上的任意一个 $k \times (n-k)$ 矩阵. 记

$$Q = \left\{ \begin{pmatrix} E_{k \times k} & C_{k \times (n-k)} \\ 0_{(n-k) \times k} & E_{(n-k) \times (n-k)} \end{pmatrix} \,\middle|\, C \text{ 任意} \right\},$$

$$L = \left\{ \begin{pmatrix} A_{k \times k} & 0_{k \times (n-k)} \\ 0_{(n-k) \times k} & D_{(n-k) \times (n-k)} \end{pmatrix} \,\middle|\, A, D \text{ 可逆} \right\}.$$

可以证明 Q 同构于 F 上的 $k(n-k)$ 维线性空间的加法群, 并且在极大抛物子群 P_k 中正规. 显然 $L \cong GL_k(F) \times GL_{(n-k)}(F)$, 且 $Q \cap L = 1$. 进一步, $P_k = Q \rtimes L$ 是一个半直积. 在 Lie 理论中, Q 称为 G 的**幂幺根** (unipotent radical), L 称为 **Levi 补** (Levi complement). 极大抛物子群 P_k 在 V 上的作用有非平凡的不变子空间 W, 因此 P_k 是 $GL_n(F)$ 的一个**可约子群** (reducible subgroup). 当 $F = F_q$ 为有限域时, Q 是初等交换的, 其阶为 $|Q| = q^{k(n-k)}$. 如果记 $m = n-k$, 则

$$P_k = Q \rtimes (GL_k(q) \times GL_m(q)).$$

下面的习题指出 P_k 是 $GL_n(F)$ 的极大子群.

习题 2.3.1 设 V 是域 F 上的 $n \geqslant 2$ 维线性空间, $W \subset V$ 是 V

的一个 k 维真子空间. 记

$$G = GL_n(F) > SL_n(F) = H,$$
$$P_k = \{\, g \in G \mid W^g = W \,\},$$
$$H_k = P_k \cap H, \quad \Omega = \{\, \langle v \rangle \mid v \in V \,\}.$$

证明:

(1) 任给 $\langle v \rangle \in \Omega$, $\lambda \in F^\times$, 存在 $g \in P_k$, 满足 $\langle v \rangle^g = \langle v \rangle$, 且 $\det g = \lambda$, 进而有 $G = H \cdot P_k$.

(2) $H = SL_n(F)$ 在 Ω 上传递.

(3) H_k 在 Ω 上有两条轨道: $\Delta = \{\, \langle v \rangle \mid v \in W \,\}$ 和 $\Gamma = \Omega \setminus \Delta$.

(4) 若子群 X 满足 $H_k < X \leqslant H$, 则 X 在 Ω 上传递.

(5) 如果 $H_k < X \leqslant H$, 则 $X = H$. 换言之, H_k 是 $H = SL_n(F)$ 的极大子群.

(6) 如果 $P_k < X \leqslant G$, 则 $X = G$. 换言之, P_k 是 $G = GL_n(F)$ 的极大子群.

§2.4 有限单群之间的同构

前面已经看到, 在有限域的情形, 一些特殊射影线性群与对称群或者交错群是同构的. 在本节中, 我们要进一步看一些例子.

命题 2.4.1 设 G 是 60 阶单群, 则 $G \cong A_5$.

证明 因为 G 是单群, 所以其传递置换表示一定是忠实的. 如果我们能够证明 G 包含一个指数为 5 的子群, 则得到 G 的一个 5 次传递置换表示, 进而得到 $G \leqslant S_5$. 因为 $|S_5 : G| = 2$, 所以 G 在 S_5 中正规. 如果 $G \neq A_5$, 则 $S_5 = GA_5$, 且有

$$|S_5 : G| = |GA_5 : G| = |A_5 : G \cap A_5| = 2,$$

即 $G \cap A_5 \lhd A_5$, 矛盾. 这就证明了 $G = A_5$.

下面就来分析 G 的子群结构. 首先, G 中不可能存在指数 < 5 的子群. 如若不然, G 包含指数 < 5 的子群, 它就有 < 5 次的传递置换表示, 从而 G 可以嵌入到对称群 S_k ($k < 5$) 中去, 与 $|G| = 60$ 矛盾.

我们先考虑 G 的 Sylow 5-子群. 根据 Sylow 定理, 它们的个数必须满足 $1 < 5k+1 \mid 12$, 只能有 6 个, 从而 G 包含 24 个互异的 5 阶元. 再看 G 的 Sylow 2-子群, 其个数满足 $2k+1 \mid 15$. 显然 G 不能只包含 3 个 Sylow 2-子群. 因此 G 有 5 或者 15 个 Sylow 2-子群. 前者成立意味着 Sylow 2-子群的正规化子指数为 5. 命题成立.

现在假设后者成立, 即 G 有 15 个 Sylow 2-子群. 如果这 15 个 Sylow 2-子群两两相交都是 1, 则 G 中有 45 个互异的 2-元素, 与 G 包含 24 个互异的 5 阶元矛盾. 故这时一定存在 G 的两个 Sylow 2-子群 S, T ($S \neq T$), 满足 $|S \cap T| = 2$. 设对合 $x \in S \cap T$. 因为 S 和 T 是 4 阶子群, 都是交换的, 所以 $S, T \leqslant C_G(x)$. 因为 S 也是 $C_G(x)$ 的 Sylow 2-子群, 所以 $C_G(x)$ 中至少要包含 3 个 Sylow 2-子群, 从而得到 $|C_G(x)| \geqslant 12$. 另一方面, 前面已经证明了 $C_G(x)$ 的指数不能 < 5, 所以唯一的可能是 $|G : C_G(x)| = 5$. 总之, G 中的确总包含指数为 5 的子群. $\square$

注意到 $PSL_2(4)$ 和 $PSL_2(5)$ 的阶都等于 60, 我们立即有

推论 2.4.2 $PSL_2(4) \cong PSL_2(5) \cong A_5$.

命题 2.4.3 设 G 为 168 阶单群, 则 $G \cong PSL_2(7)$.

证明 $168 = 2^3 \cdot 3 \cdot 7$, 故 G 恰有 8 个 Sylow 7-子群. G 作用在某个 Sylow 7-子群的正规化子的 8 个右陪集上, 得到 G 的一个 8 次置换表示. 由 G 是单群知这个表示是忠实的, 故 G 可以看做一个作用在 8 个文字构成的集合上的置换群. 记这个集合为

$$\Omega = F_7 \cup \{\infty\} = \{0, 1, \cdots, 6, \infty\}.$$

设 $P = \langle p \rangle$ 为 G 的一个 Sylow 7-子群, 则 p 必为一个 7-轮换. 适

当选取 Ω 中的文字, 可以使

$$p = \begin{pmatrix} x \\ x+1 \end{pmatrix} = (\infty)(0,1,2,\cdots,6).$$

由 $|G:N_G(P)| = 8$ 知 $|N_G(P)| = 21$.

对任意 $g \in N_G(P)$, 因为 $gpg^{-1} \in P$, 所以 $\infty^{gpg^{-1}} = \infty$, 从而有 $\infty^{gp} = \infty^g$. 因为 ∞ 是 p 唯一的不动点, 所以 $\infty^g = \infty$. 这意味着 $N_G(P)$ 是一个 7 次本原群. 取 3 阶元 $g \in N_G(P)$, 则存在 $i \in \{2,\cdots,6\}$, 使得 $p^g = p^i$, 且 $i^3 \equiv 1 \pmod 7$. 于是 $p^g = p^2$ 或者 p^4. 这两个共轭作用是互逆的, 故可以取 $g : p^g = p^2$, 写成 Ω 上置换形式就是 $g = (\infty)(0)(1,2,4)(3,6,5)$. 不难验证, g 在 Ω 上的作用为 $x \mapsto 2x$, 且

$$N_G(P) = \langle p, g \rangle.$$

记 $H = N_G(\langle g \rangle)$, $s = |G:H|$ 为 G 中 Sylow 3-子群的个数. 如果 H 包含 7 阶元 h, 则 $g^h = g$ 或者 g^{-1}. 若后者成立, 则有 $g = g^{h^7} = g^{-1}$, 矛盾. 故必有前者成立, 即 $h \in C_G(\langle g \rangle)$. 于是 gh 是一个 21 阶元. 但是 G 为 8 次本原群, 不可能包含 21 阶元. 这意味着 $7 \nmid |H|$. 由此知道 $7 \mid s$. 再由 $s \equiv 1 \pmod 3$ 及 $s \mid 56$ 得出 $s = 7$ 或者 28.

如果 $s = 7$, 则 G 恰含 7 个 Sylow 3-子群, 它们生成 G. 另一方面, $|N_G(P)| = 21$, 故知 $N_G(P)$ 也包含 7 个 Sylow 3-子群. 于是得到 $N_G(P) = G$, 矛盾. 这说明 $s = 28$, 从而 $|H| = 6$. 所以存在 2 阶元 $t \in H$.

如果 $gt = tg$, 则 $n = gt$ 是一个 6 阶元, 于是 $H = \langle n \rangle$. 因为 $\langle g \rangle$ 是 $\langle n \rangle$ 的特征子群, 而 $\langle n \rangle \lhd N_G(\langle n \rangle)$, 所以有 $\langle g \rangle \lhd N_G(\langle n \rangle)$. 于是

$$H \leqslant N_G(\langle n \rangle) = N_G(H) \leqslant N_G(\langle g \rangle) = H,$$

推出 $N_G(\langle n \rangle) = H$. 现在 G 中包含下列元素:

8 个 Sylow 7-子群: $8 \cdot 6 = 48$ 个 7 阶元;

28 个 Sylow 3-子群: $28 \cdot 2 = 56$ 个 3 阶元;

28 个 6 阶子群: $28 \cdot 2 = 56$ 个 6 阶元.

还剩 8 个元素, 说明 G 有唯一的 Sylow 2-子群, 与 G 是单群矛盾.

于是必有 $g^t = g^{-1}$. 任意点在 G 中的稳定化子的阶为 21, 不包含 2 阶元, 故知 t 无不动点. g 固定 ∞ 和 0, 所以 t 必将它们互换. 对任意 $x \in F_7$, $x^g = 2x$, 所以 $x^{g^{-1}} = 2^{-1}x$, 进而有

$$(2x)^t = x^{gt} = x^{tg^{-1}} = 2^{-1}x^t.$$

因为 t 无不动点, 所以 $1^t \neq 1$, $2^t = (2 \cdot 1)^t = 2^{-1} \cdot 1^t \neq 2$, 即得 $1^t \neq 4$. 同理, $4^t = (2 \cdot 2)^t = 2^{-1} \cdot 2^t = 4^{-1} \cdot 1^t \neq 4$, 即得 $1^t \neq 2$. 记 $1^t = a \in \{3, 5, 6\}$, 则有

$$t = (0, \infty)(1, a)(2, 2^{-1} \cdot a)(4, 4^{-1} \cdot a).$$

不难验证, 这时 t 在 Ω 上的作用为 $x \mapsto a/x$.

令 $U = \langle p, g, t \rangle$, 则 $2 \cdot 3 \cdot 7 \mid |U|$. 所以 $|G : U| \leqslant 4$. 若 $U \neq G$, 则 G 在 U 的陪集上诱导出一个忠实置换表示, 从而得出 $|G| \mid 4!$, 矛盾. 故知 $U = G$. 将 G 的生成元写成分式线性变换, 有

$$p: x \mapsto x + 1, \quad g: x \mapsto 2x, \quad t: x \mapsto \frac{a}{x}, \quad \forall x \in \Omega.$$

它们在 $GL(2, 7)$ 中的原像写成矩阵形式分别为

$$p = \begin{pmatrix} 1 & 1 \\ 0 & 1 \end{pmatrix}, \quad g = \begin{pmatrix} 2 & 0 \\ 0 & 1 \end{pmatrix}, \quad t = \begin{pmatrix} 0 & a \\ 1 & 0 \end{pmatrix}.$$

所以 G 可以视为 $PGL_2(7)$ 的一个指数为 2 的子群.

因为 F_7 中的平方元素为 1, 2, 4, 所以行列式 $\det p, \det g$ 都是平方元素. 而 a 和 $-1 \equiv 6 \pmod 7$ 均不是平方元素, 所以 $\det t = -a$ 为平方元素. 这说明 p, g, t 均属于 $PSL_2(7)$, 故 $G \cong PSL_2(7)$. □

推论 2.4.4 $PSL_3(2) \cong PSL_2(7)$.

关于 360 阶单群的唯一性, 最早的证明见于 1893 年 Cole[3] 的文章 [11]. 此后陆续有一些采用不同方法的证明, 采用群指标方法的一个证

---

[3]Frank Nelson Cole (1861.9.20 —1926.5.26), 美国数学家.

明参见文献 [17] 的定理 5.20. 对于不依赖于群表示理论的证明, 文献中大多数只给出了基本思路, 个别甚至包含错误. 下面我们给出一个采用初等群论方法的证明. 首先要对 Sylow 定理的结果做一个推广.

引理 2.4.5 设 G 是一个有限群, $P_1, \cdots, P_n$ 是 G 的全体 Sylow p-子群. 若对任意 $i \neq j$, 有 $|P_i : P_i \cap P_j| \geqslant p^d$, 则有 $n \equiv 1 \pmod{p^d}$.

证明 考虑 P_n 在 $\Omega = \{P_1, \cdots, P_{n-1}\}$ 上的共轭作用. 对任意 $x \in P_n$ 和 $1 \leqslant i < n$, 显然 $P_i^x \neq P_n$. 故这的确是 P_n 在 Ω 上的一个作用. 对任意 i, 记 P_i 的稳定化子为 $N_i = N_G(P_i) \cap P_n$, 往证 $N_i = P_i \cap P_n$. 因为 N_i 正规化 P_i, 所以 $N_i P_i = P_i N_i$ 是 G 的一个子群, 其阶为

$$|N_i P_i| = \frac{|N_i||P_i|}{|N_i \cap P_i|} \geqslant |P_i|.$$

显然 $|N_i P_i|$ 是 p 的方幂, 而 P_i 是 Sylow p-子群, 所以 $N_i \leqslant P_i$, 进而证得 $N_i = P_i \cap P_n$. 于是包含 P_i 的轨道长度为

$$|P_n : N_i| = |P_n : P_i \cap P_n| \geqslant p^d.$$

这意味着 P_n 在 Ω 上作用的每一条轨道长度均为 p^d 的倍数, 即得

$$n - 1 \equiv 0 \pmod{p^d}. \qquad \square$$

命题 2.4.6 存在唯一的 360 阶单群.

证明 设 G 是任意一个 360 阶单群, 我们要证明 G 总可以同构于 A_{10} 中一个确定的子群. 对素数 $p \mid |G|$, 记 G 的全体 Sylow p-子群构成的集合为 $Syl_p(G)$.

首先, 如果 G 有一个指数为 $n > 1$ 的子群 H, 则由 G 的单性可知 G 同构于交错群 A_n 的一个子群, 由 G 的阶可知 G 中不存在指数 < 6 (相应地, 阶 $\geqslant 72$) 的子群.

(1) G 中 Sylow 5-子群的个数 $n_5 = 1 + 5k \mid 72$, 所以 $n_5 = 6$ 或者 36. 当 $n_5 = 6$ 时, $G \cong A_6$. 但是 A_6 包含 36 个 Sylow 5-子群, 矛盾. 所以 $n_5 = 36$. 对于 $H \in Syl_5(G)$, $|N_G(H)| = 10$. 进一步, 在 15, 20, 40, 45 阶群中, Sylow 5-子群必正规. 因此 G 不包含 15, 20, 40, 45 阶子群.

(2) 设 $P \in Syl_3(G)$, $N = N_G(P)$, 则 Sylow 3-子群的个数为 $|G : N|$ $\equiv 1 \pmod 3$, 于是只能是 10 或者 40. 如果 G 有 40 个 Sylow 3-子群, 则 $|N| = 9$, 即得 $N_G(P) = C_G(P) = P$. 由 Burnside 转移定理 (定理 1.1.10), G 有正规 3-补, 矛盾. 因此 G 必有 10 个 Sylow 3-子群, $|N_G(P)| = 36$. 考虑 G 在 N 的 10 个右陪集上的传递置换表示, 则 G 作为 A_{10} 中的一个子群忠实地作用在集合 $\Omega = \{1, \cdots, 10\}$ 上, 其中每个 $i \in \Omega$ 对应 G 的一个 Sylow 3-子群 P_i, 相应的点稳定化子为 $G_i = N_G(P_i)$.

(3) 对任意子群 M, 若 $P \leqslant M < G$, 则 $M \leqslant N$. 如若不然, P 在 M 中不正规, 而 $N_M(P) = N \cap M$. 所以 $1 < |M : N \cap M| \leqslant 10$, 并且 $|M : N \cap M| \equiv 1 \pmod 3$. 故得 $|M : N \cap M| = 4$ 或者 10. 后者成立时, $|M| \geqslant 90$, 矛盾. 所以 $|M : N \cap M| = 4$, $|G : M| = 10$. 于是 $N_M(P) = N \cap M = P$. 注意到 P 是 9 阶群, 必交换. 由 Burnside 转移定理, P 在 M 中有正规 3-补 $K \lhd M$, $|K| = 4$. 取 G 中一个包含 K 的 Sylow 2-子群 T, 则 $K \lhd T$, 从而有 $\langle T, M \rangle \leqslant N_G(K)$. 但这意味着 $|N_G(K)| \geqslant 72$, 矛盾. 这就证明了必有 $M \leqslant N$.

(4) G 的 Sylow 3-子群两两相交等于 1. 设 $P, Q \in Syl_3(G)$, $P \neq Q$, 令 $D = P \cap Q$, 则 $D \lhd Q$. 所以 $Q \leqslant N_G(D)$. 这说明 $N_G(D)$ 不能被 N 包含. 另一方面, $P \leqslant N_G(D)$. 根据 (3), 只能得出 $N_G(D) = G$, 从而 $D = 1$.

(5) G 中 Sylow 2-子群的个数 $n_2 = 1 + 2k \mid 45$, 所以 $n_2 = 9, 15, 45$. 当 $n_2 = 9$ 时, Sylow 2-子群的正规化子是 40 阶的, 与 (1) 矛盾.

(6) 对 $S, T \in Syl_2(G)$, 如果 $1 \neq D = S \cap T$ 在 S, T 中同时正规, 则 $S \cong D_8$. 事实上, 这时 $N_G(D)$ 至少要包含 3 个 Sylow 2-子群, 故 $|N_G(D)| = 24$. 如果 $N_G(D)$ 中的 3 阶子群 R 正规, 则存在 Sylow 3-子群 P, 满足 $P \rhd R$, 进而得到 $|N_G(R)| \geqslant 72$, 矛盾. 所以 24 阶群 $N_G(D)$ 中的 Sylow 3-子群和 Sylow 2-子群都不正规, 从而必有 $N_G(D) \cong S_4$. 于是其 Sylow 2-子群 $S \cong D_8$.

(7) $n_2 \neq 15$. 否则, $15 \not\equiv 1 \pmod 4$. 由引理 2.4.5 知, 存在 Sylow 2-子群 S, T, 满足 $|S : S \cap T| < 4$. 这说明 $S \cap T$ 是 4 阶子群, 在 S, T 中均

正规. 由 (6) 得出 $S \cong D_8$. 这时有 $|N_G(S)| = 24$, 于是 $N_G(S) = S \rtimes Z_3$. 但是 $\mathrm{Aut}(D_8)$ 是 2-群, 不含 3 阶元. 故只能有 $N_G(S) = D_8 \times Z_3$, 又推出 $|N_G(Z_3)| \geqslant 72$, 矛盾. 因此得到 $n_2 = 45$, $N_G(S) = S$ 是自正规化的. 进一步, 由 Burnside 转移定理知, S 非交换.

(8) 如果 G 的任意两个 Sylow 2-子群相交为 1, 则 G 包含 $7 \times 45 = 315$ 个 2-元素. 还有 $4 \times 36 = 144$ 个 5 阶元, 已经超过 $|G|$ 了. 因此必有 $S, T \in Syl_2(G)$, 满足 $D = S \cap T \neq 1$. 根据 (6), 如果 D 在 S, T 中都正规, 就有 $S \cong D_8$. 如果 D 在 S 中不正规, 因为 Q_8 的所有子群都正规, 同样推出 $S \cong D_8$.

(9) G 中没有 6 阶元. 设 $x \in G$ 是 6 阶元. 注意到单群 G 中只包含偶置换, 故 x 不能是 6-轮换, 从而 x 只能是一个 6-轮换与一个对换的乘积. 于是 3 阶元 x^2 至少有两个不动点 $i, j \in \Omega$. 但这意味着 $x^2 \in G_{ij}$, 从而得到矛盾 $x^2 \in P_i \cap P_j$.

(10) $C_G(P) = P$, $P \cong Z_3 \times Z_3$. 如果 $C_G(P) > P$, 就存在对合 x_0 与 P 中的所有元素交换. 取 3 阶元 $y_0 \in P$, 就得到 6 阶元 $x = x_0 y_0 \in G$, 矛盾. 由 N/C 定理 (命题 1.1.9) 知, $4 = |N/P| = |N/C_G(P)| \mid |\mathrm{Aut}(P)|$. 如果 P 是 9 阶循环群, $|\mathrm{Aut}(P)| = 6$, 矛盾. 因此 P 必为初等交换 3-群.

(11) $N = (Z_3 \times Z_3) \rtimes Z_4$. 否则, N 的 Sylow 2-子群 $Q = Z_2 \times Z_2$ 只含对合. 由 (10) 知, N 中任一 3 阶元 y 的共轭类只含 y, y^2, 于是 $|N : C_N(y)| = 2$. 这意味着 $|C_N(y)| = 18$, 即存在对合 $x \in C_N(y)$, 而 xy 是 6 阶元, 与 (9) 矛盾.

下面我们要构造 A_{10} 中的 4 个置换, 它们生成 G. 假定 Sylow 3-子群 $P = P_{10}$ 对应于 Ω 中的 10, 于是 $N = N_G(P) = G_{10}$ 是 G 中点 10 的稳定化子.

由 (4) 知, $P = Z_3 \times Z_3$ 中的 3 阶元必为 3 个 3-轮换之积. 设 $P = \langle a, b \rangle$, 不妨令

$$a = (1, 2, 3)(4, 5, 6)(7, 8, 9).$$

第二个生成元 b 的选取本质上由点 1 在 b 作用下的像 1^b 决定. 因为

$a^b = a$, 所以 $1^b \neq 2, 3$. 取 $1^b = 4$, 则 $a = a^b = (4, 2^b, 3^b)\cdots$. 于是必有 $2^b = 5, 3^b = 6$, 即 $b = (1, 4, i)(2, 5, j)(3, 6, k)$. 显然 $i, j, k \in \{7, 8, 9\}$, 故得 b 的三种取法:

$$b_1 = (1, 4, 7)(2, 5, 8)(3, 6, 9),$$
$$b_2 = (1, 4, 8)(2, 5, 9)(3, 6, 7),$$
$$b_3 = (1, 4, 9)(2, 5, 7)(3, 6, 8).$$

容易验证相应的三个子群满足

$$\langle a, b_1 \rangle^{(7, 8, 9)} = \langle a, b_2 \rangle = \langle a, b_3 \rangle^{(7, 9, 8)},$$

即它们是共轭的. 同样, 如果令 $1^b \in \{5, 6, 7, 8, 9\}$, 我们可以确定 b 的另外 15 种取法. 容易验证, 它们与 a 生成的 9 阶初等交换子群都是共轭的. 因此不妨令

$$b = b_1 = (1, 4, 7)(2, 5, 8)(3, 6, 9).$$

进一步, 考虑 $N = N_G(P)$ 中点 1 的稳定化子 Q. 由 (11) 知, Q 为 4 阶循环群. 设 $Q = \langle c \rangle$, 则偶置换 c 保持 1,10 不动, 故必为 2 个 4-轮换之积. 这说明 G 中没有保持 3 个点不动的非平凡元素. 考察点 2 在 c 下的像 2^c. 若 $2^c = 3$, 则 $a^c = (1, 3, 3^c)\cdots \in P$, 只可能为 $a^c = a^2$. 但这导致 $c = (2, 3)\cdots$, 包含对换, 矛盾. 同理可证 $2^c \neq 5, 6, 8, 9$. 若 $2^c = 4$, 则 $a^c = (1, 4, 3^c)\cdots \in P$, 推出 $3^c = 7$. 故必有 $a^c = b$. 再根据 c 是 2 个 4-轮换之积, 最终得 $c = (2, 4, 3, 7)(5, 6, 9, 8)$. 类似地, $2^c = 7$ 时可得 $c = (2, 7, 3, 4)(5, 8, 9, 6)$, 恰为前一种可能性的逆. 故不妨设

$$c = (2, 4, 3, 7)(5, 6, 9, 8).$$

设 S 是包含 Q 的 Sylow 2-子群. 由 (8) 知 $S = D_8$. 设 $S = \langle c, d \rangle$, 其中 d 是对合, 且满足 $c^d = c^{-1}$. 因为 $d \notin N_G(P) = G_{10}$, 所以 $10^d \neq 10$. 如果 $10^d = i \neq 1, 10$, 则 $i^d = 10$, 与 $c^d = c^{-1}$ 矛盾. 这意味着 $10^d = 1$, 即 $d = (1, 10)\cdots$ 包含对换 $(1, 10)$. 因为 d 是偶置换, 而

G 中非平凡元素最多保持 2 个点不动, 所以 d 是 4 个对换的乘积. 如果 $2^d \in \{5,6,8,9\}$, 不难验证 d 必须变动 $2,\cdots,9$ 这 8 个点, 矛盾. 所以 d 只能分别变动 $\{2,3,4,7\}$ 和 $\{5,6,8,9\}$. 直接验证即得 d 除了对换 $(1,10)$ 外, 其他 3 个对换可分为两部分:

$$
\begin{cases}
(2,3), \\
(4,7), \\
(2,4)(3,7), \\
(2,7)(3,4)
\end{cases}
\text{和}
\begin{cases}
(5,9), \\
(6,8), \\
(5,6)(9,8), \\
(5,8)(6,9).
\end{cases}
$$

共有 8 种方式产生 3 个对换之积. 令 $d = (1,10)(2,3)(5,6)(8,9)$, 直接计算可得

$$cd = (1,10)(2,4)(3,7)(6,8),$$
$$c^2d = (1,10)(4,7)(5,8)(6,9),$$
$$c^3d = (1,10)(2,7)(3,4)(5,9).$$

但是 $abd, abcd, abc^2d$ 和 abc^3d 的阶分别等于 12, 21, 6, 21, 与 G 中不含 6 阶和 7 阶元矛盾. 而令 $d = (1,10)(2,3)(5,8)(6,9)$ 时, 得

$$cd = (1,10)(2,4)(3,7)(5,9),$$
$$c^2d = (1,10)(4,7)(5,6)(8,9),$$
$$c^3d = (1,10)(2,7)(3,4)(6,8).$$

ab 与它们的乘积的阶分别等于 5, 3, 5, 4.

现在我们得到 $\langle a,b,c \rangle = N_G(P)$ 是 36 阶子群, 而 $|\langle a,b,c,d \rangle| \geqslant 72$. 于是必有 $G = \langle a,b,c,d \rangle$, 最终证明了 G 的唯一性. □

推论 2.4.7 $PSL(2,9) \cong A_6$.

§2.5 20160 阶单群与 Fano 平面

在本章最后这一节中, 我们讨论 20160 阶单群. 我们知道

$$|PSL_3(4)| = |PSL_4(2)| = |A_8| = 20160.$$

命题 2.5.1 $PSL_3(4) \not\cong A_8$.

证明 设 V 是 $F = F_4$ 上的 3 维线性空间. 满同态 $\eta : SL(V) \to PSL_3(4)$ 把 V 上的线性变换映成 $PSL_3(4)$ 中的元素.

任给对合 $t \in PSL_3(4)$, 设线性变换 $S \in SL(V)$ 满足 $\eta(S) = t$, 则 $S^2 \in Z(SL(V))$ 是数乘变换. 于是 $S^6 = 1$. 令 $T = S^3$, 则 T 也是对合, 且 $\eta(T) = t$. 令 $W = \mathrm{Ker}\,(1_V + T) \subset V$. 对任意 $v \in V$, $v \in W$ 当且仅当 $v + v^T = 0$. 注意到域特征 $\mathrm{char}\, F = 2$, 即得 $v \in W \iff v^T = v$. 这说明 $W \neq V$. 进一步, 有

$$v^{(1_V + T)T} = \left(v + v^T\right)^T = v^T + v = v^{(1_V + T)}, \quad \forall v \in V,$$

即 $\mathrm{Im}\,(1_V + T) \subseteq W$. 这说明 $\dim \mathrm{Im}\,(1_V + T) \leqslant \dim W$. 因为

$$\dim \mathrm{Im}\,(1_V + T) + \dim W = \dim V - 3,$$

所以 $\dim \mathrm{Im}\,(1_V + T) = 1$, $\dim W = 2$. 这说明 W 是一个超平面. 对任意 $v \in V$, 有 $v^T - v = v^T + v \in W$, 即 T 是一个平延. 换言之, 我们证明了 $PSL_3(4)$ 中任意一个对合都是某个平延在 η 下的同态像. 所有平延在 $SL(V)$ 中共轭, 于是 $PSL_3(4)$ 中的对合也都共轭.

另一方面, A_8 中的元素如果轮型不同, 即使在 S_8 中也不共轭. 而 A_8 中显然有两类轮型不同的对合: (1,2) (3,4) 和 (1,2) (3,4) (5,6) (7,8). 这说明 A_8 中的对合不都是共轭的. 命题得证. $\qquad\square$

下面我们来证明 $PSL_4(2)$ 与 A_8 是同构的. 为此, 先给出射影平面的一个公理化的定义.

定义 2.5.2 设 $\mathscr{P}$ 是一个非空集合, 其中的元素称为**点**. $\mathscr{L}$ 是 $\mathscr{P}$ 的若干非空子集构成的集合, 其中的元素称为**线**. 任意 $P \in \mathscr{P}$ 和 $\ell \in \mathscr{L}$ 称为**关联的**, 如果 $P \in \ell$. $(\mathscr{P}, L)$ 称为一个**射影平面** (projective plane), 如果满足下述条件:

(1) 任意两个互异的点与唯一一条线相关联;

(2) 任意两条互异的线与唯一一个点相关联;

(3) 存在 4 个点, 其中没有 3 个点与同一条线相关联.

注 2.5.3 若 $(\mathscr{P}, \mathscr{L})$ 满足条件 (1) 和 (2), 不满足条件 (3), 就称之为**退化平面** (degenerate plane).

设 V 是域 F 上的 3 维线性空间, 则相应的 2 维射影空间 $\mathscr{P}_2(V)$ 对于子空间的包含关系就构成一个射影平面. 进一步, 当 $F = F_q$ 为有限域时, $\mathscr{P}_2(V)$ 满足下述性质:

命题 2.5.4 设 $F = F_q$, 则 $\mathscr{P}_2(V)$ 包含 q^2+q+1 个点和 q^2+q+1 条线; 每条线恰与 $q+1$ 个点相关联, 每个点恰与 $q+1$ 条线相关联.

证明 V 中有 q^3-1 个非零向量, 而每个 1 维子空间中有 $q-1$ 个非零向量, 所以 $\mathscr{P}_2(V)$ 包含 q^2+q+1 个点. 设 $\langle u,v \rangle$ 是 V 的任意一个 2 维子空间, 则 u 有 q^3-1 种取法. 取定 u 之后, v 有 q^3-q 种取法, 而 $\langle u,v \rangle$ 中基的取法有 $(q^2-1)(q^2-q)$ 种, 即得 $\mathscr{P}_2(V)$ 中线的数目为

$$\frac{(q^3-1)(q^3-q)}{(q^2-1)(q^2-q)} = q^2+q+1.$$

余下论断的证明留作习题. □

对于有限射影平面 $\mathscr{P}$, 可以证明总存在正整数 $n \geqslant 2$, 使得 $\mathscr{P}$ 中每条线恰包含 $n+1$ 个点, 每个点恰与 $n+1$ 条线相关联. 这个 n 称为射影平面 $\mathscr{P}$ 的**阶** (order). 因此, 域 F_q 上的 3 维线性空间诱导出的射影平面是 q 阶的. 2 阶射影平面又称为 **Fano 平面**[4].

设 $\Omega = \{0, 1, \cdots, 6\}$. 对称群 S_7 作用在 Ω 上, 引起不同标号的 Fano 平面之间的置换. 例如, 置换 $(1, 2, 6)$ 把图 2.4 左边的 Fano 平面变成右边的 Fano 平面. 每个 Fano 平面可以唯一地表示成它所包含的 7 条线的集合. 于是图 2.4 右边的 Fano 平面表示成

$$\{015, 026, 034, 124, 136, 235, 456\}.$$

命题 2.5.5 设 Π 是一个 Fano 平面, 则 $\mathrm{Aut}(\Pi) = GL_3(2)$.

---

[4]Gino Fano (1871.1.5—1952.11.8), 意大利数学家.

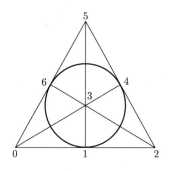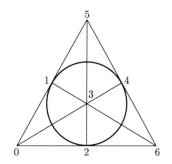

图 2.4 Fano 平面

证明 对任意 $g \in \mathrm{Aut}\,(\Pi)$, 如果 g 保持某条线上两点 $P = \langle u \rangle$, $Q = \langle v \rangle$ 以及线外一点 $R = \langle w \rangle$ 不动, 则因为 u, v, w 构成 V 的一个基, 且 $F = F_2$, 所以 $g = 1$. 换言之, Π 的自同构群中的元素被它在 3 个不共线的点上的作用唯一确定. 而 V 中不共线的点恰好构成 V 的基, 共有 $(2^3 - 1)(2^3 - 2)(2^3 - 4) = 168$ 种取法. 这说明 $|\mathrm{Aut}\,(\Pi)| \leqslant 168$. 另一方面, 我们知道 $GL_3(2)$ 中的元素在 V 上的作用均为 Π 的自同构, 即 $GL_3(2) \leqslant \mathrm{Aut}\,(\Pi)$. 命题得证. □

现在考虑 S_7 在这些 Fano 平面上的作用. 这时任意一个 Fano 平面 Π 的稳定化子就是 Π 的自同构群, 于是 S_7 的轨道长度为 $7!/168 = 30$, 即在 S_7 作用下, Π^{S_7} 包含 30 个 Fano 平面. 注意到 $GL_3(2) \cong PSL_3(2)$ 是单群, 不含奇置换, 而 $|A_7 : GL_3(2)| = 15$, 可知在 A_7 作用下, 这 30 个 Fano 平面分成两条轨道, 各含 15 个 Fano 平面. 设 Σ 是其中的一条 A_7-轨道. 考虑集合

$$\{ (\ell, \Pi) \mid \Pi \in \Sigma, \ell \text{ 是 } \Pi \text{ 的一条线} \}.$$

用两种方法对上述集合计数. Σ 中共有 15 个 Fano 平面, 每个包含 7 条线, 故上述集合共包含 $15 \times 7 = 105$ 对 (ℓ, Π). 另一方面, Ω 中共有 $C_7^3 = 35$ 个 3 元子集, 即有 35 条线. 于是每条线恰属于 3 个 Fano 平面. 进一步的计数可以证明, 任意两个不同的 Fano 平面恰包含一条公共的线.

记 $\Sigma^* = \Sigma \cup \{\Theta\}$. 在 Σ^* 上定义一个加法: 对于 $\Pi, \Pi' \in \Sigma$, $\Pi \neq \Pi'$, 设它们均包含线 ℓ, 则存在唯一的平面 Π'', 使得 ℓ 包含在 3 个平面 Π, Π', Π'' 里. 这时就定义 $\Pi + \Pi' = \Pi''$. 进一步, 定义 $\Theta + \Pi = \Pi + \Theta = \Pi, \Pi + \Pi = \Theta$. 只需再证明这样定义的加法满足结合律, 我们就得到一个与 $V = V(4, 2)$ 同构的线性空间 Σ^*.

引理 2.5.6 设互异的 $\Pi_1, \Pi_2, \Pi_3 \in \Sigma$, 且 $\Pi_1 + \Pi_2 \neq \Pi_3$, 即它们不包含共同的线, 则 A_7 在所有这样的 3 元组 $\{(\Pi_1, \Pi_2, \Pi_3)\}$ 上的作用是正则的.

证明 这样的 3 元组个数等于 $15 \times 14 \times 12 = |A_7|$, 故只需证明 A_7 中没有非平凡元素可以保持这样的 3 元组不动. 假设 $g \in A_7$ 保持 Π_i 不动. 设 ℓ_1 是 Π_1, Π_2 包含的公共线, ℓ_2 是 Π_2, Π_3 包含的公共线, ℓ_3 是 Π_1, Π_3 包含的公共线. 显然 ℓ_1, ℓ_2, ℓ_3 互不相同, 且其中任意两条线均包含在一个共同的平面里, 所以任意两条线都是相交的. 如果它们的交点重合, 则 3 条线交于一点, 与 $\Pi_1 + \Pi_2 \neq \Pi_3$ 矛盾. 故 ℓ_1, ℓ_2, ℓ_3 构成一个三角形. 注意到每个 ℓ_i 是 V 中的一个 2 维子空间, g 保持这 3 个子空间不变, 即得 $g = 1$. □

命题 2.5.7 Σ^* 是一个 16 阶初等交换群.

证明 显然 Σ^* 关于 Fano 平面的加法是交换的, 其中每个元素的阶为 2. 只需证明加法满足结合律. 由上述引理, 只需对某个特定的 3 元组 (Π_1, Π_2, Π_3) 验证即可. 令

$$\Pi_1 = \{012, 034, 056, 135, 146, 236, 245\},$$
$$\Pi_2 = \{012, 035, 046, 136, 145, 234, 256\},$$
$$\Pi_3 = \{034, 015, 026, 136, 124, 235, 456\}.$$

Π_1 和 Π_1 均包含线 012. 直接验证可知, 包含 012 的第三个 Fano 平面为

$$\Pi' = \{012, 036, 045, 134, 156, 235, 246\}.$$

所以 $\Pi_1 + \Pi_2 = \Pi'$. 而 Π' 与 Π_3 均包含线 235, 直接验证可得

$$\Pi' + \Pi_3 = (\Pi_1 + \Pi_2) + \Pi_3 = \{235, 204, 216, 056, 013, 346, 145\}.$$

类似地,

$$\Pi_2 + \Pi_3 = \{136, 104, 125, 023, 056, 246, 345\},$$

而

$$\Pi_1 + (\Pi_2 + \Pi_3) = \{056, 013, 024, 145, 126, 235, 346\}.$$

这就证明了

$$(\Pi_1 + \Pi_2) + \Pi_3 = \Pi_1 + (\Pi_2 + \Pi_3). \qquad \square$$

定理 2.5.8 $GL_4(2) \cong PSL_4(2) \cong A_8$.

证明 由上面的命题知, A_7 作用在 $\Sigma^* \cong V(4, 2)$ 上, 于是 $GL_4(2)$ 包含 A_7 的一个同态像 A. 因为 A_7 是单群, 所以 $A \cong A_7$. 于是

$$|GL_4(2) : A| = 8,$$

$GL_4(2)$ 就可以嵌入 A_8. 再由 $|GL_4(2)| = |A_8|$ 即得二者同构. $\qquad \square$

第三章　带形式的空间

在高等代数中, 我们已经知道, 所谓**欧氏空间**是指实数域 $\mathbb{R}$ 上的有限维线性空间 V, 在其上定义了一个内积 $(\cdot,\cdot)\colon V\times V\to\mathbb{R}$, 满足

(1) 双线性: 对任意向量 $u,v,w\in V$ 和实数 $a\in\mathbb{R}$, 有

$$(u+v,w)=(u,w)+(v,w),$$
$$(u,v+w)=(u,v)+(u,w),$$
$$(au,v)=(u,av)=a(u,v);$$

(2) 对称性: $(u,v)=(v,u)$;

(3) 正定性: 对任意向量 $v\in V$, 有 $(v,v)\geqslant 0$, 等号成立当且仅当 $v=0$.

线性空间 V 上定义了内积, 就给 V 赋予了一种度量, 从而使得 V 具有更为丰富的几何结构. 例如, 欧氏空间中向量 v 具有长度

$$\|v\|=\sqrt{(v,v)};$$

两个非零向量 u,v 之间的夹角 θ 满足

$$\theta=\arccos\frac{(u,v)}{\|u\|\|v\|}.$$

进一步, 有复数域 $\mathbb{C}$ 上**酉空间**的概念, 即 $\mathbb{C}$ 上的有限维线性空间 V, 在其上定义了一个内积 $(\cdot,\cdot)\colon V\times V\to\mathbb{C}$, 满足

(1) 对任意向量 $u,v,w\in V$ 和复数 $a\in\mathbb{C}$, 有

$$(u+v,w)=(u,w)+(v,w),$$
$$(u,v+w)=(u,v)+(u,w),$$
$$(au,v)=a(u,v);$$

(2) $(u,v) = \overline{(v,u)}$, 其中 $\overline{x}$ 代表 x 的复共轭;

(3) $(u, av) = \overline{a}(u,v)$;

进一步, 由 (2) 可知 $(v,v) \in \mathbb{R}$, 故还可要求内积 $(\cdot, \cdot)$ 满足

(4) 正定性: 对任意向量 $v \in V$, 有 $(v,v) \geqslant 0$, 等号成立当且仅当 $v = 0$.

下面我们要对实数域上的欧氏空间和复数域上的酉空间进行推广. 这样的推广概括来讲可以有两个方向: 一是考虑无穷维的情形. 例如, $\mathbb{R}$ 上的无限维欧氏空间加上完备性条件, 就得到了 Hilbert[1] 空间的概念. 不过这超出了本书的讨论范围. 第二个方向是本书要讨论的内容. 我们要把实数域、复数域推广到一般的域, 相应地放宽对内积的要求, 得到更加广泛的几何结构.

在 $\mathbb{C}$ 上的酉空间中, 复共轭映射 $x \mapsto \overline{x}$ 是 $\mathbb{C}$ 的一个域自同构. 故对于任意域 F 上的有限维线性空间 V, 设 σ 是 F 的一个域自同构, 则类似于酉空间内积的一个映射 $B: V \times V \to F$ 应满足: 对任意 $u, v, w \in V$, $a \in F$, 有

$$B(u + v, w) = B(u, w) + B(v, w),$$
$$B(u, v + w) = B(u, v) + B(u, w),$$
$$B(au, v) = aB(u, v),$$
$$B(u, av) = a^{\sigma}B(u, v).$$

而当 $\sigma = \mathrm{id}$ 是 F 上的恒等自同构时, B 就满足双线性条件. 这就引出了下面要讨论的 σ-sesquilinear 形式的概念, 它是实数域上欧氏空间和复数域上酉空间的内积的一个推广.

§3.1 Sesquilinear 形式

定义 3.1.1 设 V 是域 F 上的 n 维线性空间, σ 是 F 的一个域自同构. 一个映射 $B: V \times V \to F$ 称为 σ-**sesquilinear 形式**, 如果对

[1]David Hilbert (1862.1.23—1943.2.14), 德国数学家.

任意 $u, v, w \in V$, $a \in F$, 有

(1) $B(u+v, w) = B(u, w) + B(v, w)$;

(2) $B(u, v+w) = B(u, w) + B(v, w)$;

(3) $B(au, v) = aB(u, v)$;

(4) $B(u, av) = a^\sigma B(u, v)$.

在 σ 明确的情形, 也常常将 B 简称为 **sesquilinear 形式**.

当 $\sigma = \mathrm{id}$ 是域 F 上的恒等自同构时, 就称 B 为 V 上的一个**双线性形式** (bilinear form).

注 3.1.2 单词 "sesquilinear" 中前缀 "sesqui" 的意思是 "一又二分之一", 因为这时 B 对第一个变量是线性的, 而对第二个变量只保持向量加法, 不保持数量乘法. 中文文献中常常译做 "半双线性", 似乎并不准确, 故这里直接用原文.

给定 V 上的一个 σ-sesquilinear 形式 $B : V \times V \to F$, $(u, v) \mapsto B(u, v)$, 其中 σ 是域 F 上的自同构. 取定 V 的一个基 $e_1, \cdots, e_n$. 对 V 中任意向量 $u = \sum_{i=1}^{n} a_i e_i$, $v = \sum_{i=1}^{n} b_i e_i$, $a_i, b_i \in F$ $(i = 1, \cdots, n)$, 有

$$B(u, v) = B\left(\sum_{i=1}^{n} a_i e_i, \sum_{j=1}^{n} b_j e_j\right) = \sum_{i,j=1}^{n} a_i b_j^\sigma B(e_i, e_j). \tag{3.1}$$

令 $M = (B(e_i, e_j))$ 是 n 阶方阵, 并记

$$X = \begin{pmatrix} a_1 \\ \vdots \\ a_n \end{pmatrix}, \quad Y = \begin{pmatrix} b_1 \\ \vdots \\ b_n \end{pmatrix},$$

则 $u = (e_1, \cdots, e_n)X$, $v = (e_1, \cdots, e_n)Y$, 而 (3.1) 式可以用矩阵的形式表示成

$$B(u, v) = X'MY^\sigma,$$

其中 X' 代表 X 的转置, 而 $Y^\sigma = (b_1^\sigma, \cdots, b_n^\sigma)'$.

设 $f_1, \cdots, f_n$ 是 V 的另一个基, $f_i = \sum\limits_{j=1}^{n} a_{ji} e_j$, 即从基 $e_1, \cdots, e_n$ 到 $f_1, \cdots, f_n$ 的过渡矩阵为 $A = (a_{ij})$, 于是

$$B(f_i, f_j) = B\left(\sum_{k=1}^{n} a_{ki} e_k, \sum_{\ell=1}^{n} a_{\ell j} e_\ell \right) = \sum_{k,\ell} a_{ki} B(e_k, e_\ell) a_{\ell j}^\sigma.$$

直接验证可知, 这恰等于矩阵 $A' M A^\sigma$ 中第 i 行第 j 列的元素. 因此, σ-sesquilinear 形式 B 在基 $f_1, \cdots, f_n$ 下的矩阵等于 $A' M A^\sigma$. 注意到过渡矩阵 A 是可逆的, 因此 B 在不同基下的矩阵有相同的秩, 从而可以定义 σ-sesquilinear 形式 B 的**秩** (rank) 为 B 在 V 的任一基下的矩阵的秩, 记做 $\operatorname{rank} B$.

设 B 是 V 上的一个 σ-sesquilinear 形式, U 是 V 的一个子空间. 定义

$$U^{\perp_L} = \{ v \in V \mid B(v, u) = 0, \ \forall u \in U \},$$
$$U^{\perp_R} = \{ v \in V \mid B(u, v) = 0, \ \forall u \in U \}.$$

显然它们都是 V 的子空间. 由定义直接验证可得

$$\left(U^{\perp_L} \right)^{\perp_R} \supseteq U, \quad \left(U^{\perp_R} \right)^{\perp_L} \supseteq U. \tag{3.2}$$

如果子空间 $U \subseteq W$, 则有

$$U^{\perp_L} \supseteq W^{\perp_L}, \quad U^{\perp_R} \supseteq W^{\perp_R}.$$

子空间 $V^{\perp_L}$ 和 $V^{\perp_R}$ 分别称为 V (关于 B 的) **左根** (left radical) 和**右根** (right radical).

定理 3.1.3 设 σ-sesquilinear 形式 B 在 V 的某个基下的矩阵为 M, 则

$$\dim V^{\perp_L} = \dim V^{\perp_R} = \dim V - \operatorname{rank} M.$$

证明 设 $e_1, \cdots, e_n$ 是 V 的一个基, $B(e_i, e_j) = a_{ij}$, 即 B 在这个基下的矩阵为 $M = (a_{ij})$.

对于任意向量 $v = \sum_{j=1}^{n} c_j e_j \ (c_j \in F)$, 显然 $v \in V^{\perp_R}$ 当且仅当 $B(e_i, v) = 0 \ (i = 1, \cdots, n)$. 这意味着 $(c_1^\sigma, \cdots, c_n^\sigma)$ 是齐次线性方程组

$$a_{i1}x_1 + a_{i2}x_2 + \cdots + a_{in}x_n = 0, \quad i = 1, \cdots, n$$

的解. 这等价于 $(c_1, \cdots, c_n)$ 是齐次方程组

$$a_{i1}^{\sigma^{-1}}x_1 + a_{i2}^{\sigma^{-1}}x_2 + \cdots + a_{in}^{\sigma^{-1}}x_n = 0, \quad i = 1, \cdots, n \tag{3.3}$$

的解, 而这个方程组的系数矩阵为 $M^{\sigma^{-1}}$, 其秩显然等于 M 的秩. 因此, $\dim V^{\perp_R}$ 等于方程组 (3.3) 的解空间的维数, 也就等于 $\dim V - \operatorname{rank} M$.

同理, $v \in V^{\perp_L}$ 当且仅当 $B(v, e_i) = 0 \ (i = 1, \cdots, n)$, 而这意味着 $(c_1, \cdots, c_n)$ 是齐次线性方程组

$$a_{1i}x_1 + a_{2i}x_2 + \cdots + a_{ni}x_n = 0, \quad i = 1, \cdots, n$$

的解. 此方程组的系数矩阵为转置矩阵 M', 故

$$\dim V^{\perp_L} = \dim V - \operatorname{rank} M' = \dim V - \operatorname{rank} M. \qquad \square$$

推论 3.1.4　下述论断等价:

(1) $V^{\perp_L} = 0$;

(2) $V^{\perp_R} = 0$;

(3) B 在 V 的任一基下的矩阵可逆.

注 3.1.5　如果 V 是无限维的, 定理 3.1.3 的结论未必成立. 令 $F = \mathbb{R}$ 为实数域, 定义

$$V = \{\, \alpha = (a_1, a_2, \cdots) \mid a_i \in \mathbb{R}, \ \exists N = N_\alpha > 0, \text{使得 } a_k = a_N, \ \forall k > N \,\}.$$

换言之, 从第 N 项开始 α 是常数序列. 我们用 $\bar\alpha$ 记这个常数. 对于任意 $\beta = (b_1, b_2, \cdots) \in V$ 和 $\lambda \in \mathbb{R}$, 定义加法和数量乘法:

$$\alpha + \beta = (a_1 + b_1, a_2 + b_2, \cdots), \quad \lambda\alpha = (\lambda a_1, \lambda a_2, \cdots).$$

直接验证可知, V 关于上述加法和数量乘法构成 $\mathbb{R}$ 上的一个线性空间.

定义映射 $B\colon V \times V \to \mathbb{R}$:

$$B(\alpha, \beta) = \sum_{i=1}^{\infty} (a_i - \overline{\alpha}) b_i,$$

则 B 是 V 上的一个双线性形式. 根据 V 中向量的定义, 上式中的和号只有有限多项不等于 0. 容易看出, 如果 $\alpha = (a, a, \cdots)$ 为常数序列, 则对任意 $\beta \in V$, 总有 $B(\alpha, \beta) = 0$, 即 V 的左根 $V^{\perp_L} \neq 0$. 另一方面, V 的右根 $V^{\perp_R} = 0$.

σ-sesquilinear 形式 B 称为**非退化的** (non-degenerate), 如果推论 3.1.4 中的任一论断 (从而也是全部论断) 成立.

任意取定向量 $u \in V$, 定义映射 $u_L\colon V \to F$, $x \mapsto B(u, x)^{\sigma^{-1}}$. 直接验证可知 $u_L \in V^*$ 是 V 上的一个线性函数. 进一步, 考虑映射 $L\colon V \to V^*$, $u \mapsto u_L$ ($\forall u \in V$). 对任意 $u, v \in V$, 有

$$(u+v)_L\colon \ x \mapsto B(u+v, x)^{\sigma^{-1}} = B(u,x)^{\sigma^{-1}} + B(v,x)^{\sigma^{-1}}, \quad \forall x \in V.$$

这说明 $(u+v)_L = u_L + v_L$. 而对任意 $a \in F$, 有

$$(au)_L\colon \ x \mapsto B(au, x)^{\sigma^{-1}} = a^{\sigma^{-1}} B(u,x)^{\sigma^{-1}}, \quad \forall x \in V,$$

所以 $(au)_L = a^{\sigma^{-1}} u_L$. 这说明 $L\colon V \to V^*$ 是一个 σ^{-1}-半线性映射. 考虑 L 的核. 对于向量 $u \in V$, $u \in \operatorname{Ker} L$ 当且仅当 $u_L \equiv 0$ 是零函数. 这意味着

$$u_L\colon \ x \mapsto B(u,x)^{\sigma^{-1}} = 0, \quad \forall x \in V.$$

可见 $\operatorname{Ker} L = V^{\perp_L}$.

对称地, 对任意 $u \in V$, 定义 $u_R\colon V \to F$, $x \mapsto B(x, u)$, 则 $u_R \in V^*$ 也是 V 上的线性函数. 对于映射 $R\colon u \mapsto u_R$, 有

$$(u+v)_R\colon \ x \mapsto B(x, u+v) = B(x,u) + B(x,v), \quad \forall u, v, x \in V.$$

这说明 $(u+v)_R = u_R + v_R$. 而对任意 $a \in F$, 有

$$(au)_R\colon \ x \mapsto B(x, au) = a^{\sigma} B(x, u), \quad \forall x \in V.$$

这说明 $(au)_R = a^\sigma u_R$, 即 $R\colon V \to V^*$ 是一个 σ-半线性映射. 直接验证可知, 这时也有 $\operatorname{Ker} R = V^{\perp_R}$.

习题 3.1.6　设 V_1, V_2 分别是域 F_1, F_2 上的有限维线性空间, $\sigma\colon F_1 \to F_2$ 是一个域同构. 对任意 σ-半线性映射 $f\colon V_1 \to V_2$, 证明:

$$\dim \operatorname{Im} f + \dim \operatorname{Ker} f = \dim V_1.$$

当 B 非退化时, $V^{\perp_L} = 0$, 因此半线性映射 L 是单射. 又因为 $\dim V^* = \dim V$ 是有限维的, 所以 L 也是满射, 从而是 $V \to V^*$ 的双射. 同理可证, 这时半线性映射 R 也是 $V \to V^*$ 的双射. 于是, 我们证明了如下命题:

命题 3.1.7　设 B 非退化, 则对于 V 上的任意线性函数 f, 唯一存在 $y, z \in V$, 使得

$$\begin{aligned} f(x) &= y_R(x) = B(x, y) \\ &= z_L(x) = B(z, x)^{\sigma^{-1}}, \quad \forall x \in V. \end{aligned}$$

命题 3.1.8　设 B 是 V 上一个非退化的 σ-sesquilinear 形式, 子空间 $U \subseteq V$, 则有

$$\dim U^{\perp_R} = \dim U^{\perp_L} = \dim V - \dim U.$$

证明　对任意 $y \in V$, 把线性函数 $y_L\colon x \mapsto B(y, x)^{\sigma^{-1}}$ 限制到 U 上, 就得到 $y_L|_U \in U^*$. 映射 $\varphi\colon V \to U^*$, $y \mapsto y_L|_U$ 是 σ^{-1}-半线性的, 并且有

$$\operatorname{Ker}\varphi = \{y \in V \mid y_L|_U \equiv 0\} = \{y \in V \mid B(y, u)^{\sigma^{-1}} = 0,\ \forall u \in U\} = U^{\perp_L}.$$

显然 $\varphi(V) \subseteq U^*$. 下面往证 $\varphi(V) = U^*$.

设 $g \in U^*$ 是 U 上的线性函数. 取 U 的一个基 $u_1, \cdots, u_r$, 将其扩充成 V 的基 $u_1, \cdots, u_r, u_{r+1}, \cdots, u_n$. 定义函数 $g'\colon V \to F$:

$$g'(u_i) = \begin{cases} g(u_i), & 1 \leqslant i \leqslant r, \\ 0, & r+1 \leqslant i \leqslant n, \end{cases}$$

则 g' 是 V 上的一个线性函数. 因为 B 是非退化的, 由命题 3.1.7 知, 唯一存在 $z \in V$, 满足 $g' = z_L\colon x \mapsto B(z,x)^{\sigma^{-1}}$ $(\forall x \in V)$. 于是 $g = z_L|_U \in \varphi(V)$. 这就证明了 $\varphi(V) = U^*$, 进而得到

$$\dim \varphi(V) = \dim U^* = \dim U.$$

注意到 $\dim \varphi(V) + \dim \operatorname{Ker} \varphi = \dim \varphi(V) + U^{\perp_L} = \dim V$, 即得

$$\dim U^{\perp_L} = \dim V - \dim U.$$

同理可证 $U^{\perp_L}$ 的情形. 命题得证. □

注 3.1.9 从上述命题的证明可知, 当 B 非退化时, 不仅 V 上的任一线性函数可以唯一地表示成某个 x_L (或者 y_R), 而且子空间 U 上的任意线性函数也一定是某个 x_L (或者 y_R) 在 U 上的限制.

推论 3.1.10 设 B 非退化, 则有

$$\left(U^{\perp_L}\right)^{\perp_R} = U = \left(U^{\perp_R}\right)^{\perp_L}.$$

证明 根据命题 3.1.8, 有

$$\dim \left(U^{\perp_L \perp_R}\right) = \dim V - \dim U^{\perp_L} = \dim V - (\dim V - \dim U) = \dim U.$$

再由 (3.2) 式的包含关系即得 $\left(U^{\perp_L}\right)^{\perp_R} = U$. 同理可证右半等式. □

习题 3.1.11 任给 V 上的 sesquilinear 形式 B. 对于任意子空间 U_1, U_2, 证明:

$$(U_1 + U_2)^{\perp_L} = U_1^{\perp_L} \cap U_2^{\perp_L}, \quad (U_1 + U_2)^{\perp_R} = U_1^{\perp_R} \cap U_2^{\perp_R}.$$

当 B 非退化时, 证明:

$$(U_1 \cap U_2)^{\perp_L} = U_1^{\perp_L} + U_2^{\perp_L}, \quad (U_1 \cap U_2)^{\perp_R} = U_1^{\perp_R} + U_2^{\perp_R}.$$

对于 V 中的向量 x, y, 如果 $B(x, y) = 0$, 就称 x **垂直于** y, 记做 $x \perp y$. 注意, 对于一般的 sesquilinear 形式 B, $B(x, y) = 0$ 时并不一定

有 $B(y,x)=0$, 因此 x 垂直于 y 时并不一定有 y 垂直于 x. 但是在几何中, 垂直显然应该是一种对称关系, 即 $x \perp y \Longleftrightarrow y \perp x$.

一个 sesquilinear B 称为**自反的** (reflexive), 如果对任意 $x,y \in V$, 有

$$B(x,y)=0 \Longleftrightarrow B(y,x)=0.$$

显然, 由 B 定义的垂直关系是对称的, 当且仅当 B 是自反的. 下面要给出 B 满足自反性的充分必要条件.

定义 3.1.12 给定 σ-sesquilinear 形式 $B : V \times V \to F$.

(1) B 称为**对称的** (symmetirc) **双线性形式**, 如果

$$\sigma = \mathrm{id}, \quad B(u,v)=B(v,u), \quad \forall u,v \in V;$$

(2) B 称为**交错的** (alternating) **双线性形式**, 如果

$$\sigma = \mathrm{id}, \quad B(u,u)=0, \quad \forall u \in V;$$

(3) B 称为**反对称的** (anti-symmetric) **双线性形式**, 如果

$$\sigma = \mathrm{id}, \quad B(u,v)=-B(v,u), \quad \forall u,v \in V;$$

(4) B 称为 **Hermite**[2] **形式**, 如果 σ 是 2 阶域自同构, 且

$$B(u,v)=B(v,u)^\sigma.$$

注 3.1.13 反对称的双线性形式有时也称做**斜对称的** (skew-symmetric).

交错的双线性形式必定是反对称的. 当 $\mathrm{char}\, F \neq 2$ 时, 反对称的双线性形式也必定是交错的; 而当 $\mathrm{char}\, F = 2$ 时, 反对称的双线性形式显然就是对称的. 从这个意义上讲, 反对称性并未给双线性形式增加新的内容.

---

[2]Charles Hermite (1822.12.24—1901.1.14), **法国数学家**.

下面的 Birkhoff[3] -von Neumann[4] 定理 (参见文献 [8]) 给出了自反的非退化 σ-sesquilinear 形式的分类.

定理 3.1.14 (Birkhoff-von Neumann 定理)　设 V 是域 F 上的 $n \geqslant 2$ 维线性空间, σ 是 F 上的一个自同构, $B: V \times V \to F$ 是一个非退化的 σ-sesquilinear 形式, 则 B 是自反的, 当且仅当下述之一成立:

(1) B 是对称的或者交错的双线性形式;

(2) B 是一个 Hermite 形式的非零倍数.

我们首先证明几个引理.

引理 3.1.15　设 F 是任一域, V 是 F 上的 $n \geqslant 2$ 维线性空间, $B: V \times V \to F$ 是一个非退化的 σ-sesquilinear 形式, 则 B 是自反的, 当且仅当存在非零 $\varepsilon \in F$, 使得

$$B(v, u) = \varepsilon B(u, v)^\sigma, \quad \forall u, v \in V.$$

证明　引理的充分性是显然的. 下面证明必要性.

对任意 $0 \neq v \in V$, 有线性函数 $v_L: x \mapsto B(v, x)^{\sigma^{-1}}$ 和 $v_R: x \mapsto B(x, v)$. 因为 B 是自反的, 所以 $\operatorname{Ker} v_L = \operatorname{Ker} v_R$. 于是, 存在 $\lambda_v \in F$, 满足 $v_L = \lambda_v v_R$, 即有 $B(v, x)^{\sigma^{-1}} = \lambda_v B(x, v)$, 从而得出

$$B(v, x) = \lambda_v^\sigma B(x, v)^\sigma, \quad \forall x \in V.$$

下面要证明这个 λ_v 实际上与 v 无关.

对任意向量 $u, v \in V$, 有

$$B(u + v, w) = \lambda_{u+v}^\sigma B(w, u + v)^\sigma = \lambda_{u+v}^\sigma B(w, u)^\sigma + \lambda_{u+v}^\sigma B(w, v)^\sigma.$$

而上式左端也等于

$$B(u, w) + B(v, w) = \lambda_u^\sigma B(w, u)^\sigma + \lambda_v^\sigma B(w, v)^\sigma,$$

---

[3]George David Birkhoff (1884.3.21—1944.11.12), 美国数学家.

[4]John von Neumann (1903.12.28—1957.2.8), 出生于匈牙利的美籍犹太数学家.

于是得到

$$\left(\lambda_{u+v}^{\sigma} - \lambda_u^{\sigma}\right) B(w,u)^{\sigma} = \left(\lambda_v^{\sigma} - \lambda_{u+v}^{\sigma}\right) B(w,v)^{\sigma}.$$

如果 u, v 线性无关, 则存在 $w \in V$, 满足 $B(w,u) \neq 0$, 而 $B(w,v) = 0$, 进而推出 $\lambda_{u+v}^{\sigma} = \lambda_u^{\sigma}$. 同理可得 $\lambda_{u+v}^{\sigma} = \lambda_v^{\sigma}$, 即得 $\lambda_u^{\sigma} = \lambda_v^{\sigma}$.

如果 u, v 线性相关, 因为 $\dim V \geqslant 2$, 所以存在与 u, v 线性无关的向量 w. 根据上述论证, 必有 $\lambda_u^{\sigma} = \lambda_w^{\sigma} = \lambda_v^{\sigma}$. 至此, 我们证明了: 对任意非零向量 $v \in V$, λ_v^{σ} 是一个常数. 将其记做 ε. 引理得证. □

引理 3.1.16 设 V 是域 F 上的 $n \geqslant 2$ 维线性空间, B 是 V 上一个非退化的 σ-sesquilinear 形式. 如果 B 是自反的, 则有

(1) $\varepsilon^{\sigma} = \varepsilon^{-1}$;

(2) $\sigma^2 = \mathrm{id}$.

证明 因为 B 非退化, 所以存在 $v, w \in V$, 使得 $B(v,w) \neq 0$. 故对任意 $\lambda \in F$, 总可选取 v 的适当倍数代替 v, 使得 $B(v,w) = \lambda$. 于是有

$$\lambda = B(v,w) = \varepsilon B(w,v)^{\sigma} = \varepsilon \left[\varepsilon B(v,w)^{\sigma}\right]^{\sigma}$$
$$= \varepsilon \cdot \varepsilon^{\sigma} B(v,w)^{\sigma^2} = \varepsilon \cdot \varepsilon^{\sigma} \cdot \lambda^{\sigma^2}.$$

特别地, 令 $\lambda = 1$, 即得 $\varepsilon^{\sigma} = \varepsilon^{-1}$, (1) 得证. 而对任意 λ, 总有

$$\lambda = \varepsilon \cdot \varepsilon^{-1} \cdot \lambda^{\sigma^2},$$

即证得 (2). □

Birkhoff-von Neumann 定理的证明 只需证明必要性. 如果 $\sigma = \mathrm{id}$, 则 B 是一个双线性形式. 由引理 3.1.15 知, B 满足 $B(u,v) = \varepsilon B(v,u)$. 再由引理 3.1.16 知 $\varepsilon = \varepsilon^{-1}$, 故得 $\varepsilon = \pm 1$, 即 B 是对称的或者交错的.

如果 $\sigma \neq \mathrm{id}$, 由引理 3.1.16 知, $\sigma^2 = \mathrm{id}$, 且存在 $\varepsilon \neq 0$, 使得 $B(u,v) = \varepsilon B(v,u)^{\sigma}$. 如果 $1 + \varepsilon \neq 0$, 令 $\lambda = 1 + \varepsilon$. 定义一个新的

σ-sesquilinear 形式 $\beta(u,v) = \lambda^\sigma B(u,v)$, 则

$$\beta(v,u)^\sigma = [\lambda^\sigma B(v,u)]^\sigma = \lambda\,[\varepsilon B(u,v)^\sigma]^\sigma = \lambda \cdot \varepsilon^\sigma B(u,v).$$

而

$$\lambda \cdot \varepsilon^\sigma = (1+\varepsilon) \cdot \varepsilon^\sigma = \varepsilon^\sigma + \varepsilon \cdot \varepsilon^{-1} = \varepsilon^\sigma + 1 = \lambda^\sigma,$$

故得 $\beta(v,u)^\sigma = \lambda^\sigma B(u,v) = \beta(u,v)$, 即 β 是一个 Hermite 形式.

如果 $\varepsilon = -1$, 因为 $\sigma \neq \mathrm{id}$, 所以存在 $\mu \in F$, 满足 $\mu - \mu^\sigma \neq 0$. 令 $\lambda = \mu - \mu^\sigma$, 则 $\beta(u,v) = \lambda^\sigma B(u,v)$. 直接验证即得

$$\beta(v,u)^\sigma = \lambda \cdot \varepsilon^\sigma B(u,v).$$

因为这时有 $\varepsilon^\sigma = (-1)^{-1} = -1$, 所以 $\lambda \cdot \varepsilon^\sigma = -\lambda = \lambda^\sigma$, 同样证得 β 是 Hermite 形式. $\qquad\square$

习题 3.1.17 设 V 是域 F 上的 n 维线性空间. 对 V 上的两个双线性形式 B, C 和任意 $a \in F$, 定义

$$(B+C)(u,v) = B(u,v) + C(u,v),$$
$$(aB)(u,u) = a(B(u,v)), \quad \forall u,v \in V.$$

证明 $B+C$ 和 aB 仍然是 V 上的双线性形式, 进而证明 V 上全体双线性形式构成的集合 $\mathscr{B}(V)$ 关于上述加法和数量乘法构成 F 上的一个线性空间, 其维数为 n^2.

习题 3.1.18 设 V 是 F 上的有限维线性空间. 记 $\mathscr{B}^+(V)$ 为全体对称双线性形式构成的集合, $\mathscr{B}^-(V)$ 为全体反对称双线性形式构成的集合.

(1) 证明: $\mathscr{B}^+(V)$ 和 $\mathscr{B}^-(V)$ 是 $\mathscr{B}(V)$ 的子空间.

(2) 假定 $\mathrm{char}\,F \neq 2$. 证明: $\mathscr{B}(V) = \mathscr{B}^+(V) \oplus \mathscr{B}^-(V)$.

根据定理 3.1.14, 要对线性空间 V 赋予合理的几何结构, 只需考虑对称的或者交错的双线性形式以及 Hermite 形式. 换言之, 我们讨论的 sesquilinear 形式都假设由其定义的垂直具有对称性. 称 (V,B) 为

一个**形式空间** (formed space), 如果 B 是 V 上的一个对称或者交错的双线性形式, 或者是一个 Hermite 形式. 这时, 相应的形式空间 (V, B) 分别称为**正交空间** (orthogonal space)、**辛空间** (symplectic space) 和**酉空间** (unitary space).

在形式空间 (V, B) 中, 由于正交满足对称性, 故对任意子空间 $U \subseteq V$, 均有 $U^{\perp_L} = U^{\perp_R}$. 这个子空间称为 U 的**正交补** (orthogonal complement), 记做 $U^\perp$. 需要指出的是, 一般来说 $U^\perp$ 并非是 U 的补空间. 记 $\operatorname{rad} U = U \cap U^\perp$, 称之为子空间 U 的**根** (radical). 显然, $\operatorname{rad} U = 0$ 当且仅当 $B|_U$ 是非退化的. 这时称 U 为一个**非退化的**子空间. 对于线性空间 V 本身, 显然有 $V \cap V^\perp = V^\perp$. 称 $\operatorname{rad} V = V^\perp$ 为 V 的 (关于 σ-sesquilinear 形式 B 的) **根**. V 非退化当且仅当 $\operatorname{rad} V = 0$.

定理 3.1.19 设 (V, B) 是一个形式空间, U 是 V 的一个非退化子空间, 则有

$$V = U \oplus U^\perp.$$

证明 因为 U 是非退化的, 所以 $U \cap U^\perp = 0$. 再由命题 3.1.8 即得证. □

在上述定理中, V 可分解成子空间 U 和 $U^\perp$ 的直和. 事实上, 对任意 $u \in U$ 与 $v \in U^\perp$, 均有 $u \perp v$. 对于 V 的子空间 U, W, 如果对任意 $u \in U, w \in W$, 均有 $u \perp w$, 就称这两个子空间**正交**. 如果进一步还有 $V = U \oplus W$ 是直和, 就将其记做 $V = U \perp W$, 称为 V 的一个**正交分解** (orthogonal decomposition). 因此定理 3.1.19 也可叙述为: 如果 U 是非退化的, 就有正交分解 $V = U \perp U^\perp$.

习题 3.1.20 设 B 是 V 上一个自反的 sesquilinear 形式, V 有正交分解 $V = U \perp W$. 证明: $\operatorname{rad} V = \operatorname{rad} U \perp \operatorname{rad} W$.

定义 3.1.21 (1) 设 V_1, V_2 是域 F 上的有限维线性空间, σ 是 F 上的域自同构, B_1, B_2 分别是 V_1, V_2 上的 σ-sesquilinear 形式. 线性映射 $\tau : V_1 \to V_2$ 称为 (关于 B_1, B_2 的) **等距** (isometry), 如果 τ 是双射,

且满足

$$B_2(u^\tau, v^\tau) = B_1(u, v), \quad \forall u, v \in V_1.$$

(2) 如果存在这样的一个等距, 就称形式空间 (V, B_1) 和 (V, B_2) 是**等价的**.

(3) 当 $V = V_1 = V_2$ 时, V 到自身的全体等距构成一个群, 称为 V 的**等距群** (isometry group), 记做 $\mathrm{Isom}(V, B)$.

注 3.1.22 设 B 是 V 上的 sesquilinear 形式, 则对任意 $0 \neq c \in F$, $cB: V \times V \to F$ 仍然是一个 sesquilinear 形式, 且有

$$\mathrm{Isom}(V, B) = \mathrm{Isom}(V, cB).$$

定理 3.1.23 (V_1, B_1) 与 (V_2, B_2) 等价的充分必要条件是存在 V_i $(i = 1, 2)$ 的基, 使得 B_i 在相应的基下的矩阵相等.

证明 必要性 假设存在等距 $\tau: V_1 \to V_2$. 任取 V_1 的基 $e_1, \cdots, e_n$, 则 $e_1^\tau, \cdots, e_n^\tau$ 是 V_2 的基. 由等距的定义知 $B_1(e_i, e_j) = B_2(e_i^\tau, e_j^\tau)$, 即得它们在各自基下的矩阵相等.

充分性 设 $f_1, \cdots, f_n$ 是 V_2 的一个基, 使得 B_2 在这个基下的矩阵 $(B_2(f_i, f_j))$ 等于 B_1 在 $e_1, \cdots, e_n$ 下的矩阵 $(B_1(e_i, e_j))$. 定义映射 $\tau: V_1 \to V_2$, $e_i^\tau = f_i$ $(i = 1, \cdots, n)$. 直接验证即知 τ 确实是 $V_1 \to V_2$ 的关于 B_i $(i = 1, 2)$ 的一个等距. □

给定形式空间 (V, B), 设 $e_1, \cdots, e_n$ 是 V 的一个基. 对 V 的任意等距 τ, 记 $f_i = e_i^\tau$ $(i = 1, \cdots, n)$, 则有 $B(f_i, f_j) = B(e_i, e_j)$ $(i, j = 1, \cdots, n)$. 进一步, 设 τ 作为线性变换在基 $e_1, \cdots, e_n$ 下的矩阵为 $A = (s_{ij})$, 即有

$$(f_1, \cdots, f_n) = (e_1, \cdots, e_n)A,$$

则

$$A'(B(e_i, e_j))A^\sigma = (B(f_i, f_j)) = (B(e_i, e_j)),$$

其中 σ 是 F 上的域自同构, $\sigma^2 = \mathrm{id}$. 如果 V 非退化, 则 $(B(e_i, e_j))$ 是满秩的, 其行列式不等于 0. 于是得到 $(\det A)^{1+\sigma} = 1$. 这就证明了

定理 3.1.24 设 τ 是非退化形式空间 (V, B) 上的等距, 则当 B 为双线性形式时, $\det \tau = \pm 1$; 当 B 为 Hermite 形式时, τ 的行列式满足

$$(\det \tau)^{1+\sigma} = 1.$$

下面我们给出二次型的定义.

定义 3.1.25 映射 $Q: V \to F$, $v \mapsto Q(v)$ 称为 V 上的一个**二次型**, 如果对任意 $v, w \in V$, $a \in F$, 满足

(1) $Q(av) = a^2 Q(v)$;

(2) $B(v, w) \triangleq Q(v + w) - Q(v) - Q(w)$ 是双线性的.

注 3.1.26 上述由 Q 定义的双线性形式 B 显然是对称的.

例 3.1.27 设 $e_1, \cdots, e_n$ 是 V 的一个基, 而

$$f(x_1, \cdots, x_n) = \sum_{i \leqslant j} c_{ij} x_i x_j$$

是一个二次齐次多项式, 其中 $x_1, \cdots, x_n$ 是未定元, $c_{ij} \in F$. 对于任意向量 $v = \sum_{i=1}^{n} a_i e_i \in V$, f 导出一个映射 $Q: V \to F$:

$$Q(v) = f(a_1, \cdots, a_n) = \sum_{i \leqslant j} c_{ij} a_i a_j. \tag{3.4}$$

我们来证明 Q 是一个二次型.

对于 $a \in F$, 有 $av = \sum_{i=1}^{n} a a_i e_i$, 所以

$$Q(av) = \sum_{i \leqslant j} c_{ij}(a a_i)(a a_j) = a^2 \sum_{i \leqslant j} c_{ij} a_i a_j = a^2 Q(v).$$

再设向量 $w = \sum_{i=1}^{n} b_i e_i$, 则 $v + w = \sum_{i=1}^{n} (a_i + b_i) e_i$, 而

$$\begin{aligned} B(v, w) &= Q(v + w) - Q(v) - Q(w) \\ &= \sum_{i \leqslant j} c_{ij}(a_i + b_i)(a_j + b_j) - \sum_{i \leqslant j} c_{ij} a_i a_j - \sum_{i \leqslant j} c_{ij} b_i b_j \\ &= \sum_{i \leqslant j} c_{ij} a_i b_j + \sum_{i \leqslant j} c_{ij} b_i a_j. \end{aligned}$$

令

$$d_{ii} = 2c_{ii}, \quad d_{ij} = \begin{cases} c_{ij}, & i < j, \\ c_{ji}, & i > j, \end{cases}$$

则 $B(v, w) = \sum_{i,j} d_{ij} a_i b_j$, 显然是对称的双线性形式. 这就证明了 Q 确实是一个二次型.

反之, 任意一个二次型 Q 都可以唯一表示成 (3.4) 式的形式. 仍然设 $e_1, \cdots, e_n$ 是 V 的一个基. 由二次型的定义, 对于任意 $a, b \in F$, 有

$$\begin{aligned} Q(ae_1 + be_2) &= Q(ae_1) + Q(be_2) + B(ae_1, be_2) \\ &= a^2 Q(e_1) + b^2 Q(e_2) + ab B(e_1, e_2). \end{aligned}$$

以上式为起点, 用数学归纳法可以证明, 对 V 中的任一向量 $v = \sum_{i=1}^{n} a_i e_i$, 有

$$Q\left(\sum_{i=1}^{n} a_i e_i\right) = \sum_{i=1}^{n} a_i^2 Q(e_i) + \sum_{i<j} a_i a_j B(e_i, e_j).$$

令 $c_{ii} = Q(e_i)$, $c_{ij} = B(e_i, e_j)$ $(i < j)$, 即得

$$Q(v) = Q\left(\sum_{i=1}^{n} a_i e_i\right) = \sum_{i \leqslant j} c_{ij} a_i a_j$$

形如 (3.4) 式. 显然, 其中的系数 c_{ij} 被 Q 唯一确定.

在二次型的定义中, 对称双线性形式 B 是通过二次型 Q 来定义的. 但是, 当 $\operatorname{char} F \neq 2$ 时, 有

$$4Q(v) = Q(2v) = Q(v + v) = Q(v) + Q(v) + B(v, v),$$

从而得到 $2Q(v) = B(v, v)$, 即

$$Q(v) = \frac{1}{2} B(v, v).$$

这说明, 在 char $F \neq 2$ 的情形下, 也可以反过来, 通过上式由一个对称的双线性形式 B 来定义二次型 Q.

但是, 当 char $F = 2$ 时, $B(v,v) = 2Q(v) = 0$, 因此无法用 B 来定义 Q, 并且这时 B 还是交错的. 可见, 特征 2 的域上对称双线性形式有其特殊性. 通过定义二次型的**根** (radical) 可以部分地反映出这种特殊性.

设 Q 是 V 上的二次型, $B(u,v) = Q(u+v) - Q(u) - Q(v)$ 是相应的对称双线性形式. 我们已经定义过 V 关于 B 的根

$$\mathrm{rad}\, V = V^{\perp} = \{\, v \in V \mid B(u,v) = 0,\ \forall u \in V \,\}.$$

二次型 Q 的根 $\mathrm{rad}\, Q$ 定义为

$$\mathrm{rad}\, Q = \{\, z \in V^{\perp} \mid Q(z) = 0 \,\}.$$

显然 $\mathrm{rad}\, Q \subseteq \mathrm{rad}\, V$. 当 char $F \neq 2$ 时, 若 $z \in \mathrm{rad}\, V$, 则

$$Q(z) = \frac{1}{2} B(z,z) = 0.$$

故这时总有 $\mathrm{rad}\, Q = \mathrm{rad}\, V$.

当 char $F = 2$ 时, 全体平方元素 $F^2 = \{\, a^2 \mid a \in F \,\}$ 构成 F 的一个子域, 从而可以把 F 看做 F^2 上的一个线性空间. 记这个线性空间的维数为 $r = \dim_{F^2} F$. 任取 $\mathrm{rad}\, V$ 中的 $t > r$ 个向量 $z_1, \cdots, z_t$, 则 $Q(z_1), \cdots, Q(z_t) \in F$ 必 F^2-线性相关, 即存在不全为 0 的 $c_i = a_i^2 \in F^2$, 使得

$$0 = \sum_{i=1}^{t} c_i Q(z_i) = Q\left(\sum_{i=1}^{t} a_i z_i \right).$$

故得 $\sum_{i=1}^{t} a_i z_i \in \mathrm{rad}\, Q$. 这说明在商空间 $\mathrm{rad}\, V / \mathrm{rad}\, Q$ 中最多存在 r 个线性无关的向量, 于是证得

$$\dim \mathrm{rad}\, V - \dim \mathrm{rad}\, Q \leqslant r = \dim_{F^2} F.$$

$\dim \operatorname{rad} V - \dim \operatorname{rad} Q$ 称为二次型 Q 的**亏数** (defect). 特别地, 如果 F 是**完全域** (perfect field), 即 $F = F^2$, 则 Q 的亏数为 0 或者 1.

当 $\operatorname{char} F = 2$ 时, B 是交错形式, 从而 (V, B) 是辛空间. 然而, 二次型 Q 为 V 增加了新的几何内涵. 正如 Artin 所指出的: V 具有一个被附加的二次型所精细化的辛几何[5] (参见文献 [6] p.112). 可见, 在 $\operatorname{char} F = 2$ 的情形下, 正交空间中起实质性作用的是二次型 Q; 而在 $\operatorname{char} F \neq 2$ 的情形下, Q 与相应的对称形式 B 互相确定. 因此, 在对正交空间的讨论中, 通常更多关注二次型 Q, 正交空间的记号也多数采用 (V, Q).

最后, 我们进一步给出几个定义.

定义 3.1.28 设 (V, B) 是域 F 上的一个形式空间.

(1) 非零向量 $v \in V$ 称为**迷向的** (isotropic), 如果 $B(v, v) = 0$. 在正交空间 (V, Q) 中, 非零向量 v 称为**奇异的** (singular), 如果 $Q(v) = 0$.

(2) 子空间 $U \subseteq V$ 称为**全迷向的** (totally isotropic), 如果 $B(u, v) = 0, \forall u, v \in U$. U 称为**非迷向的** (anisotropic), 如果 U 中不包含迷向向量.

(3) 在正交空间 (V, Q) 中, 子空间 $W \subseteq V$ 称为**全奇异的** (totally singular), 如果 $Q(w) = 0, \forall w \in W$. W 称为**非奇异的** (non-singular), 如果 W 中不包含奇异向量.

辛空间中的任意向量都是迷向的. 正交空间中, 如果 $\operatorname{char} F \neq 2$, 则向量 v 是迷向的当且仅当 v 是奇异的; 而当 $\operatorname{char} F = 2$ 时, V 中可能有非奇异的迷向向量.

习题 3.1.29 设 $\operatorname{char} F \neq 2$, (V, B) 是正交空间. 若 V 中的任意向量都是迷向的, 证明: V 是全迷向的.

相对于非退化子空间而言, 全迷向子空间是另一个极端情形. 显然, 零子空间和 $\operatorname{rad} V$ 都是全迷向子空间. 形式空间无非是带自反

---

[5]E. Artin [6, p. 112]: V has a symplectic geometry refined by an additional quadratic form $\cdots$

sesquilinear 形式的线性空间, 故其子空间自然具有前面讨论过的一些性质. 我们把一些基本的性质罗列如下:

定理 3.1.30 设 (V, B) 是一个非退化的形式空间, W 是 V 的一个子空间.

(1) $\dim W + \dim W^\perp = \dim V$;

(2) $(W^\perp)^\perp = W$;

(3) W 非退化的充分必要条件是 $V = W \perp W^\perp$;

(4) W 全迷向的充分必要条件是 $W \subseteq W^\perp$.

证明 (1) 由命题 3.1.8 即得证.

(2) 由推论 3.1.10 即得证.

(3) 定理 3.1.19 给出了 (3) 的必要性证明. 反之, 如果 $V = W \perp W^\perp$, 则有 $\mathrm{rad}\, V = \mathrm{rad}\, W \perp \mathrm{rad}\, W^\perp$. 再由 $\mathrm{rad}\, V = 0$ 即得 W 非退化.

(4) 根据定义直接验证. $\square$

最后我们指出, 根据 Witt 定理 (定理 3.5.2), V 中任意两个极大全迷向子空间的维数相等. 定义 V 的 **Witt 指数** (Witt index) 为 V 中极大全迷向子空间的维数, 记做 $m(V)$. 特别地, $m(V) > 0$ 说明 V 中包含迷向向量.

§3.2 交 错 形 式

设 (V, B) 是域 F 上的 n 维辛空间. 在 §3.1 中我们已经看到, 这时对任意向量 $x, y \in V$, 总有 $B(x, y) = -B(y, x)$, 即 B 是反对称的. 反之, 当 $\mathrm{char}\, F \neq 2$ 时, 如果 B 是反对称的, 则有 $B(x, x) = -B(x, x)$, 进而得出 $B(x, x) = 0$ 对任意 $x \in V$ 成立, 即 B 是交错的. 可见, 当 $\mathrm{char}\, F \neq 2$ 时, B 的交错性与它的反对称性是等价的. 而当 $\mathrm{char}\, F = 2$ 时, $B(x, y) = -B(y, x) = B(y, x)$ 是对称的. 换言之, 这时交错形式同时也是对称形式.

设 $e_1, \cdots, e_n$ 是 V 的一个基, $M = (B(e_i, e_j))$ 是交错的双线性形式 B 在这个基下的矩阵. 这时显然有 $B(e_i, e_j) = -B(e_j, e_i)$, $B(e_i, e_i) = 0$,

于是有 $M' = -M$, 即 M 是一个**交错矩阵** (alternate matrix).

下面要讨论 V 上交错形式的等价分类, 或者用高等代数的语言来说, 寻找 V 中一个适当的基, 使得交错形式 B 在这个基下的矩阵成为某种 "标准形".

假设 $B \neq 0$, 则存在 $u, v \in V$, 使得 $B(u, v) \neq 0$. 此时 u, v 一定是线性无关的. 否则, 设 $v = au$ $(a \in F)$, 则

$$B(u, v) = B(u, au) = aB(u, u) = 0,$$

矛盾. 设 $B(u, v) = b \neq 0$. 令 $u_1 = u$, $v_1 = b^{-1}v$, 则 $B(u_1, v_1) = 1$. 有序对 (u_1, v_1) 称为一个**双曲对** (hyperbolic pair). 它张成一个 2 维子空间 $H = \langle u_1, v_1 \rangle$, 称为一个**双曲平面** (hyperbolic plane). 显然, 双曲对 (u_1, v_1) 构成双曲平面 H 的一个基, 而 $B|_H$ 关于这个基的矩阵形如

$$S = \begin{pmatrix} 0 & 1 \\ -1 & 0 \end{pmatrix}.$$

从上面的论证可以看出, 如果 $B \neq 0$, 则 $\dim V \geqslant 2$. 而这时 V 中存在双曲平面. 事实上, 双曲平面是构成 V 的基本要素. 具体地, 有下述定理:

定理 3.2.1 设 (V, B) 是 n 维辛空间, 则 V 有正交分解

$$V = H_1 \perp H_2 \perp \cdots \perp H_r \perp V^\perp,$$

其中 $H_i = \langle u_i, v_i \rangle$ 是双曲平面. 进一步, 设 $w_1, \cdots, w_{n-2r}$ 是 $V^\perp$ 的一个基, 则 $u_1, v_1, \cdots, u_r, v_r, w_1, \cdots, w_{n-2r}$ 是 V 的一个基, B 在这个基下的矩阵是分块对角形

$$M = \begin{pmatrix} S & & & \\ & \ddots & & \\ & & S & \\ & & & 0_{n-2r} \end{pmatrix},$$

其中 0_{n-2r} 是 $n - 2r$ 阶零矩阵.

证明 如果 $B = 0$, 则 $V = V^\perp$. 定理显然成立. 当 $B \neq 0$ 时, 根据上面的论证, V 中存在双曲对 (u_1, v_1). 显然双曲平面 $H_1 = \langle u_1, v_1 \rangle$ 是非退化的, 故由定理 3.1.19 有 $V = H_1 \perp H_1^\perp$. 把 B 限制到 $H_1^\perp$ 上, 如果不等于 0, 就存在双曲平面 $H_2 = \langle u_2, v_2 \rangle \subseteq H_1^\perp$, 于是得到

$$V = H_1 \perp H_2 \perp (H_1 \perp H_2)^\perp.$$

再考虑 B 在 $(H_1 \perp H_2)^\perp$ 上的限制, 重复上述过程, 有限步后, 或者

$$V = H_1 \perp H_2 \perp \cdots \perp H_r,$$

其中 $H_i = \langle u_i, v_i \rangle$ 都是双曲平面, 定理得证; 或者

$$V = H_1 \perp \cdots \perp H_r \perp U,$$

其中 $U = (H_1 \perp \cdots \perp H_r)^\perp$, 并且 $B|_U = 0$. 对于后者, 我们要证明 $U = V^\perp$ 就是 V 的根. 设向量 $u \in U$, 显然对任意 $v \in V$, 有 $B(u, v) = 0$, 所以 $U \subseteq V^\perp$. 反之, 对于向量 $v \in V^\perp$, 设

$$v = a_1 u_1 + b_1 v_1 + \cdots + a_r u_r + b_r v_r + u, \quad a_i, b_i \in F, u \in U.$$

对任意 i $(1 \leqslant i \leqslant r)$, 由 $B(v, v_i) = 0$ 得出 $a_i = 0$, 由 $B(v, u_i) = 0$ 得出 $b_i = 0$. 因此 $v = u \in U$. 这就证明了 $U = V^\perp$. 定理得证. □

推论 3.2.2 设 M 是交错形式 B 在 V 的某个基下的矩阵, 则 M 的秩必为偶数. 进一步, 若 B 非退化, 则 $\dim V$ 必为偶数.

由定理 3.1.23 直接可得

推论 3.2.3 线性空间 V_1 上的交错形式 B_1 与线性空间 V_2 上的交错形式 B_2 是等价的, 当且仅当

$$\dim V_1 = \dim V_2, \quad \text{且} \quad \operatorname{rank} B_1 = \operatorname{rank} B_2.$$

推论 3.2.4 交错形式 B 在 V 的任一基下的矩阵, 其行列式必为 F 中的一个平方元素.

证明 设 $u_1, \cdots, u_n$ 是按照定理 3.2.1 中的方法选取的 V 的 "标准基", B 在这个基下的矩阵为 S, 则 $\det S = 0$ 或者 1. 对 V 的任一基 $e_1, \cdots, e_n$, 设从 $u_1, \cdots, u_n$ 到 $e_1, \cdots, e_n$ 的过渡矩阵为 A, 则 B 在这个基下的矩阵为 $A'SA$, 其行列式为 0 或者 $(\det A)^2$. □

对于非退化的交错形式 B, V 可分解成若干双曲平面的正交和:

$$V = \langle u_1, v_1 \rangle \perp \cdots \perp \langle u_m, v_m \rangle.$$

这时 V 也称为一个**双曲空间** (hyperbolic space). 由双曲对 (u_i, v_i) 构成的基 $u_1, v_1, \cdots, u_m, v_m$ 称为是 V 的一个**辛基**.

§3.3 二次型与对称形式

在本节中, 我们总假设域 F 的特征 $\operatorname{char} F \neq 2$.

引理 3.3.1 设 (V, Q) 是域 F 上的正交空间, B 是相应的对称双线性形式. 如果 $B \neq 0$, 则存在向量 $v \in V$, 使得 $Q(v) \neq 0$.

证明 如果对所有的 $u \in V$, 都有 $Q(u) = 0$, 则有

$$0 = Q(u + v) = Q(u) + Q(v) + B(u, v) = B(u, v),$$

即 $B(u, v) = 0 \ (\forall u, v \in V)$, 与 $B \neq 0$ 矛盾. □

定理 3.3.2 设 (V, Q) 是 F 上的 n 维正交空间, B 是相应的对称双线性形式, 则存在 V 的一个正交基 $v_1, \cdots, v_r, v_{r+1}, \cdots, v_n$, 使得 B 在这个基下的矩阵是对角阵

$$M = \begin{pmatrix} b_1 & & & \\ & \ddots & & \\ & & b_r & \\ & & & 0_{n-r} \end{pmatrix},$$

其中 $r = \operatorname{rank} B$, $b_i \neq 0 \ (i = 1, \cdots, r)$. 进一步, $v_{r+1}, \cdots, v_n$ 是根 $V^\perp$ 的一个基.

证明 如果 $B = 0$, 则在 V 的任意基下 $M = 0$. 定理得证. 当 $B \neq 0$ 时, 对维数 n 作数学归纳法. 由引理 3.3.1 知, 存在 $v_1 \in V$, 使得 $Q(v_1) = b_1 \neq 0$. 令 $W = \langle v_1 \rangle$, 则 W 是非退化的, 从而由定理 3.1.19 得到正交分解 $V = W \perp W^\perp$. 根据归纳假设, 存在某个正整数 r 和 $W^\perp$ 的正交基 $v_2, \cdots, v_r, v_{r+1}, \cdots, v_n$, 满足

$$Q(v_i) = \begin{cases} b_i \neq 0, & 2 \leqslant i \leqslant r, \\ 0, & r+1 \leqslant i \leqslant n. \end{cases}$$

于是 B 在 V 的正交基 $v_1, \cdots, v_n$ 下的矩阵即为所要求的形式. 显然 $r = \operatorname{rank} B$.

向量 $v \in V^\perp$ 当且仅当 $v \perp v_i$ 对所有 $1 \leqslant i \leqslant n$ 成立. 设 $v = \sum_{i=1}^n a_i v_i$, 则

$$B(v, v_i) = \begin{cases} a_i b_i, & 1 \leqslant i \leqslant r, \\ 0, & r+1 \leqslant i \leqslant n. \end{cases}$$

于是 $v \in V^\perp$ 当且仅当对所有 $1 \leqslant i \leqslant r$ 有 $a_i = 0$. 这就证明了 $V^\perp \subseteq \langle v_{r+1}, \cdots, v_n \rangle$. 而反包含是显然的. 再由 $v_{r+1}, \cdots, v_n$ 线性无关即得它们确实构成 $V^\perp$ 的一个基. $\qquad\square$

推论 3.3.3 假设域 F 满足其中每个元素都是平方元素: $F = F^2$.

(1) 存在 V 的正交基 $u_1, \cdots, u_n$, 使得 B 在这个基下的矩阵为对角阵

$$M = \begin{pmatrix} E_r & \\ & 0_{n-r} \end{pmatrix},$$

其中 E_r 是 r 阶单位矩阵, $r = \operatorname{rank} B$;

(2) n 维正交空间 (V_1, B_1) 和 (V_2, B_2) 是等价的, 当且仅当

$$\operatorname{rank} B_1 = \operatorname{rank} B_2.$$

证明 (1) 设 $v_1, \cdots, v_n$ 是定理 3.3.2 中的正交基, 因此有 $Q(v_i) = b_i \neq 0 \ (i = 1, \cdots, r)$. 现在 $F = F^2$, 故存在 $a_i \in F$, 使得 $b_i = a_i^2$. 令

$u_i = a_i^{-1}v_i$ $(i = 1, \cdots, r)$, $u_i = v_i$ $(i = r+1, \cdots, n)$, 则 $u_1, \cdots, u_n$ 仍然是 V 的正交基. 对 $1 \leqslant i \leqslant r$, 有

$$Q(u_i) = Q(a_i^{-1}v_i) = a_i^{-2}b_i = 1.$$

(2) 由定理 3.1.23 和 (1) 即得证. □

注 3.3.4 当 F 是代数封闭域 (例如复数域 $\mathbb{C}$) 时, 推论 3.3.3 的条件成立.

例 3.3.5 设 $F = \mathbb{R}$ 为实数域, (V, B) 是 n 维实正交空间. 根据定理 3.3.2, 存在 V 的基 $e_1, \cdots, e_n$, 使得 B 在这个基下的矩阵为

$$M = \begin{pmatrix} b_1 & & & & & & & \\ & \ddots & & & & & & \\ & & b_p & & & & & \\ & & & -b_{p+1} & & & & \\ & & & & \ddots & & & \\ & & & & & -b_r & & \\ & & & & & & 0_{n-r} \end{pmatrix},$$

其中 $b_i > 0$. 进而, 令

$$f_i = \begin{cases} \dfrac{1}{\sqrt{b_i}}e_i, & 1 \leqslant i \leqslant r, \\ e_i & r+1 \leqslant i \leqslant n, \end{cases}$$

则 B 在基 $f_1, \cdots, f_n$ 下的矩阵为

$$\begin{pmatrix} E_p & & \\ & -E_{r-p} & \\ & & 0_{n-r} \end{pmatrix}.$$

显然, B 被其秩 $\operatorname{rank} B = r$ 以及**正惯性指数** p 和**负惯性指数** $r - p$ 唯一确定. 这就是 **Sylvester**[6] **惯性定理** (Sylvester's law of inertia). 正、负惯性指数之差 $p - (r - p) = 2p - r$ 称为 B 的**符号差** (signature).

---

[6]James Joseph Sylvester (1814.9.3—1897.3.15), 英国数学家.

对于一般的域, 对称双线性形式的等价分类是一个至今尚未解决的十分困难的问题, 它直接依赖于基域 F 的算术性质. 另一方面, 对有限域的情形, 等价分类问题完全解决了. 我们先引入一个概念: 二次型 Q 以及与之对应的对称双线性形式 B 称为**万有的** (universal), 如果对任意 $a \in F^\times$, 存在向量 $v \in V$, 满足 $Q(v) = B(v,v)/2 = a$.

命题 3.3.6 设 (V, Q) 是 F 上的非退化正交空间, B 是相应的对称双线性形式. 如果 V 中包含迷向向量, 则 Q 是万有的.

证明 设 $0 \neq u \in V$ 是一个迷向向量. 因为 B 非退化, 所以存在 $w \in V$, 满足 $B(u, w) \neq 0$. 用 w 的适当倍数代替 w, 总可假定 $B(u, w) = 1$. 令 $v = cu + w, c \in F$, 则

$$Q(v) = \frac{1}{2}B(cu + w, cu + w) = \frac{1}{2}(2c + B(w, w)) = c + Q(w).$$

对任意 $a \in F^\times$, 令 $c = a - Q(w)$, 即得

$$Q(v) = a - Q(w) + Q(w) = a.$$

这说明 Q 是万有的. $\qquad\square$

下面转入对有限域情形的讨论. 在本节余下的部分, 我们总假设域 $F = F_q$ 是包含 q 个元素的有限域, 其中 $q = p^f$ 是素数方幂, 域的特征 $\operatorname{char} F = p > 2$.

引理 3.3.7 如果 $\operatorname{char} F \neq 2$, 则对任意 $a \in F^\times$, 存在 $b, c \in F$, 满足

$$b^2 + c^2 = a.$$

证明 记 $S = \{b^2 \mid b \in F\}$, $T = \{a - c^2 \mid c \in F\}$, 则 $|S| = |T| = (q+1)/2$. 于是 $S \cap T \neq \varnothing$. 因此, 必有 $b, c \in F$, 使得 $b^2 + c^2 = a$. $\qquad\square$

推论 3.3.8 如果 $\operatorname{char} F \neq 2$, 则 F 中任意两个非平方元素的商都是平方元素.

定理 3.3.9 设 (V, Q) 是域 F 上的非退化正交空间, B 是相应的对称双线性形式, 则 V 中存在正交基 $e_1, \cdots, e_n$, 使得 B 在这个基下的矩阵 $(B(e_i, e_j))$ 或者为单位阵 E, 或者为

$$\begin{pmatrix} 1 & & & \\ & \ddots & & \\ & & 1 & \\ & & & a \end{pmatrix},$$

其中 $a \in F$ 是一个非平方元素.

证明 由 V 非退化知, 存在 $u, v \in V$, 满足 $B(u, v) \neq 0$. 于是在 $u, v, u + v$ 中必有一个非迷向向量, 记做 e_0. 如果 $B(e_0, e_0) = b^2$ 是 F 中的平方元素, 则令 $e_1 = b^{-1} e_0$, 就得到 $B(e_1, e_1) = b^{-2} B(e_0, e_0) = 1$. 如果 $B(e_0, e_0)$ 不是平方元素, 可以**取定** F 中的一个非平方元素 a, 由推论 3.3.8 知, 存在 $b \in F^\times$, 使得 $B(e_0, e_0) = b^2 a$. 令 $e_1 = b^{-1} e_0$, 即得

$$B(e_1, e_1) = a.$$

因为 V 非退化, 所以 $V = \langle e_1 \rangle \perp \langle e_1 \rangle^\perp$, 且 $\langle e_1 \rangle^\perp$ 也非退化. 故可以在 $\langle e_1 \rangle^\perp$ 中选取 e_2, 使得 $B(e_2, e_2) = 1$ 或者 a. 归纳地做下去, 最终得到

$$V = \langle e_1 \rangle \perp \langle e_2 \rangle \perp \cdots \perp \langle e_n \rangle,$$

其中 $B(e_i, e_i) = 1$ 或者 a, $B(e_i, e_j) = 0 \ (i \neq j)$.

如果基向量中有两个满足 $B(e_i, e_i) = a$, 例如 $B(e_1, e_1) = B(e_2, e_2) = a$, $B(e_1, e_2) = 0$, 根据引理 3.3.7, 存在 $b, c \in F$, 满足 $b^2 + c^2 = a^{-1}$. 令 $e_1' = b e_1 + c e_2$, $e_2' = c e_1 - b e_2$, 则 $\langle e_1', e_2' \rangle = \langle e_1, e_2 \rangle$, 且 $B(e_1', e_1') = B(e_2', e_2') = 1$, $B(e_1', e_2') = 0$. 换言之, 对任意两个满足 $B(e_i, e_i) = B(e_j, e_j) = a$ 的基向量 e_i, e_j, 在其生成的 2 维子空间中必存在另外两个相互正交的基向量 e_i', e_j', 满足 $B(e_i', e_i') = B(e_j', e_j') = 1$. 定理得证. □

定理 3.3.10 设 char $F \neq 2$, (V, Q) 是 F 上的非退化正交空间, B 是相应的对称双线性形式.

(1) 若 $\dim V \geqslant 3$, 则在 V 中存在迷向向量 v, 即 $v \neq 0$, 且 $B(v, v) = 0$;

(2) 若 V 包含迷向向量 v, 则存在一个包含 v 的双曲平面 H, 使得

$$V = H \perp H^{\perp}, \quad H = \langle e_1, e_2 \rangle, \quad B(e_i, e_i) = 0, \quad B(e_1, e_2) = 1.$$

证明 (1) V 有正交基 $e_1, e_2, e_3, \cdots$, $B(e_i, e_i) = 1$ 或者 $a, a \in F^{\times}$ 为取定的非平方元素. 这时必有两个 e_i, 使得 $B(e_i, e_i)$ 取值相等. 不妨 设 $B(e_1, e_1) = B(e_2, e_2) \neq 0$. 由引理 3.3.7 知, 存在 $b, c \in F$, 使得

$$b^2 + c^2 = -\frac{B(e_3, e_3)}{B(e_1, e_1)}.$$

令 $v = be_1 + ce_2 + e_3$, 则

$$
\begin{aligned}
B(v, v) &= b^2 B(e_1, e_1) + c^2 B(e_2, e_2) + B(e_3, e_3) \\
&= (b^2 + c^2) B(e_1, e_1) + B(e_3, e_3) = 0.
\end{aligned}
$$

v 就是一个迷向向量.

(2) 设 $v \in V$ 是迷向向量. 因为 V 非退化, 所以存在 $w \in V$, 使得 $B(v, w) \neq 0$. 乘上适当倍数后, 可假设 $B(v, w) = 1$. 令 $b = -\dfrac{B(w, w)}{2}$, 则 $B(v, bv + w) = B(v, w) = 1$, 而

$$B(bv + w, bv + w) = 2b B(v, w) + B(w, w) = 0.$$

故令 $e_1 = v$, $e_2 = bv + w$, 则 $H = \langle e_1, e_2 \rangle$ 为包含 v 的一个双曲平面, 且有 $V = H \perp H^{\perp}$. □

推论 3.3.11 设 char $F \neq 2$, (V, B) 为域 F 上的非退化正交空间, 则存在 V 的正交分解

$$V = H_1 \perp \cdots \perp H_m \perp V',$$

其中 H_i $(i = 1, \cdots, m)$ 是双曲平面, $\dim V' \leqslant 2$, V' 不含迷向向量.

可见, (V, B) 的结构依赖于其维数 $n = \dim V$ 和 V', 有三种可能性:

(1) $V' = 0$. 这时 $n = 2m$ 为偶数, V 是 m 个双曲平面的正交和.

(2) $\dim V' = 1$. 这时 $n = 2m + 1$ 为奇数, V' 中没有迷向向量. 所以 $B(e_n, e_n) = 1$ 或者 a, 其中 $a \in F^\times$ 为非平方元素.

(3) $\dim V' = 2$.

分别给定 $n = 2m$ 维的 (1) 型和 (3) 型正交空间 V_1, V_3, 其正交分解为

$$V_1 = H_1 \perp \cdots \perp H_m,$$
$$V_3 = H_1 \perp \cdots \perp H_{m-1} \perp V'.$$

可见, 它们的结构是不同的. 设 $H_i = \langle e_{2i-1}, e_{2i} \rangle$ $(i = 1, \cdots, m)$. 称 V_1 为 **plus** 型正交空间, 它包含 m 维极大全迷向子空间 $\langle e_1, c_3, \cdots, e_{2m\,1} \rangle$. 换言之, 其 **Witt 指数**等于 $m(V) = m$. 而 V_3 中的极大全迷向子空间只有 $m - 1$ 维的, 例如 $\langle e_1, e_3, \cdots, e_{2m-3} \rangle$. 称 V_3 为 **minus** 型 正交空间, 其 Witt 指数等于 $m - 1$.

最后我们指出: 在有限域上可以得到命题 3.3.6 的一个改进结果.

命题 3.3.12 设 (V, Q) 是有限域 F 上非退化的正交空间, $\dim V \geqslant 2$, 则 Q 是万有的.

证明 由定理 3.3.10 知, 当 $\dim V \geqslant 3$ 时, V 中包含迷向向量. 由命题 3.3.6 即知 Q 是万有的. 故只需考虑 $\dim V = 2$, V 中不包含迷向向量的情形. 根据定理 3.3.9, 这时存在 V 的正交基 e_1, e_2, 使得 $Q(e_1) = 1$, $Q(e_2) = d \in F^\times$. 对任意非零向量 $v = xe_1 + ye_2 \in V$, x, y 不全为 0, 而

$$Q(v) = Q(xe_1 + ye_2) = x^2 + y^2 d \neq 0.$$

如果 $-d = a^2 \in F^\times$ 是一个平方元素, 则 $Q(ae_1 + e_2) = 0$, 矛盾. 因此 $-d$ 是一个非平方元素. 令 $K = F(\sqrt{-d})$ 是 F 的一个二次扩张, 于是 $|K| = q^2$, Frobenius 映射 $a \mapsto a^q$ 是 K 的一个 2 阶域自同构. 由定理

1.2.7 知, 范数映射 $N: K^\times \to F^\times$, $a \mapsto a^{1+q}$ 是满同态. 这时任意元素 $a \in K^\times$ 可唯一表示成 $a = x + y\sqrt{-d}$, $x, y \in F$ 不全为 0, 而 a 在范数映射下的值为

$$N(a) = (x + y\sqrt{-d})(x - y\sqrt{-d}) = x^2 + y^2 d = Q(v).$$

由 N 是满同态即得 Q 是万有的. □

§3.4 Hermite 形 式

设 V 是域 F 上的 n 维线性空间, B 是 V 上的一个 Hermite 形式, 相应的 2 阶域自同构为 σ. 记 $F_0 = \mathrm{Fix}(\sigma)$ 是 σ 的全体不动点构成的子域, 则 $|F : F_0| = 2$. 为简化记号, 对于 $a \in F$, 通常用 $\bar{a}$ 代替 a^σ. 于是有 $\bar{\bar{a}} = a$. 而对于 $a \in F_0$, 总有 $\bar{a} = a$.

命题 3.4.1 设 B 是域 F 上非零的 Hermite 形式, 则存在向量 $v \in V$, 使得 $B(v, v) \neq 0$.

证明 若对任意 $v \in V$, 总有 $B(v, v) = 0$, 取 $u, v \in V$, 满足 $B(u, v) = 1$. 对任意 $a \in F$, 有

$$0 = B(u + av, u + av) = B(u, av) + B(av, u) = \bar{a} + a.$$

令 $a = 1$, 就推出 $\mathrm{char}\, F = 2$. 于是, 对任意 $a \in F$, 都有 $\bar{a} = a$, 与 σ 是 2 阶自同构矛盾. □

定理 3.4.2 设 (V, B) 是域 F 上的 n 维非退化酉空间, 则存在 V 的一个正交基 $v_1, \cdots, v_n$, 使得 B 在这个基下的矩阵 M 是对角阵:

$$M = \begin{pmatrix} a_1 & & \\ & \ddots & \\ & & a_n \end{pmatrix}.$$

证明 取 $v_1 \in V$, 满足 $B(v_1, v_1) = a_1 \neq 0$, 则 $\langle v_1 \rangle$ 非退化, $V = \langle v_1 \rangle \perp \langle v_1 \rangle^\perp$. 对 $\langle v_1 \rangle^\perp$ 用数学归纳法即得证. □

与正交空间的情形类似, Hermite 形式的 "标准形" 依赖于 F 的性质. 下面的定理说明在有限域情形可以找到 B 的一个标准正交基.

定理 3.4.3 设 F 是有限域, (V, B) 是 F 上的 n 维非退化酉空间, 则存在 V 的一个标准正交基 $v_1, \cdots, v_n$, 使得 B 在这个基下的矩阵是单位矩阵.

证明 这时必有 $F = F_{q^2}$, $F_0 = F_q$, 而 $\sigma: a \mapsto a^q$ 就是 Frobenius 映射. 由定理 1.2.7 知, 范数映射 $N: a \mapsto a\bar{a}$ 是满同态. 故对 V 的任一正交基 $v_1, \cdots, v_n$, 有 $B(v_i, v_i) = a_i \in F_0^\times$, 且总存在 $b_i \in F^\times$, 满足 $N(b_i) = a_i^{-1}$. 于是

$$B(b_i v_i, b_i v_i) = b_i \bar{b}_i a_i = 1.$$

令 $u_i = b_i v_i$, 就得到 V 的一个标准正交基 $u_1, \cdots, u_n$. □

推论 3.4.4 有限域 F 上的两个非退化酉空间等价的充分必要条件是它们的维数相等.

推论 3.4.5 设 (V, B) 是有限域 F 上的非退化酉空间, $\dim V \geqslant 2$, 则 V 中存在迷向向量.

证明 取 V 的一个标准正交基 $v_1, \cdots, v_n$. 因为有限域上的范数映射是满同态, 所以存在 $a \in F^\times$, 满足 $N(a) = a^{1+q} = -1$. 令 $v = v_1 + a v_2$, 则

$$B(v, v) = 1 + a^{1+q} = 0.$$ □

下面我们回到讨论一般的域.

引理 3.4.6 设 $\sigma \neq 1$ 是域 F 上的 2 阶域自同构, 则迹映射 $T: a \mapsto a + \bar{a}$ 是加法群 $F^+ \to F_0^+$ 的满同态.

证明 显然 $a + \bar{a} \in F_0$. 将 F^+ 看做域 F_0 上的 2 维线性空间, 则迹映射 T 是 F_0-线性的, 因而或者 T 是满射, 或者 $T = 0$. 为后者时, 对任意 $a \in F$, 均有 $T(a) = a + \bar{a} = 0$. 特别地, $T(1) = 1 + 1 = 0$, 故得

$\operatorname{char} F = 2$. 但这意味着 $\bar{a} = -a = a\ (\forall a \in F)$, 与域自同构 $\sigma \neq 1$ 矛盾. □

推论 3.4.7 设 (V, B) 是域 F 上的非退化酉空间, 向量 $v \in V$, 则存在 $a \in F$, 满足 $B(v, v) = a + \bar{a}$.

证明 因为 $B(v, v) \in F_0$, 而 F_0 中的元素都是迹映射的像, 故存在 $a \in F$, 使得 $B(v, v) = T(a) = a + \bar{a}$. □

命题 3.4.8 设 (V, B) 是域 F 上的非退化酉空间, 包含迷向向量 u, 则存在 $v \in V$, 使得 (u, v) 构成双曲对.

证明 因为 B 非退化, 所以存在 $w \in V$, 满足 $B(u, w) = 1$. 对任意 $a \in F$, 有

$$B(au + w, au + w) = a + \bar{a} + B(w, w).$$

由迹映射是满同态知, 存在某个 $a \in F$, 满足 $a + \bar{a} = -B(w, w)$. 令 $v = au + w$, 则 v 是迷向向量, 且 $B(u, v) = B(u, w) = 1$. 故得双曲对 (u, v). □

命题 3.4.9 设 (V, B) 是域 F 上的非退化酉空间, 则

$$V = H_1 \perp \cdots \perp H_r \perp W,$$

其中 $H_i\ (i = 1, \cdots, r)$ 是双曲平面, W 是非迷向子空间.

证明 如果 V 中没有迷向向量, 则 $W = V$. 命题成立. 否则, 存在迷向向量 $u_1 \in V$. 由命题 3.4.8 知, 存在 $v_1 \in V$ 与 u_1 构成双曲对. 令 $H_1 = \langle u_1, v_1 \rangle$ 是双曲平面, 于是 $V = H_1 \perp H_1^\perp$. 对 $H_1^\perp$ 用数学归纳法即得证. □

推论 3.4.10 若 F 是有限域, 则

$$V = H_1 \perp \cdots \perp H_r \perp W,$$

其中 $H_i\ (i = 1, \cdots, r)$ 是双曲平面, 而非迷向子空间 W 的维数为 0 或者 1.

推论 3.4.11 若 F 是有限域，(V,B) 是 F 上的 n 维非退化酉空间，则 V 的 Witt 指数 $m(V) = \lfloor n/2 \rfloor$.

命题 3.4.12 设 (V,B) 是域 F 上的 n 维非退化酉空间，包含迷向向量，则存在 V 的由迷向向量构成的基.

证明 设 $v_1 \in V$ 是迷向向量. 取 $w_2, \cdots, w_n \in V \setminus \langle v_1 \rangle^\perp$，使得 $v_1, w_2, \cdots, w_n$ 成为 V 的一个基. 由命题 3.4.8 的证明知，存在 $a_i \in F$，满足 $a_i + \bar{a}_i = -B(w_i, w_i)$ $(i = 2, \cdots, n)$. 令 $v_i = a_i v_1 + w_i$，则 (v_1, v_i) 是双曲对. 这意味着 v_i 是迷向向量. 进一步，$w_i = v_i - a_i v_1 \in \langle v_1, \cdots, v_n \rangle$，说明 $v_1, \cdots, v_n$ 是 V 的基. $\qquad\square$

命题 3.4.13 设 (V,B) 是域 F 上的 $n \geqslant 3$ 维非退化酉空间，包含迷向向量，则 V 中任意一条线必为两个双曲平面之交.

证明 设 $\langle v_1 \rangle$ 是一条迷向线，则由命题 3.4.12 的证明知，存在 v_2, v_3，使得 $\langle v_1, v_2 \rangle, \langle v_1, v_3 \rangle$ 是双曲平面，故得 $\langle v_1 \rangle$ 是它们的交.

假设 $\langle x \rangle$ 是一条非迷向线，$B(x,x) \neq 0$. 取一个迷向向量 $y \in V$. 选取向量 $z \in V \setminus \{x^\perp \cup y^\perp \cup \langle x, y \rangle\}$，使得 $P = \langle y, z \rangle$ 成双曲平面. 于是，存在迷向向量 $v \in P$，满足 $B(y, v) = 1$. 取 $a \in F$，使得 $a + \bar{a} = 0$. 令 $u = y + av \in P$，则 $B(u, u) = a + \bar{a} = 0$. 在三个迷向向量 u, v, y 中，只要任意两个属于 $x^\perp$，第三个就要属于 $x^\perp$，而这意味着 $x \in P^\perp \subseteq \langle z \rangle^\perp$，与 z 的取法矛盾. 因此 u, v, y 中至少有两个不属于 $x^\perp$. 这说明 $\langle x, u \rangle$，$\langle x, v \rangle$ 和 $\langle x, y \rangle$ 中至少有两个是双曲平面，它们的交就等于非迷向线 $\langle x \rangle$. $\qquad\square$

最后，我们来证明实数域 $\mathbb{R}$ 上的自同构只有恒等变换，从而说明 $\mathbb{R}$ 上不存在 Hermite 形式.

命题 3.4.14 设 φ 是实数域 $\mathbb{R}$ 上的一个域自同构，则 $\varphi = \mathrm{id}$.

证明 设 φ 是 $\mathbb{R}$ 上的一个域自同构. 对任意正整数 n，有

$$\varphi(n) = \varphi(n \cdot 1) = n,$$

$$\varphi(1) = \varphi(n \cdot (1/n)) = \varphi(n) \cdot \varphi(1/n) = 1,$$

故得 $\varphi(1/n) = 1/n$. 进而可证 $\varphi(r) = r$, $\forall r \in \mathbb{Q}$. 对任意实数 $x \in \mathbb{R}$, $x > 0 \Longleftrightarrow \exists 0 \neq y$ 满足 $x = y^2$, 于是 $\varphi(x) = [\varphi(y)]^2$. 因为 φ 是单射, 所以 $\varphi(y) \neq 0$. 故有 $\varphi(x) > 0$. 这说明, 只要 $x > y$, 就有 $\varphi(x) - \varphi(y) = \varphi(x - y) > 0$, 即 φ 保持 $\mathbb{R}$ 中的序关系. 如果存在 $z \in \mathbb{R}$, 使得 $\varphi(z) \neq z$, 不妨设 $z < \varphi(z)$, 则存在有理数 $r \in \mathbb{Q}$, 满足 $z < r < \varphi(z)$. 但是 $\varphi(r) = r < \varphi(z)$, 与 φ 保持序关系矛盾. 故必有 $\varphi(z) = z$. □

习题 3.4.15 设 V 是实数域 $\mathbb{R}$ 上的 n 维线性空间. 令

$$V^{\mathbb{C}} = V \oplus \mathrm{i}V = \{u + \mathrm{i}v \mid u, v \in V\}, \quad \mathrm{i} = \sqrt{-1} \in \mathbb{C}.$$

对任意 $u + \mathrm{i}v$, $x + \mathrm{i}y \in V^{\mathbb{C}}$, $\lambda, \mu \in \mathbb{R}$, 定义

$$(u + \mathrm{i}v) + (x + \mathrm{i}y) = (u + x) + \mathrm{i}(v + y),$$
$$(\lambda + \mathrm{i}\mu)(u + \mathrm{i}v) = \lambda u - \mu v + \mathrm{i}(\lambda v + \mu u).$$

证明: $V^{\mathbb{C}}$ 关于上述加法和数量乘法构成复数域 $\mathbb{C}$ 上的 n 维线性空间 (称之为 V 的**复化** (complexification)).

习题 3.4.16 设 V 是实数域 $\mathbb{R}$ 上的有限维线性空间, $V^{\mathbb{C}}$ 是其复化. 对于 V 上的双线性形式 B, 定义 $B^{\mathbb{C}}$: $V^{\mathbb{C}} \times V^{\mathbb{C}} \to \mathbb{C}$:

$$(u + \mathrm{i}v, x + \mathrm{i}y) \mapsto B(u, x) + B(v, y) + \mathrm{i}[B(u, y) - B(v, x)], \quad \forall u, v, x, y \in V.$$

证明: $B^{\mathbb{C}}$ 是 $V^{\mathbb{C}}$ 上的一个 sesquilinear 形式 (称之为 B 的**复化**).

习题 3.4.17 设 V 是 $\mathbb{R}$ 上的有限维线性空间, B 是 V 上的交错形式. 证明: 存在 $V^{\mathbb{C}}$ 上的 Hermite 形式 H, 使得 $B^{\mathbb{C}} = \mathrm{i}H$.

§3.5 Witt 定 理

Witt 定理在形式空间理论中具有基础性的重要性. 本节的目的是对辛空间、酉空间和正交空间情形给出 Witt 定理的一个统一的证明.

引理 3.5.1 设 V 是域 F 上的一个有限维线性空间, 子空间 U_1, $U_2 \subseteq V$, $\dim U_1 = \dim U_2$, 则它们在 V 中有共同的补空间 W:

$$V = U_1 \oplus W = U_2 \oplus W.$$

证明 对 U_i 的余维数 (codimension) $k = \dim V - \dim U_1$ 用数学归纳法. 当 $k = 0$ 时, $W = 0$ 就是一个补空间. 当 $k > 0$ 时, 因为 $U_1 \cup U_2 \neq V$, 所以存在 $w \in V \setminus (U_1 \cup U_2)$. 令 $X_i = U_i \oplus \langle w \rangle$, 则 X_i 的余维数等于 $k - 1$. 由归纳假设, 存在子空间 $W_1 \subseteq V$, 满足 $X_1 \oplus W_1 = X_2 \oplus W_1 = V$. 令 $W = \langle w \rangle \oplus W_1$, 则 $V = U_1 \oplus W = U_2 \oplus W$. $\square$

在下面的讨论中, 总假定 B 是域 F 上非退化的交错、对称或者 Hermite 形式. 当 (V, Q) 是正交空间时, B 是相应的对称双线性形式. 当 (V, B) 是酉空间时, 对任意 $a \in F$, 把 a 在 2 阶域自同构下的像记做 $\bar{a}$.

定理 3.5.2 (Witt 定理) 设 (V, B) 或者 (V, Q) 是域 F 上的非退化形式空间. 对于 V 的子空间 U_1, U_2, 如果存在等距 $\sigma: U_1 \to U_2$, 则 σ 可延拓为 V 上的等距 τ, 使得 $\tau|_{U_1} = \sigma$.

证明 对 $\dim U_1$ 用数学归纳法. 当 $\dim U_1 = 0$ 时, 结论显然成立. 设 $\dim U_1 > 0$. 这时若 $\sigma = 1_{U_1}$, 结论显然成立. 故设 $\sigma \neq 1_{U_1}$.

取超平面 $H \subset U_1$, 则 $\sigma|_H: H \to H^\sigma$ 是等距. 由归纳假设, $\sigma|_H$ 可延拓成 V 上的等距 τ_1, 使得 $\tau_1|_H = \sigma|_H$. 如果等距 $\sigma\tau_1^{-1}: U_1 \to U_2^{\tau_1^{-1}}$ 能够延拓成 V 上的等距 τ_2, 使得 $\tau_2|_{U_1} = \sigma\tau_1^{-1}|_{U_1}$, 则 V 上的等距 $\tau = \tau_2\tau_1$ 满足 $\tau|_{U_1} = \sigma|_{U_1}$, 定理得证. 注意到 $\sigma\tau_1^{-1}|_H = 1_H$, 我们总可假设 $\sigma|_H = 1_H$.

现在 $H = \mathrm{Ker}\,(\sigma - 1_{U_1})$. 记 $P = \mathrm{Im}\,(\sigma - 1_{U_1}) = \{x^\sigma - x \mid x \in U_1\}$, 它是 V 的 1 维子空间. 故存在 $u_0 \in U_1$, 使得 $P = \langle u_0^\sigma - u_0 \rangle$. 记 $w_0 = u_0^\sigma - u_0$. 对任意 $h \in H$, 有

$$B(h, u_0^\sigma - u_0) = B(h, u_0^\sigma) - B(h, u_0) = B(h, u_0^\sigma) - B(h^\sigma, u_0^\sigma)$$
$$= B(h - h^\sigma, u_0^\sigma) = B(0, u_0^\sigma) = 0,$$

故得 $H \subseteq P^\perp$. 下面要区分两种情形:

情形 1 $U_1 \nsubseteq P^\perp$.

这时 $U_1 \cap P^\perp = H$. 取 $v \in U_1 \setminus P^\perp$, 则 $B(w_0, v) \neq 0$. 另一方面,

$$B(w_0, v) = B(u_0^\sigma - u_0, v) = B(u_0^\sigma, v) - B(u_0, v)$$
$$= B(u_0^\sigma, v) - B(u_0^\sigma, v^\sigma) = B(u_0^\sigma, v - v^\sigma) \neq 0.$$

这说明 $u_0^\sigma \notin P^\perp$, 从而 $U_1^\sigma = U_2 \nsubseteq P^\perp$. 但是 $H = H^\sigma \subset U_1^\sigma = U_2$, 于是有 $U_2 \cap P^\perp = H$.

设 X 是 H 在 $P^\perp$ 中的一个补空间: $P^\perp = H \oplus X \subset U_1 + X$, 而 $U_1 \cap X = U_1 \cap (P^\perp \cap X) = H \cap X = 0$, 所以 $U_1 \oplus X$ 是直和. 同理, $U_2 \oplus X$ 也是直和. 这意味着 $V = U_1 \oplus X = U_2 \oplus X$. 下面只需把 σ 延拓到 X 上即可.

先看 X 中的元素与 U_1 中的元素之间的关系. 由 $X \subseteq P^\perp$ 知 $P \subseteq X^\perp$. 对任意 $u \in U_1$, $x \in X$, $u^\sigma - u \in P \subseteq X^\perp$, 故得 $B(u^\sigma - u, x) = 0 = B(x, u^\sigma - u)$, 进而有

$$B(u^\sigma, x) = B(u, x), \quad B(x, u^\sigma) = B(x, u), \quad \forall u \in U_1, x \in X. \quad (3.5)$$

任意 $v \in V$ 都可唯一表示成 $v = u + x$, 其中 $u \in U_1$, $x \in X$. 定义映射 $\tau: V \to V$, $v^\tau = u^\sigma + x$, 它显然满足 $\tau|_{U_1} = \sigma$. 还要验证 τ 确实是一个等距.

当 (V, B) 是辛空间、酉空间或者非特征 2 的域上的正交空间时, 需验证 τ 保持形式 B. 对任意 $v_i = u_i + x_i$ $(i = 1, 2)$, 其中 $u_i \in U_1$, $x_i \in X$, 有

$$B(v_1^\tau, v_2^\tau) = B(u_1^\sigma + x_1, u_2^\sigma + x_2)$$
$$= B(u_1^\sigma, u_2^\sigma) + B(x_1, u_2^\sigma) + B(u_1^\sigma, x_2) + B(x_1, x_2)$$
$$= B(u_1, u_2) + B(x_1, u_2) + B(u_1, x_2) + B(x_1, x_2)$$
$$= B(v_1, v_2). \quad (3.6)$$

当 $\operatorname{char} F = 2$ 且 (V, Q) 是正交空间时, 还需验证 τ 保持二次型 Q. 对任意 $v = u + x$ $(u \in U_1,\, x \in X)$, 有

$$Q(v^\tau) = Q(u^\sigma + x) = Q(u^\sigma) + Q(x) + B(u^\sigma, x)$$

$$= Q(u) + Q(x) + B(u, x) = Q(u + x) = Q(v). \qquad (3.7)$$

这就证明了 τ 是 σ 的一个延拓. 情形 1 证毕.

情形 2　$U_1 \subseteq P^\perp$.

这时有 $P \subseteq U_1^\perp$, 且仍然有 $H \subseteq P^\perp$. 对任意 $u \in U_1$, 有

$$B(u^\sigma, u_0^\sigma - u_0) = B(u, u_0) - B(u^\sigma, u_0) = B(u - u^\sigma, u_0).$$

由 $u - u^\sigma \in P$, $u_0 \in U_1$ 即得上式等于 0, 从而有 $U_1^\sigma = U_2 \subseteq P^\perp$, 且对任意 $u \in U_1$, 有

$$B(u^\sigma, u_0) = B(u, u_0). \qquad (3.8)$$

特别地, $u_0, u_0^\sigma \in P^\perp$, 故得 $B(u_0^\sigma - u_0, u_0^\sigma - u_0) = 0$, 即 $w_0 = u_0^\sigma - u_0$ 是一个迷向向量, P 是一条迷向线, 从而 $P \subset P^\perp$. 进一步, 当 $\operatorname{char} F = 2$, (V, Q) 是正交空间时, 注意到 B 是交错形式, 而由 (3.8) 式有 $B(u_0^\sigma, u_0) = B(u_0, u_0)$, 于是

$$Q(u_0^\sigma - u_0) = Q(u_0^\sigma) + Q(u_0) + B(u_0^\sigma, u_0)$$

$$= Q(u_0) + Q(u_0) + B(u_0^\sigma, u_0)$$

$$= B(u_0, u_0) = 0.$$

换言之, 这时 w_0 也是奇异的.

由引理 3.5.1 知, U_1, U_2 在 $P^\perp$ 中有共同的补空间 X:

$$P^\perp = U_1 \oplus X = U_2 \oplus X.$$

与情形 1 的证明相同, 我们可以把 σ 延拓成 $P^\perp$ 上的一个等距 τ_1: $\tau_1|_{U_1} = \sigma$, $\tau_1|_X = 1_X$. 具体地, 对任意 $u \in U_1$, $x \in X \subset P^\perp$, 仍然有

(3.5) 式成立. 进而对任意 $v_i = u_i + x_i$ $(u_i \in U_1, x_i \in X)$, 有 (3.6) 式和 (3.7) 式成立. 这说明 τ_1 是 σ 在 $P^\perp$ 上的延拓.

现在如果 τ_1 可延拓, 定理得证. 注意到

$$\left(P^\perp\right)^{\tau_1} = U_1^\sigma \oplus X = U_2 \oplus X = P^\perp.$$

记 $H' = H \oplus X$ 是 $P^\perp$ 的超平面, 则 $\tau_1|_{H'} = 1_{H'}$. 因此将问题转化为:

设等距 $\sigma\colon U_1 \to U_2 = U_1 = P^\perp$, $\dim P^\perp = \dim V - 1$, 则 σ 在 $P^\perp$ 的超平面 H' 上的限制是恒等变换. 要证明 σ 可延拓成 V 上的等距.

取 $v \in V \setminus U_1$, 则 $V = U_1 \oplus \langle v \rangle$. 映射 $f(x) = B(x^{\sigma^{-1}}, v)$ $(\forall x \in U_1)$ 是 U_1 上的线性函数. 定义 $f(v) = 0$, 即可将 f 线性扩充成 V 上的线性函数. 于是, 存在 $u \in V$, 使得 $f(x) = B(x, u)$, $\forall x \in V$. 特别地, 对任意 $x \in U_1$, 有 $f(x) = B(x^{\sigma^{-1}}, v) = B(x, u)$. 用 x^σ 代替 x, 就得到

$$B(x, v) = B(x^\sigma, u), \quad \forall x \in U_1. \tag{3.9}$$

往证 $u \notin U_1 = P^\perp$. 否则, 对任意 $x \in U_1$, 有 $B(x^\sigma - x, u) = 0$. 由 (3.9) 式即得 $B(x, u) = B(x^\sigma, u) = B(x, v)$, 说明 $B(x, u - v) = 0$, $\forall x \in U_1$. 这意味着 $v - u \in U_1^\perp = P \subseteq U_1$, 进而推出 $v \in U_1$, 矛盾. 于是

$$V = U_1 \oplus \langle u \rangle = U_1 \oplus \langle v \rangle.$$

进一步, 对 $w_0 = u_0^\sigma - u_0$, 有

$$B(u, w_0) \neq 0. \tag{3.10}$$

定义映射 $\tau\colon V \to V$, $\tau|_{U_1} = \sigma$, $v^\tau = u$. 由 (3.9) 式有

$$B(x^\tau, v^\tau) = B(x^\sigma, u) = B(x, v), \quad \forall x \in U_1.$$

可见, τ 保持 U_1 中的元素与 v 的内积. 故只需调整向量 u 的取法 使 $\tau\colon v \mapsto u$ 能够满足 $B(u, u) = B(v, v)$ 或者 $Q(u) = Q(v)$, 则 τ 就成为 V 上的等距, 从而得到 σ 的延拓. 注意对任意 $a \in F$, 因为 $B(x^\sigma, aw_0) = 0$, 所以

$$B(x^\sigma, u + aw_0) = B(x^\sigma, u) = B(x, v),$$

即用 $u + aw_0$ 代替 u 时 (3.9) 式仍然成立.

对不同的形式空间选取适当的 a. 当 (V, B) 是辛空间时, 每个向量都是迷向的, 任意 u 都可以作为 v 在 τ 下的像.

当 (V, B) 为酉空间时, 注意到 w_0 是迷向向量, 对任意 $a \in F$, 有

$$B(u + aw_0, u + aw_0) = B(u, u) + aB(w_0, u) + \bar{a}B(u, w_0).$$

由引理 3.4.7 知, 存在 $b \in F$, 满足 $b + \bar{b} = B(v, v) - B(u, u)$. 由于 (3.10) 式, 取 $a = bB(w_0, u)^{-1}$, 即得

$$B(u + aw_0, u + aw_0) = B(u, u) + b + \bar{b} = B(v, v).$$

用 $u + aw_0$ 代替 u 即得 τ 是等距.

当 (V, Q) 是正交空间时, 注意到 $Q(w_0) = 0$, 取

$$a = [Q(v) - Q(u)]/B(u, w_0),$$

即得

$$Q(u + aw_0) = Q(u) + Q(aw_0) + aB(u, w_0) = Q(v).$$

用 $u + aw_0$ 代替 u 即得 τ 是等距. 这就完成了整个定理的证明. $\quad\square$

Witt 定理有一个重要的推论.

推论 3.5.3 设 (V, B) 是域 F 上的非退化形式空间, 则 V 的任意两个极大全迷向子空间具有相同的维数.

证明 设 U, W 是 V 的两个极大全迷向子空间, $\dim U \leqslant \dim W$, 则存在 U 到 W 的某个子空间的线性映射 $\sigma: U \to U^\sigma \subseteq W$. 因为 U, W 都是全迷向的, 所以 σ 上是等距. 由 Witt 定理知, σ 可延拓成 V 上的等距 τ: $U^\tau = U^\sigma \subseteq W$. 于是 $U \subseteq W^{\tau^{-1}}$. 但 $W^{\tau^{-1}}$ 是全迷向的, 由 U 的极大性即得 $\dim U = \dim W$. $\quad\square$

第四章 辛 群

§4.1 基本概念

设 (V, B) 是域 F 上的一个辛空间. 定理 3.2.1 告诉我们, 存在 V 的正交分解

$$V = H_1 \perp \cdots \perp H_m \perp V^\perp,$$

其中 H_i $(i = 1, \cdots, m)$ 是双曲平面. 进一步, 如果 B 非退化, 则 V 可分解成若干双曲平面的正交和:

$$V = H_1 \perp H_2 \perp \cdots \perp H_m,$$

其中 $H_i = \langle u_i, v_i \rangle$ $(i = 1, \cdots, m)$ 为双曲平面, 而 $u_1, v_1, \cdots, u_m, v_m$ 构成 V 的一个**辛基**. 特别地, $\dim V = 2m$. 交错形式 B 在这个基下的矩阵为分块对角形

$$M = \begin{pmatrix} S & & \\ & \ddots & \\ & & S \end{pmatrix}, \quad \text{其中} \quad S = \begin{pmatrix} 0 & 1 \\ -1 & 0 \end{pmatrix}. \tag{4.1}$$

定义 4.1.1 设 (V, B) 是域 F 上的 $2m$ 维非退化辛空间. 定义 V 上的**辛群** (symplectic group)

$$Sp_{2m}(V) = \big\{ V \text{ 的全体等距} \big\} \leqslant GL_{2m}(V).$$

设 $Z = Z(Sp_{2m}(V))$ 是辛群的中心, 则商群

$$PSp_{2m}(V) = Sp_{2m}(V)/Z$$

作用在射影空间 $\mathscr{P}(V)$ 上, 称为**射影辛群** (projective symplectic group). 当 $F = F_q$ 是有限域时, 也将辛群记做 $Sp_{2m}(q)$, 将射影辛群记做 $PSp_{2m}(q)$.

我们先来考察有限辛群 $Sp_{2m}(q)$ 的阶. 显然, 辛群中的任一等距都将辛基变成另一个辛基, 且任一等距被其在基上的作用唯一确定. 所以, 和一般线性群的情形一样, 只需计算出 V 中可以取到多少不同的辛基, 就可求出辛群的阶.

设 $V = \langle u_1, v_1 \rangle \perp \cdots \perp \langle u_m, v_m \rangle$. 首先, u_1 可以是 V 中任一非零向量, 有 $q^{2m} - 1$ 种取法. 其次, 因为 $\langle u_1 \rangle^{\perp}$ 是 $2m-1$ 维子空间, 所以有 $q^{2m} - q^{2m-1}$ 个向量 v, 满足 $B(u_1, v) \neq 0$. 但要使 $B(u_1, v) = 1$, 故取定 u_1 后, v_1 的取法有 $(q^{2m} - q^{2m-1})/(q-1) = q^{2m-1}$ 种, 进而得到双曲对 (u_1, v_1) 共有 $(q^{2m} - 1)q^{2m-1}$ 种取法.

取定 (u_1, v_1) 后, 记 $H_1 = \langle u_1, v_1 \rangle$, 则 $V = H_1 \perp H_1^{\perp}$, 其中 $H_1^{\perp}$ 是 $2m-2$ 维非退化辛空间. 考虑双曲对 (u_2, v_2) 的取法. 它们均属于 $H_1^{\perp}$, 与 H_1 正交, 因此可以只在 $H_1^{\perp}$ 中考虑. 与对 (u_1, v_1) 的讨论相同, 可得 (u_2, v_2) 共有 $(q^{2m-2} - 1)q^{2m-3}$ 种取法. 以此类推, 最终得到

命题 4.1.2 $|Sp_{2m}(q)| = \prod_{i=1}^{m}(q^{2i} - 1)q^{2i-1} = q^{m^2}\prod_{i=1}^{m}(q^{2i} - 1)$.

注 4.1.3 "正交" 是比 "线性无关" 更强的条件. 在讨论 $GL_n(q)$ 的阶时, 取定 n 维线性空间 V 中的第一个基向量 u_1 之后, 对第二个基向量 u_2 只要求满足 $u_2 \in V - \langle u_1 \rangle$, 有 $q^n - q = q(q^{n-1} - 1)$ 种取法. 事实上, 这时有空间分解 $V = \langle u_1 \rangle \oplus W$, $\dim W = n-1$. 设 $u_2 = \lambda u_1 + w$, $w \in W$, 则 $w \neq 0$. 否则, u_2 就属于 $\langle u_1 \rangle$ 了. 因此 w 有 $q^{n-1} - 1$ 种取法, 而 $\lambda \in F$ 有 q 种取法, 故总共有 $q(q^{n-1} - 1)$ 种取法. 用几何的语言来描述, u_2 在 $\langle u_1 \rangle$ 中的投影可以不为 0.

在辛空间的情形下, 取定 (u_1, v_1) 后, 有空间分解 $V = H_1 \perp H_1^{\perp}$, 其中 $H_1 = \langle u_1, v_1 \rangle$. 而基向量 $u_2, v_2, \cdots$ 属于 $H_1^{\perp}$, 在 H_1 中的投影必须为 0. 事实上, 设 $u_2 = u + w$, $u \in H_1$, $w \in H_1^{\perp}$, 则对任意 $v \in H_1$, 有

$$B(u_2, v) = B(u + w, v) = B(u, v) = 0.$$

这意味着 $u \in H_1^\perp = 0$. 因此, 我们可以不再考虑 H_1, 而只在 $2m-2$ 维非退化辛空间 $H_1^\perp$ 中讨论 u_2 的取法.

下面我们首先指出, 2 维辛群并没有给出新的群, 因为我们有

命题 4.1.4 $Sp_2(V) = SL_2(V)$.

证明 2 维非退化的辛空间就是一个双曲平面. 设 (u,v) 是 V 的一个辛基, 则交错形式 B 在这个基下的矩阵为

$$M = \begin{pmatrix} 0 & 1 \\ -1 & 0 \end{pmatrix}.$$

对任意 $g \in GL_2(V)$, 设 g 在基 u,v 下的矩阵为

$$A = \begin{pmatrix} a & b \\ c & d \end{pmatrix},$$

则 $g \in Sp_2(V)$ 当且仅当 $A'MA = M$, 即

$$\begin{pmatrix} 0 & ad-bc \\ -ad+bc & 0 \end{pmatrix} = \begin{pmatrix} 0 & 1 \\ -1 & 0 \end{pmatrix}.$$

这就证得 $g \in Sp_2(V) \iff g \in SL_2(V)$. □

习题 4.1.5 设 $u_1, v_1, \cdots, u_m, v_m$ 是域 F 上辛空间 (V, B) 的一个辛基.

(1) 求 B 在重排的基 $u_1, \cdots, u_m, v_1, \cdots, v_m$ 下的度量矩阵.

(2) 任给可逆方阵 $M \in GL_m(F)$, 设 V 上的线性变换 g 在重排的基 $u_1, \cdots, u_m, v_1, \cdots, v_m$ 下的矩阵为

$$\begin{pmatrix} M & 0 \\ 0 & M'^{-1} \end{pmatrix}.$$

证明: g 是 V 上的一个等距.

(3) 证明: $Sp_{2m}(F)$ 中包含一个同构于 $GL_m(F)$ 的子群.

在研究 $SL_n(V)$ 的结构时, 平延起了关键性的作用. 下面我们要考察辛群中的平延.

命题 4.1.6 设 (V, B) 是域 F 上的 n 维非退化辛空间, $\tau \in SL(V)$ 是一个平延, 则 $\tau \in Sp(V)$ 的充分必要条件是存在 $a \in F^\times, 0 \neq u \in V$, 使得

$$v^\tau = v + aB(v, u)u, \quad \forall v \in V.$$

证明 **充分性** 任给 $0 \neq u \in V$ 和 $a \in F^\times$, 定义线性变换

$$\tau : V \to V,$$

$$v \mapsto v + aB(v, u)u.$$

记 $W = \langle u \rangle^\perp$, 注意到 $u \in W$, 则 $v^\tau - v = aB(v, u)u \in W$. 因此 τ 是一个平延. 进一步, 对任意 $x, y \in V$, 有

$$\begin{aligned}
B(x^\tau, y^\tau) &= B(x + aB(x, u)u, \ y + aB(y, u)u) \\
&= B(x, y) + aB(x, u)B(u, y) + aB(y, u)B(x, u) \\
&\quad + a^2 B(x, u)B(y, u)B(u, u) \\
&= B(x, y) + aB(x, u)B(u, y) - aB(u, y)B(x, u) \\
&= B(x, y),
\end{aligned}$$

即 $\tau \in Sp(V)$.

必要性 对于平延 $\tau \in SL(V)$, 存在超平面 W, 使得 $\tau|_W = 1_W$, 且对任意 $v \in V$, 有 $v^\tau - v \in W$. 设 $W^\perp = \langle u \rangle$. 取 $x \in V \setminus W$, 则有分解 $V = \langle x \rangle \oplus W$. 记 $z = x^\tau - x \neq 0$, 则 $z \in W$. 任意一个 $v \in V$ 可以唯一表示成 $v = bx + w \ (b \in F, w \in W)$ 的形式. 定义一个线性函数 $\theta : V \to F, v \mapsto b$. 由命题 3.1.7 知, 存在唯一的 $y \in V$, 使得 $\theta(v) = B(v, y) \ (\forall v \in V)$. 显然 $\operatorname{Ker} \theta = W = \langle y \rangle^\perp$. 这说明 $y \in W^\perp = \langle u \rangle$. 故存在 $c \in F^\times$, 使得 $y = cu$. 于是

$$\begin{aligned}
v^\tau &= (bx + w)^\tau = bx^\tau + w = b(x + z) + w = bz + v \\
&= v + \theta(v)z = v + B(v, y)z = v + cB(v, u)z, \quad \forall v \in V.
\end{aligned}$$

如果 $\tau \in Sp(V)$, 则

$$B(w, x) = B(w^\tau, x^\tau) = B(w, x + z) = B(w, x) + B(w, z),$$

即得 $B(w, z) = 0$ $(\forall w \in W)$. 所以 $z \in W^\perp = \langle u \rangle$. 这意味着存在 $d \in F^\times$, 使得 $z = du$, 于是

$$v^\tau = v + cB(v, u)z = v + cdB(v, u)u.$$

令 $a = cd$ 即证得必要性. $\qquad\square$

由此可见, $Sp(V)$ 中的一个平延被非零向量 u 和非零 $a \in F$ 唯一确定.

定义 4.1.7 给定 $0 \neq u \in V$, $a \in F^\times$, 等距

$$\tau_u(a): \ x \mapsto x + aB(x, u)u, \quad \forall x \in V$$

称为是一个 (沿方向 u 的) **辛平延** (symplectic transvection).

显然, 辛平延的行列式等于 1. 为方便起见, 通常用 $\tau_u(0)$ 表示恒等变换. 辛平延满足下述性质:

命题 4.1.8 给定非零向量 $u \in V$.

(1) 对任意 $a, b \in F$, 有

$$\tau_u(a)\tau_u(b) = \tau_u(a + b), \quad \tau_{bu}(a) = \tau_u(ab^2), \quad \tau_u(a)^{-1} = \tau_u(-a);$$

(2) $\{\tau_u(a) \mid a \in F\}$ 构成 $Sp(V)$ 的一个子群, 同构于域 F 的加法群 F^+;

(3) 对任意 $\sigma \in Sp(V)$, 有 $\tau_u(a)^\sigma = \tau_{u^\sigma}(a)$.

命题的证明留给读者作为练习.

习题 4.1.9 设 (V, B) 是域 F 上的非退化辛空间, V 可分解成双曲平面的正交和:

$$V = \langle u_1, v_1 \rangle \perp \cdots \perp \langle u_m, v_m \rangle,$$

其中 (u_i, v_i) $(i = 1, \cdots, m)$ 是双曲对; 等距 $\sigma \in Sp(V)$ 满足 $u_i^\sigma = u_i$ $(i = 1, \cdots, m)$. 证明:

$$v_i^\sigma = v_i + \sum_{j=1}^m a_{ij} u_j, \quad i = 1, \cdots, m,$$

其中 $a_{ji} = a_{ij}$ $(i, j = 1, \cdots, m)$.

习题 4.1.10　任给等距 $\tau \in Sp(V)$, 证明:

$$\mathrm{Ker}\,(1_V - \tau) = \mathrm{Im}\,(1_V - \tau)^\perp.$$

习题 4.1.11　设 V 是域 F 上的 $2m$ 维非退化辛空间, $\tau \in Sp_{2m}(F)$ 是一个对合. 证明:

(1) 当 $\mathrm{char}\,F \neq 2$ 时, 存在正交分解 $V = V_1 \perp V_2$, 使得 $\tau|_{V_1} = 1_{V_1}$, $\tau|_{V_2} = -1_{V_2}$;

(2) 当 $\mathrm{char}\,F = 2$ 时, 存在 V 的一个极大全迷向子空间 W, 使得 $\tau|_W = 1_W$, 从而 τ 满足习题 4.1.9 的条件.

§4.2　$PSp_{2m}(V)$ 的单性

在本节中, 我们要证明, 除了个别例外, 射影辛群 $PSp(V)$ 是单群. 证明的思路与特殊射影线性群的情形是相同的. 我们将证明 $PSp(V)$ 可以由辛平延生成, 在射影空间上的作用本原, 再运用岩泽引理 1.1.12. 由于 $\dim V = 2$ 时 $Sp(V) = SL(V)$, 本节中我们恒假设 $\dim V = n \geqslant 4$.

在命题 4.1.8 中已经指出, 沿某个方向 u 的全体辛平延构成一个同构于 F^+ 的子群. 如果遍取非零向量 $u \in V$, 可定义由全体辛平延生成的子群

$$T = \langle\, \tau_u(a) \mid 0 \neq u \in V, a \in F^\times \,\rangle.$$

我们要证明 $T = Sp(V)$.

命题 4.2.1　T 在 $V \setminus \{0\}$ 上传递.

证明 任取 $v, w \in V \setminus \{0\}, v \neq w$. 如果 $B(v, w) \neq 0$, 令 $a = 1/B(v, w), u = v - w$, 于是

$$v^{\tau_u(a)} = v + aB(v, u)u = v + \frac{B(v, v - w)}{B(v, w)}(v - w)$$
$$= v - (v - w) = w.$$

如果 $B(v, w) = 0$, 可以选取 $u \in V$, 满足 $B(v, u)$ 和 $B(w, u)$ 均不等于 0. 由上面的证明知, 存在 $\tau_1, \tau_2 \in T$, 使得 $v^{\tau_1} = u, u^{\tau_2} = w$. 因此 $\tau = \tau_1\tau_2 \in T$ 满足 $v^\tau = w$. $\qquad\square$

命题 4.2.2 T 在 V 的全体双曲对构成的集合 $\mathscr{S}$ 上传递.

证明 设 $(u_1, v_1), (u_2, v_2) \in \mathscr{S}$. 由命题 4.2.1 知, 存在 $\tau \in T$, 使得 $u_1^\tau = u_2$. 记 $v_3 = v_1^\tau$. 如果能够找到 $\sigma \in T$, 满足 $u_2^\sigma = u_2, v_3^\sigma = v_2$, 则 $\tau\sigma \in T$ 就满足 $(u_1, v_1)^{\tau\sigma} = (u_2, v_2)$, 命题得证. 下面就来找这样的 σ.

如果 $B(v_3, v_2) \neq 0$, 则像命题 4.2.1 的证明一样, 令 $u = v_3 - v_2, a = 1/B(v_3, v_2), \sigma = \tau_u(a)$, 即得 $v_3^\sigma = v_2$. 注意到 $B(u_2, v_3) = B(u_1^\tau, v_1^\tau) = 1 = B(u_2, v_2)$, 我们有

$$B(u_2, u) = B(u_2, v_3 - v_2) = B(u_2, v_3) - B(u_2, v_2) = 0.$$

因此 $u_2^\sigma = u_2 + aB(u_2, u)u = u_2$.

如果 $B(v_3, v_2) = 0$, 注意到 $(u_2, u_2 + v_3)$ 仍然属于 $\mathscr{S}$, 而

$$B(v_3, u_2 + v_3) = B(v_3, u_2) = B(v_1^\tau, u_1^\tau) \neq 0,$$

根据上一段的证明, 存在 $\sigma_1 \in T$, 使得

$$(u_2, v_3)^{\sigma_1} = (u_2, u_2 + v_3).$$

同理, 由 $B(u_2 + v_3, v_2) = B(u_2, v_2) \neq 0$ 可知, 存在 $\sigma_2 \in T$, 使得

$$(u_2, u_2 + v_3)^{\sigma_2} = (u_2, v_2).$$

再令 $\sigma = \sigma_1\sigma_2 \in T$, 即得

$$(u_2, v_3)^\sigma = (u_2, u_2 + v_3)^{\sigma_2} = (u_2, v_2). \qquad\square$$

定理 4.2.3 辛群 $Sp(V)$ 可由辛平延生成.

证明 对维数 $n = 2m$ 作数学归纳法. 当 $m = 1$ 时, $Sp(V) = SL(V)$ 由平延生成, 定理成立.

当 $m > 1$ 时, 取一双曲平面 $W = \langle u, v \rangle$, 则 $V = W \perp W^{\perp}$. 对任意 $\sigma \in Sp(V)$, (u^{σ}, v^{σ}) 仍然是双曲对. 故由命题 4.2.2 知, 存在 $\tau \in T$, 使得

$$(u^{\sigma}, v^{\sigma})^{\tau} = (u, v).$$

因此 $\sigma\tau|_W = 1_W$. 显然 $\sigma\tau|_{W^{\perp}} \in Sp(W^{\perp})$. 由归纳假设知, $\sigma\tau|_{W^{\perp}}$ 是 $W^{\perp}$ 上若干辛平延的乘积

$$\tau_{u_1}(a_1) \cdots \tau_{u_r}(a_r), \quad u_i \in W^{\perp}, \ a_i \in F^{\times}, \ i = 1, \cdots, r.$$

把每个辛平延 $\tau_{u_i}(a_i)$ 延拓成 V 上的辛平延 $\tau_i' = 1_W \perp \tau_{u_i}(a_i)$, 于是

$$\sigma\tau = \tau_1' \cdots \tau_r',$$

进而证得 $\sigma \in T$. □

推论 4.2.4 $Sp(V) \leqslant SL(V)$.

命题 4.2.5 $Sp(V)$ 的中心为 $\{\pm 1\}$.

证明 设 $\sigma \in Z(Sp(V))$. 由命题 4.1.8 知, 对任意辛平延 $\tau_u(a)$ $(0 \neq u \in V, a \in F^{\times})$, 总有

$$\tau_u^{\sigma}(a) = \tau_{u^{\sigma}}(a) = \tau_u(a).$$

于是得出 $u^{\sigma} \in \langle u \rangle$, 即对任意非零向量 $u \in V$, 均存在 $c_u \in F^{\times}$, 使得 $u^{\sigma} = c_u u$. 选取线性无关的 $u, v \in V$, 有

$$c_{u+v}(u + v) = (u + v)^{\sigma} = u^{\sigma} + v^{\sigma} = c_u u + c_v v,$$

于是 $c_u = c_{u+v} = c_v$. 由 u, v 选取的任意性即得 σ 是一个数乘变换: $\sigma = c 1_V \ (c \in F^{\times})$. 再由

$$c^2 B(u, v) = B(u^{\sigma}, v^{\sigma}) = B(u, v)$$

即得 $c = \pm 1$. □

引理 4.2.6 设 (V, B) 是域 F 上的 $n \geqslant 4$ 维辛空间, $G = Sp(V)$ 作用在射影空间 $\mathscr{P} = \mathscr{P}(V)$ 上. 对 $P = \langle u \rangle \in \mathscr{P}$, G 的稳定化子 G_P 在 $\mathscr{P}$ 上恰有 3 条轨道:

$$\Delta_0 = \{P\}, \quad \Delta_1 = \{Q \mid Q \in P^\perp,\ Q \neq P\}, \quad \Delta_2 = \{Q \mid Q \notin P^\perp\}.$$

证明 显然 G 在 $\mathscr{P}$ 上传递. 对任意 $Q, R \in \Delta_1$, $\langle P, Q \rangle$, $\langle P, R \rangle$ 是 2 维全迷向子空间, 故存在等距 $\sigma' : P \mapsto P$, $Q \mapsto R$. 由 Witt 定理知, 可以将 σ' 延拓成 V 上的等距 σ. 显然 $\sigma \in G_P$. 这就证得 Δ_1 是 G_P 的一条轨道. 同理, 若 $Q, R \in \Delta_2$, 则 $\langle P, Q \rangle$, $\langle P, R \rangle$ 是双曲平面, 也存在等距 σ' 可以延拓成 V 上的等距 σ. □

习题 4.2.7 设 $F = F_q$ 是有限域. 试求 $|\Delta_i|$ $(i = 0, 1, 2)$.

命题 4.2.8 $Sp(V)$ 在射影空间 $\mathscr{P} = \mathscr{P}_{n-1}(V)$ 上的作用是本原的.

证明 设 $\dim V = n \geqslant 4$, $S \subseteq \mathscr{P}$ 是一个块, $|S| > 1$. 我们要证明

$$S = \mathscr{P}.$$

设 $\langle u \rangle \in S$. 如果 S 中包含 $\langle v \rangle \neq \langle u \rangle$, $v \in \langle u \rangle^\perp$, 则由引理 4.2.6 有 $\Delta_1 \subset S$. 对任一 $\langle w \rangle \notin \langle u \rangle^\perp$, 取 $x \in \langle u, w \rangle^\perp$, 则 $x \in \langle u \rangle^\perp$, 从而 $\langle x \rangle \in S$. 但这时 $w \in \langle x \rangle^\perp$, 故得 $\langle w \rangle \in S$. 于是 $S = \mathscr{P}$.

如果 S 中包含 $\langle v \rangle \notin \langle u \rangle^\perp$, 则由引理 4.2.6 有 $\Delta_2 \subset S$. 对任一 $\langle u \rangle \neq \langle w \rangle \in \langle u \rangle^\perp$, 取 $x \in V \setminus (\langle u \rangle^\perp \cup \langle w \rangle^\perp)$, 则 $x \notin \langle u \rangle^\perp$, 从而 $\langle x \rangle \in S$. 但这时 $w \notin \langle x \rangle^\perp$, 故得 $\langle w \rangle \in S$. 于是 $S = \mathscr{P}$. □

下面我们要证明: 除了个别例外, 总有 $Sp(V)' = Sp(V)$. 我们用三个引理分情形进行讨论.

引理 4.2.9 当 $|F| > 3$ 时, $Sp(V)' = Sp(V)$.

证明 因为 $Sp(V)$ 可以由辛平延生成, 只需证明任意辛平延都是换位子即可. 任意取定非零向量 $u \in V$, $a \in F^\times$, 往证辛平延 $\tau_u(a)$ 是换位子. 现在 $|F| > 3$, 所以存在 $b \in F \setminus \{0, \pm 1\}$. 令

$$c = a/(1-b^2), \quad d = -b^2 c,$$

则 $c + d = a$. 根据命题 4.1.8, $\tau_u(a) = \tau_u(c)\tau_u(d)$. 因为 $Sp(V)$ 在 V 的非零向量上传递, 所以存在 $\sigma \in Sp(V)$, 使得 $u^\sigma = bu$. 注意到 $\tau_{bu}(a) = \tau_u(b^2 a)$, 我们有

$$\sigma^{-1}\tau_u(c)^{-1}\sigma = \sigma^{-1}\tau_u(-c)\sigma = \tau_{u^\sigma}(-c) = \tau_{bu}(-c)$$
$$= \tau_u(-cb^2) = \tau_u(d),$$

进而得到

$$\sigma^{-1}\tau_u(c)^{-1}\sigma\tau_u(c) = \tau_u(d)\tau_u(c) = \tau_u(a) \in Sp(V)'.$$

引理得证. □

引理 4.2.10 当 $|F| = 3$, $n > 2$ 时, $Sp(V)' = Sp(V)$.

证明 设 $n = 2m \geqslant 4$. 任取 V 的一个辛基 $u_1, v_1, \cdots, u_m, v_m$, 相应地有 V 的正交分解

$$V = \langle u_1, v_1 \rangle \perp \cdots \perp \langle u_m, v_m \rangle,$$

其中 (u_i, v_i) $(i = 1, \cdots, m)$ 是双曲对. 定义线性变换 $\sigma, \tau \in GL(V)$ 如下:

$$\sigma : \begin{cases} u_1 \mapsto u_1 + u_2, \ v_1 \mapsto v_2, \ u_2 \mapsto u_1, \ v_2 \mapsto v_1 - v_2, \\ u_i \mapsto u_i, \ v_i \mapsto v_i, \quad i > 2; \end{cases}$$

$$\tau : \begin{cases} u_1 \mapsto u_1 - v_1 + v_2, \ v_1 \mapsto v_1, \ u_2 \mapsto u_2 + v_1, \ v_2 \mapsto v_2, \\ u_i \mapsto u_i, \ v_i \mapsto v_i, \quad i > 2. \end{cases}$$

直接验证可知, σ, τ 都是辛空间 V 上的等距, 且有

$$\tau^{-1}\sigma^{-1}\tau\sigma = \tau_{v_1}(1).$$

换言之, $\tau_{v_1}(1) \in Sp(V)'$. 注意到现在 $F = \{0, \pm 1\}$. 对任意非零向量 $u \in V$, 存在 $\gamma \in Sp(V)$, 使得 $v_1^\gamma = u$. 因此

$$\gamma^{-1}\tau_{v_1}(1)\gamma = \tau_{v_1^\gamma}(1) = \tau_u(1) \in Sp(V)',$$
$$\tau_u(1)^{-1} = \tau_u(-1) \in Sp(V)'.$$

可见, 任一辛平延都包含在换位子群 $Sp(V)'$ 中. 由定理 4.2.3 即得引理. $\square$

引理 4.2.11 当 $|F| = 2$, $n > 4$ 时, $Sp(V)' = Sp(V)$.

证明 设 $n = 2m \geqslant 6$, V 有正交分解

$$V = \langle u_1, v_1 \rangle \perp \cdots \perp \langle u_m, v_m \rangle,$$

其中 (u_i, v_i) $(i = 1, \cdots, m)$ 均为双曲对. 类似于引理 4.2.10 的证明, 定义线性变换 $\sigma, \tau \in GL(V)$ 如下:

$$\sigma: \begin{cases} u_1 \mapsto u_1 + u_3, \ v_1 \mapsto v_3, \ u_2 \mapsto u_1, \ v_2 \mapsto v_1 + v_3, \\ u_3 \mapsto u_2, \ v_3 \mapsto v_2, \\ u_i \mapsto u_i, \ v_i \mapsto v_i, \quad i > 3; \end{cases}$$

$$\tau: \begin{cases} u_1 \mapsto u_1 + v_2, \ v_1 \mapsto v_1, \ u_2 \mapsto v_1 + u_2 + v_2 + v_3, \ v_2 \mapsto v_2, \\ u_3 \mapsto v_2 + u_3 + v_3, \ v_3 \mapsto v_3, \\ u_i \mapsto u_i, \ v_i \mapsto v_i, \quad i > 3. \end{cases}$$

直接验证可知, σ, τ 都是等距, 且 τ 是对合, σ^{-1} 满足

$$\sigma^{-1}: \begin{cases} u_1 \mapsto u_2, \ v_1 \mapsto v_1 + v_2, \ u_2 \mapsto u_3, \ v_2 \mapsto v_3, \\ u_3 \mapsto u_1 + u_2, \ v_3 \mapsto v_1, \\ u_i \mapsto u_i, \ v_i \mapsto v_i, \quad i > 3. \end{cases}$$

进一步, $\tau\sigma^{-1}\tau\sigma = \tau_{v_1}(1) \in Sp(V)'$. 再由 $Sp(V)$ 在全体非零向量构成的集合上传递, 即得任意辛平延均属于 $Sp(V)'$, 进而证得

$$Sp(V)' = Sp(V).$$ $\square$

至此, 我们已经证明了

定理 4.2.12 设 $\dim V = n$, 则除了 $(n, |F|) = (2, 2), (2, 3), (4, 2)$ 的情形外, 总有 $Sp(V)' = Sp(V)$.

定理中前两个例外源于 $Sp_2(2) = SL_2(2)$ 和 $Sp_2(3) = SL_2(3)$ (参见命题 4.1.4). 对于 $Sp_4(2)$, 我们将证明存在同构 $Sp_4(2) \cong S_6$.

下面是本节的主要定理.

定理 4.2.13 设 V 是域 F 上的 n 维非退化辛空间, 则除了 $(n, |F|) = (2, 2), (2, 3), (4, 2)$ 的情形外, 射影辛群 $PSp(V)$ 是单群.

证明 记 $G = PSp(V) = Sp(V)/Z(Sp(V))$, 它忠实地作用在射影空间 $\mathscr{P} = \mathscr{P}_{n-1}(V)$ 上. 由命题 4.2.8 知, G 在 $\mathscr{P}$ 上的作用本原. 由定理 4.2.12 知, 除了三个例外情形, 总有 $G' = G$. 对于非零向量 $u \in V$, 记 $A = \{\tau_u(a) \mid a \in F\}$, 它为全体以 u 为方向的辛平延构成的交换群. 根据命题 4.1.8, 对任意 $\sigma \in Sp(V)$, A^σ 为全体以 u^σ 为方向的辛平延组成的子群, 而 $Sp(V)$ 在 V 的非零向量上传递. 这意味着 $\{A^\sigma \mid \sigma \in Sp(V)\}$ 包含了所有辛平延, 进而

$$\langle A^\sigma \mid \sigma \in Sp(V) \rangle = Sp(V).$$

记 $H = \{\gamma \in Sp(V) \mid u^\gamma \in \langle u \rangle\}$. 对任意 $\sigma = \tau_u(a) \in A$, $\gamma \in H$, 设 $u^\gamma = cu$, 则有

$$\gamma^{-1}\sigma\gamma = \tau_{u^\gamma}(a) = \tau_{cu}(a) = \tau_u(c^2 a) \in A,$$

即 $A \lhd H$.

分别记 $\overline{A}, \overline{H}$ 和 $\overline{\sigma}$ 为 A, H 和 $\sigma \in Sp(V)$ 在 $PSp(V)$ 中的像, 则有

$$\langle \overline{A}^{\overline{\sigma}} \mid \sigma \in Sp(V) \rangle = PSp(V),$$

且 $\overline{A} \lhd \overline{H}$. 进一步, $\overline{H}$ 恰为 $PSp(V)$ 中保持 $\langle u \rangle$ 不变的稳定化子. 至此, 岩泽引理的所有条件都已满足, $PSp(V)$ 的单性得证. $\qquad\square$

在本节的最后, 我们要证明

命题 4.2.14 $Sp_4(2) \cong S_6$.

证明 首先根据命题 4.1.2, $|Sp_4(2)| = 720 = |S_6|$. 考虑 $F = F_2$ 上的 6 维线性空间 $V = F^6$. 对 V 中的任意两个向量 $x = (x_1, \cdots, x_6)$, $y = (y_1, \cdots, y_6)$, $x_i, y_j \in F$, 定义

$$B(x, y) = \sum_{i=1}^{6} x_i y_i \in F.$$

显然, B 是 V 上的一个对称双线性形式. 对于全 1 向量 $u = (1, \cdots, 1) \in V$, 有

$$B(x, x) = \sum_{i=1}^{6} x_i^2 = \sum_{i=1}^{6} x_i = B(x, u), \quad \forall x \in V.$$

这意味着, 对任意 $x \in \langle u \rangle^\perp$, 总有 $B(x, x) = 0$, 即 B 限制在 5 维子空间 $\langle u \rangle^\perp$ 上是交错形式. 显然 $\mathrm{rad}\,\langle u \rangle^\perp = \langle u \rangle \cap \langle u \rangle^\perp = \langle u \rangle$. 于是 B 诱导出 4 维空间 $\overline{V} = \langle u \rangle^\perp / \langle u \rangle$ 上的一个非退化交错形式

$$\overline{B}(\overline{x}, \overline{y}) = B(x, y), \quad \forall \overline{x}, \overline{y} \in \overline{V}.$$

$(\overline{V}, \overline{B})$ 的等距群就是 $Sp_4(2) = PSp_4(2)$. 另一方面, 对称群 S_6 在 V 的 6 个基向量上的置换作用显然诱导出 $\overline{V}$ 上的等距变换, 故 S_6 同构于 $Sp_4(2)$ 的一个子群. 再由 $|S_6| = |Sp_4(2)|$ 即得要证明的同构. $\square$

上述命题是下面一般结果的一个特例.

定理 4.2.15 对称群 S_{2m+2} 同构于 $Sp_{2m}(2)$ 的一个子群.

证明 给定集合 Ω, $|\Omega| = 2m + 2$. 考虑 Ω 中子集合划分构成的集合

$$V = \big\{ \{\Gamma, \Delta\} \mid \Omega = \Gamma \cup \Delta, \ \Gamma \cap \Delta = \varnothing, \ |\Gamma| \text{ 是偶数} \big\}.$$

对子集合 $\Gamma, \Delta \subseteq \Omega$, 记它们的**对称差**为

$$\Gamma \triangle \Delta = (\Gamma \cup \Delta) \setminus (\Gamma \cap \Delta).$$

定义 V 中的加法:

$$\{\Gamma_1, \Delta_1\} + \{\Gamma_2, \Delta_2\} = \{\Gamma_1 \triangle \Gamma_2, \Gamma_1 \triangle \Delta_2\}.$$

直接验证可知, V 关于这个加法构成 F_2 上的线性空间, $\dim V = 2m$. 对称群 S_{2m+2} 中每个置换诱导出 V 上的一个线性变换, 进而得到 S_{2m+2} 在 V 上的一个忠实作用. 定义映射 $B: V \times V \to F_2$:

$$B(\{\Gamma_1, \Delta_1\}, \{\Gamma_2, \Delta_2\}) = |\Gamma_1 \cap \Gamma_2| \pmod 2,$$

则 B 是一个交错形式, (V, B) 成为 F_2 上的非退化辛空间, 而 S_{2m+2} 中置换诱导出的线性变换保持 B, 从而属于 $Sp_{2m}(2)$. □

§4.3　辛群的若干子群

取定辛空间 (V, B) 的一个辛基 $u_1, v_1, u_2, v_2, \cdots, u_m, v_m$, 相应地 V 分解成 m 个双曲平面的正交和:

$$V = \langle u_1, v_1 \rangle \perp \langle u_2, v_2 \rangle \perp \cdots \perp \langle u_m, v_m \rangle.$$

令 $W_k = \langle u_1, \cdots, u_k \rangle$ 是一个 k 维全迷向子空间, 而

$$W_k^\perp = \langle u_1, \cdots, u_k, u_{k+1}, \cdots, u_m, v_{k+1}, \cdots, v_m \rangle$$

是 $2m - k$ 维子空间, 进而得到 V 的一个极大旗

$$V \supset W_1^\perp \supset \cdots \supset W_{m-1}^\perp \supset W_m^\perp = W_m \supset W_{m-1} \supset \cdots \supset W_1 \supset 0. \quad (4.2)$$

对一般线性群 $GL(V)$ 的情形, 保持一个极大旗不变的稳定化子是 Borel 子群, 由全体可逆的上三角阵构成. 但对辛群的情形, 群中的元素必须保持交错形式不变, 并非任意一个可逆的上三角阵都代表一个等距, 需要进一步考察.

对于 i, j $(1 \leqslant i < j \leqslant m)$, $\lambda \in F$, 定义

$$x_{ij}(\lambda): \begin{cases} u_j \mapsto u_j - \lambda u_i, \\ v_i \mapsto v_i + \lambda v_j, \end{cases} \quad \text{保持其余基向量不变};$$

$$y_{ij}(\lambda)\colon \begin{cases} v_i \mapsto v_i + \lambda u_j, \\ v_j \mapsto v_j + \lambda u_i, \end{cases} \quad \text{保持其余基向量不变;}$$

$$t_i(\lambda)\colon v_i \mapsto v_i + \lambda u_i, \qquad \text{保持其余基向量不变.}$$

容易验证它们都是等距, 且保持极大旗 (4.2) 不变. 考虑它们在基 $u_1, \cdots, u_m, v_m, \cdots, v_1$ 下的矩阵 (注意基向量排列的次序). 设

$$(\cdots, u_i, \cdots, u_j, \cdots, v_j, \cdots, v_i, \cdots)^{x_{ij}(\lambda)}$$
$$= (\cdots, u_i, \cdots, u_j - \lambda u_i, \cdots, v_j, \cdots, v_i + \lambda v_j, \cdots)$$
$$= (\cdots, u_i, \cdots, u_j, \cdots, v_j, \cdots, v_i, \cdots) X_{ij}(\lambda),$$

则 $x_{ij}(\lambda)$ 的矩阵为

$$X_{ij}(\lambda) = \begin{array}{c} \quad\ u_i \quad\ \ u_j \quad\ \ v_j \quad\ \ v_i \\ \left(\begin{array}{cccccccc} \ddots \\ & 1 & & -\lambda \\ & & \ddots \\ & & & 1 \\ & & & & \ddots \\ & & & & & 1 & & \lambda \\ & & & & & & \ddots \\ & & & & & & & 1 \\ & & & & & & & & \ddots \end{array}\right) \begin{array}{l} \\ u_i \\ \\ u_j \\ \\ v_j \\ \\ v_i \\ \end{array} \end{array}.$$

同理, 设

$$(\cdots, u_i, \cdots, u_j, \cdots, v_j, \cdots, v_i, \cdots)^{y_{ij}(\lambda)}$$
$$= (\cdots, u_i, \cdots, u_j, \cdots, v_j + \lambda u_i, \cdots, v_i + \lambda u_j, \cdots)$$
$$= (\cdots, u_i, \cdots, u_j, \cdots, v_j, \cdots, v_i, \cdots) Y_{ij}(\lambda),$$

则有

$$Y_{ij}(\lambda) = \begin{pmatrix} \ddots & & & & & & & \\ & 1 & & & \lambda & & & \\ & & \ddots & & & & & \\ & & & 1 & & & \lambda & \\ & & & & \ddots & & & \\ & & & & & 1 & & \\ & & & & & & \ddots & \\ & & & & & & & 1 \\ & & & & & & & & \ddots \end{pmatrix} \begin{matrix} \\ u_i \\ \\ u_j \\ \\ v_j \\ \\ v_i \\ \end{matrix} ;$$

$$\begin{matrix} & u_i & u_j & v_j & v_i \end{matrix}$$

设

$$(\cdots, u_i, \cdots, u_j, \cdots, v_j, \cdots, v_i, \cdots)^{t_i(\lambda)}$$
$$= (\cdots, u_i, \cdots, u_j, \cdots, v_j, \cdots, v_i + \lambda u_i, \cdots)$$
$$= (\cdots, u_i, \cdots, u_j, \cdots, v_j, \cdots, v_i, \cdots)T_i(\lambda),$$

则有

$$\begin{matrix} & u_i & u_j & v_j & v_i \end{matrix}$$

$$T_i(\lambda) = \begin{pmatrix} \ddots & & & & & & & \\ & 1 & & & & & \lambda & \\ & & \ddots & & & & & \\ & & & 1 & & & & \\ & & & & \ddots & & & \\ & & & & & 1 & & \\ & & & & & & \ddots & \\ & & & & & & & 1 \\ & & & & & & & & \ddots \end{pmatrix} \begin{matrix} \\ u_i \\ \\ u_j \\ \\ v_j \\ \\ v_i \\ \end{matrix} .$$

它们共同构成一个子群

$$U = \{x_{ij}(\lambda), y_{ij}(\lambda), t_i(\lambda) \mid \lambda \in F, \ 1 \leqslant i < j \leqslant m\},$$

由若干主对角线元素等于 1 的上三角阵构成.

类似地, 辛群中的元素必须保持交错形式不变, 故其**极大分裂环面** T 不能是全体对角阵, 而需满足

$$\begin{cases} u_i \mapsto \lambda u_i, \\ v_i \mapsto \lambda^{-1} v_i, \end{cases} \quad \lambda \in F^\times, \ i = 1, \cdots, m.$$

所以

$$T \cong \underbrace{F^\times \times \cdots \times F^\times}_{m \text{ 个}}.$$

这时仍然有 **Borel 子群** $B = U \rtimes T$. 当 $|F| \neq 2$ 时, T 的正规化子 N 由 $\{1, \cdots, n\}$ 上的置换和线性变换 $u_1 \mapsto v_1, v_1 \mapsto -u_1$ 生成, 进而得到其 Weyl 群是一个圈积:

$$N/T \cong \mathbb{Z}_2 \text{ wr } S_m.$$

当 $F = F_q$ 是有限域时, 子群 U 的阶 $|U| = q^{m^2}$, U 恰为 $Sp_{2m}(q)$ 的 Sylow p-子群.

下面考察辛群中子空间的稳定化子. 设 $W \subset V$, 则 W 的稳定化子也保持 $W^\perp$ 不变, 从而是 $W \cap W^\perp$ 的稳定化子. 因此, 我们可以只考虑两种情形: $W \cap W^\perp = 0$ 或者 $W \cap W^\perp = W$, 即 W 非退化或者全迷向的情形.

(1) $W \cap W^\perp = \mathrm{rad}\, W = 0$, 即 W 非退化. 设 $\dim W = 2k$, 则 $V = W \perp W^\perp$. 故 W 的稳定化子为

$$Sp(W) \times Sp(W^\perp) = Sp_{2k}(F) \times Sp_{2(m-k)}(F).$$

当 $F = F_q$ 为有限域时, $Sp_{2k}(q) \times Sp_{2(m-k)}(q)$ 通常是 $Sp_{2m}(q)$ 的极大子群, 除了 $2k = m$ 的情形. 这时存在 $g \in Sp_{2m}(q)$ 将 W 和 $W^\perp$ 互换, 从而有

$$Sp_{2k}(q) \times Sp_m(q) < Sp_m(q) \text{ wr } S_2.$$

(2) $W \cap W^\perp = W$. 这时 $W \subset W^\perp$, 即 W 全迷向. 设 $W = \langle u_1, \cdots, u_k \rangle$, 易证 $W^\perp = \langle u_1, \cdots, u_k, u_{k+1}, \cdots, u_m, v_{k+1}, \cdots, v_m \rangle$. W 的稳定化子保持旗

$$V \supset W^\perp \supset W \supset 0$$

不变, 它是一个**极大抛物子群**. 这时商空间 $W^\perp/W$ 的基为 $\bar{u}_{k+1}, \cdots, \bar{u}_m, \bar{v}_{k+1}, \cdots, \bar{v}_m$, 其中 $\bar{u}_j = u_j + W$, $\bar{v}_j = v_j + W$ $(j = k+1, \cdots, m)$. 因为 W 是全迷向的, 所以 W 的稳定化子在 W 上的作用为 $GL_k(F)$, 在商空间 $W^\perp/W$ 上的作用为 $Sp_{2(m-k)}(F)$.

当 $F = F_q$ 为有限域时, W 的稳定化子在 W 上的作用为 $GL_k(q)$, 在商空间 $W^\perp/W$ 上的作用为 $Sp_{2(m-k)}(q)$. 其 p-群的部分由一部分上三角阵 $X_{ij}(\lambda), Y_{ij}(\lambda)$ $(i \leqslant k < j \leqslant m)$ 生成. 可以证明, 这些上三角阵生成一个非交换 p-群 Q, 它的中心 $Z(Q)$, 导群 Q' 和 Frattini 子群 $\Phi(Q)$ 相同:

$$Z(Q) = Q' = \Phi(Q),$$

是 $q^{(k(k+1))/2}$ 阶初等交换 p-群. Q/Q' 是 $q^{2k(m-k)}$ 阶初等交换 p-群.

注 4.3.1 设 Q 是一个 p-群, Q 的 **Frattini**[1] **子群**定义为其全部极大子群之交, 记做 $\Phi(Q)$, 它是所有使得 Q/N 为初等交换的正规子群 N 中最小的.

注 4.3.2 一个 p-群 Q 称为**特殊 p-群** (special p-group), 如果 $Z(Q) = Q' = \Phi(Q)$ 为初等交换群.

对子群 A, B, 符号 $A : B$ 表示 A 被 B 的一个可裂扩张, 而 $A.B$ 表示 A 被 B 的任一扩张.

综上所述, $Sp_{2m}(q)$ 中 k 维全迷向子空间 W 的稳定化子为

$$Q'.(Q/Q') : \left(Sp_{2(m-k)}(q) \times GL_k(q) \right).$$

特别地, 当 $k = m$ 时, $W = \langle u_1, \cdots, u_m \rangle$ 是 V 的一个极大全迷向子空

---

[1]Giovanni Frattini (1852.1.8 —1925.7.21), 意大利数学家.

间, 其稳定化子为

$$Q : GL_m(q).$$

例 4.3.3 设 $G = Sp_6(2)$, 相应的 $m = 3$. 考虑其子空间的稳定化子.

(1) 子空间 $W \subset V$ 非退化, 其维数只能为 2 或 4, 相应的稳定化子结构是一样的:

$$Sp_2(2) \times Sp_4(2) = S_3 \times S_6.$$

(2) W 全迷向. 设 $\dim W = k$.

当 $k = 1$ 时, W 的稳定化子为 $H : S_6$, 其中 H 为 2^5 阶初等交换群;

当 $k = 2$ 时, W 的稳定化子为 $H.(S_3 \times S_3)$, 其中 H 为 2^7 阶子群;

当 $k = 3$ 时, W 的稳定化子为 $H : GL_3(2)$, 其中 H 为 2^6 阶初等交换群.

下面再来考察保持 V 的某个直和分解不变的稳定化子. 对于辛空间, 直和分解中的直和因子既可以是非退化的, 也可以是全迷向的.

直和因子非退化时, 设 $m = rk$, V 有直和分解

$$V = V_1 \oplus V_2 \oplus \cdots \oplus V_r, \quad \dim V_i = 2k, \ i = 1, \cdots, r.$$

保持上述直和分解不变的稳定化子为 $Sp(V_1)$ wr $S_r \cong Sp_{2k}(F)$ wr S_r.

当直和因子全迷向时, 只可能为 $V = V_1 \oplus V_2$, $\dim V_i = m$. 这时其稳定化子为 $GL_m(F)$ 的一个 2 阶扩张, 其中包含一个对合将子空间 V_1 和 V_2 互换.

例 4.3.4 设 $F = F_3$, $\dim V = 6$, $G = Sp_6(3)$. 考虑 V 的直和分解.

(1) $V = V_1 \oplus V_2 \oplus V_3$, V_i $(i = 1, 2, 3)$ 为域 F 上的 2 维非退化子空间. 相应的稳定化子为 $M = Sp_2(3)$ wr S_3. 注意到同构 $Sp_2(3) \cong SL_2(3) = 2A_4$, 可得 $|M| = 24^3 \cdot 6 = 82944$. M 是 G 的一个极大子群.

(2) $V = V_1 \oplus V_2$, V_i $(i = 1, 2)$ 是域 F 上的 3 维全迷向子空间. 相应的稳定化子 M 是 $GL_3(3)$ 的一个 2 阶扩张, $|M| = 22464$. 这个 M 也是 G 的极大子群.

例 4.3.5 设 $F = F_2$, $\dim V = 6$, $G = Sp_6(2)$. 考虑 V 的直和分解.

(1) $V = V_1 \oplus V_2 \oplus V_3$, V_i $(i = 1, 2, 3)$ 为 2 维非退化子空间. 相应的稳定化子为 $M = Sp_2(2) \operatorname{wr} S_3 = S_3 \operatorname{wr} S_3$, $|M| = 1296$. 但这时 M 包含在 $U_4(2)$ 的一个 2 阶扩张里, 可见 M 不是 G 的极大子群.

(2) $V = V_1 \oplus V_2$, V_i $(i = 1, 2)$ 是域 F 上的 3 维全迷向子空间. 相应的极大子群 M 是 $GL_3(2)$ 的一个 2 阶扩张. $GL_3(2) \cong PSL_3(2)$ 是 168 阶单群, 故 $|M| = 336$. 但这时 M 也不是 G 的极大子群.

最后, 我们描述有限域上 4 维辛空间的一个关联几何结构.

定义 4.3.6 一个**广义四边形** (generalized quadrangle) 是一个**关联结构** (incidence structure) $\mathscr{S} = (\mathscr{P}, \mathscr{L}, I)$, 其中 $\mathscr{P}$ 和 $\mathscr{L}$ 是不相交的两个非空集合, $\mathscr{P}$ 中的元素称为点, $\mathscr{L}$ 中的元素称为线, $I \subseteq \mathscr{P} \times \mathscr{L}$ 是一个对称的**关联关系** (incidence relation), 满足下述公理:

(1) 存在正整数 $s \geqslant 1$, 使得每条线恰与 $s + 1$ 个点关联. 任给两条互异的线, 最多有一个点与它们都关联.

(2) 存在正整数 $t \geqslant 1$, 使得每个点恰与 $t + 1$ 条线关联. 任给两个互异的点, 最多有一条线与它们都关联.

(3) 对互不关联的点 P 和线 ℓ, 存在唯一相关联的点 P' 和线 ℓ', 使得 P' 与 ℓ 关联, P 与 ℓ' 关联.

(s, t) 称为广义四边形 $\mathscr{S}$ 的**参数** (parameters).

设 $F = F_q$ 是 q 个元素的有限域, (V, B) 是 F 上的 4 维非退化辛空间. 令 $\mathscr{P} = \{ \langle v \rangle \mid v \in V \}$ 为 V 中全体 1 维子空间构成的集合, $\mathscr{L}$ 为全体 2 维全迷向子空间构成的集合. $P \in \mathscr{P}$ 与 $\ell \in \mathscr{L}$ 关联 $\iff$ 作为子空间, 有包含关系 $P \subset \ell$.

习题 4.3.7 证明: (1) $|\mathscr{P}| = |\mathscr{L}| = q^3 + q^2 + q + 1$.

(2) 任一线 $l \in \mathscr{L}$ 恰与 $q+1$ 个点关联. 任意两条互异的线, 最多有一个点与之均关联.

(3) 任一点 $P \in \mathscr{P}$ 恰与 $q+1$ 条线关联. 任意两个互异的点, 最多有一条线与之均关联.

(4) 给定点 P 和与之不关联的线 l, 存在唯一相关联的点 P' 和线 l', 满足 P' 与 l 关联, P 与 l' 关联.

习题说明, 与 F 上的 4 维辛空间对应的射影空间具有一个广义四边形结构, 其参数为 (q,q). 显然, $PSp_4(q)$ 分别作用在 $\mathscr{P}$ 和 $\mathscr{L}$ 上, 且保持关联关系, 所以 $PSp_4(q)$ 是这个广义四边形的一个自同构群.

例 4.3.8 当 $q=3$ 时, 相应的广义四边形有 40 个点和 40 条线, 每条线包含 4 个点, 每个点与 4 条线关联. $PSp_4(3)$ 是这个广义四边形的一个自同构群.

第五章　酉　　群

§5.1　酉平延与拟反射

设 (V, B) 是域 F 上的非退化酉空间, $a \mapsto \bar{a}$ $(\forall a \in F)$ 是相应的 2 阶域自同构. 记 $F_0 = \{ a \in F \mid \bar{a} = a \}$, 有 $|F : F_0| = 2$. V 上的全体等距构成**一般酉群** (general unitary group), 记做 $U(V)$.

给定 V 的一个基 $e_1, \cdots, e_n$, 对 V 的任意等距 $\sigma \in U(V)$, 设其在这个基下的矩阵为 A, 则由定理 3.1.24 知, 其行列式满足 $\det A \cdot \overline{\det A} = 1$. 显然, 行列式映射 $\det$ 是酉群 $U(V)$ 到乘法群 $F^\times$ 的同态. 将其同态核记做 $SU(V)$, 称为**特殊酉群**. 于是有 $SU(V) \lhd U(V)$. 考虑范数映射 $N : F^\times \to F_0^\times$, $a \mapsto a\bar{a}$, 则 $\operatorname{Im} \det \subseteq \operatorname{Ker} N$. 反之, 对任意 $a \in \operatorname{Ker} N$, 由定理 3.4.2 知, 总可取 V 的一个正交基 $e_1, \cdots, e_n$. 令 $\sigma : e_1 \mapsto ae_1$, $e_i \mapsto e_i$ $(2 \leqslant i \leqslant n)$, 则 σ 是等距, 且 $\det \sigma = a$. 这说明 $\operatorname{Im} \det = \operatorname{Ker} N$. 于是得到 $U(V)/SU(V) \cong \operatorname{Ker} N$.

下面来考察酉平延. 设 $\tau = \tau(z, \varphi) \in GL(V)$ 是一个平延, 超平面 $W = \operatorname{Ker} \varphi$, $z \in W$. 根据命题 3.1.7, 存在唯一的 $y \in V$, 使得 $\varphi(v) = B(v, y)$, $\forall v \in V$. 对任意 $w \in W$, $w = w^\tau = w + B(w, y)z$, 所以 $y \in W^\perp$. 特别地, 有 $B(z, y) = 0$. 对 V 中的任意向量 u, v, 有

$$
\begin{aligned}
B(u, v) &= B(u^\tau, v^\tau) = B(u + B(u, y)z, v + B(v, y)z) \\
&= B(u, v) + B(u, y)B(z, v) + \overline{B(v, y)}B(u, z) \\
&\quad + B(u, y)\overline{B(v, y)}B(z, z),
\end{aligned}
$$

于是得到

$$
B(u, y)B(z, v) + \overline{B(v, y)}B(u, z) + B(u, y)\overline{B(v, y)}B(z, z) = 0.
$$

在上式中取 $u = z$, 即得 $\overline{B(v,y)}B(z,z) = 0, \forall v \in V$. 由 B 非退化知 $B(z,z) = 0$, 即 z 是迷向向量, 从而有

$$B(u,y)B(z,v) + \overline{B(v,y)}B(u,z) = 0, \quad \forall u, v \in V. \tag{5.1}$$

取定 $u \in V$, 满足 $B(u,y) \neq 0$. 这时若 $B(u,z) = 0$, 则 $B(z,v) = 0$, $\forall v \in V$, 与 B 非退化矛盾. 因此 $B(u,z) \neq 0$. 从 (5.1) 式得到

$$B(v,y) = -\frac{B(y,u)}{B(z,u)}B(v,z), \quad \forall v \in V.$$

记 $c = -B(y,u)/B(z,u)$, 则有 $B(v,y) = cB(v,z), \forall v \in V$. 这说明 $y - \overline{c}z \in V^\perp = 0$, 即 $y = \overline{c}z$. 这时 (5.1) 式变成

$$B(u,\overline{c}z)B(z,v) + \overline{B(v,\overline{c}z)}B(u,z) = 0,$$

进而得到

$$B(u,z)B(z,v)(c + \overline{c}) = 0, \quad \forall u, v \in V.$$

这意味着 $c + \overline{c} = 0$. 上述分析说明, 平延 τ 要成为等距, 必须形如

$$v^\tau = v + cB(v,z)z, \quad \forall v \in V, \tag{5.2}$$

其中 z 是迷向向量, 超平面 $W = \langle z \rangle^\perp$, c 满足 $c + \overline{c} = 0$. 反之, 对任意迷向向量 z 和满足 $a + \overline{a} = 0$ 的 $a \in F^\times$, (5.2) 式就确定了一个**酉平延**, 记做 $\tau_{z,a}$. 注意到酉平延仍然是平延, 故有 $\tau_{z,a} \in SU(V)$.

习题 5.1.1 设 $u \in V$ 是迷向向量, $a, b \in F^\times$ 满足 $a + \overline{a} = b + \overline{b} = 0$, $c \in F^\times$, $\sigma \in U(V)$. 证明:

(1) $\tau_{u,a+b} = \tau_{u,a}\tau_{u,b}$, 从而有 $\tau_{u,a}^{-1} = \tau_{u,-a}$;

(2) $\tau_{cu,a} = \tau_{u,c\overline{c}a}$;

(3) $\sigma^{-1}\tau_{u,a}\sigma = \tau_{u^\sigma,a}$.

下面来看非迷向向量的情形. 设 $u \in V$, $B(u,u) \neq 0$. 记 $W = \langle u \rangle^\perp$, 则 $V = \langle u \rangle \perp W$. 如果等距 $\sigma \in U(V)$ 保持 W 中的所有向量不动, 则

必有 $u^\sigma = au$, $a \in F^\times$. 由 $B(au, au) = a\bar{a}B(u,u) = B(u,u)$ 知 $a\bar{a} = 1$.
显然 $\sigma \neq 1_V \Longleftrightarrow a \neq 1$. 反之, 对 $a \in F^\times$, $a \neq 1$, 若 $a\bar{a} = 1$, 记

$$\sigma_{u,a}: \ v \mapsto v + (a-1)\frac{B(v,u)}{B(u,u)}u, \quad \forall v \in V,$$

则 $\sigma_{u,a}$ 在 $W = \langle u \rangle^\perp$ 上是恒等变换, $u^{\sigma_{u,a}} = au$. 称 $\sigma_{u,a}$ 为沿非迷向
向量 u 的**拟反射** (quasi-reflection).

习题 5.1.2 设 $u \in V$ 是非迷向向量, $a, b \in F^\times$ 满足 $a\bar{a} = b\bar{b} = 1$,
$c \in F^\times$, $\tau \in U(V)$. 证明:

(1) $\sigma_{u,ab} = \sigma_{u,b}\sigma_{u,a}$, 从而有 $\sigma_{u,a}^{-1} = \sigma_{u,1/a}$;

(2) $\sigma_{cu,a} = \sigma_{u,a}$;

(3) $\tau^{-1}\sigma_{u,a}\tau = \sigma_{u^\tau,a}$.

下面要引进一个工具, 并用它来研究酉群中元素的分解 (参见文
献 [24]). 对等距 $\sigma \in U(V)$, 记 $\hat{\sigma} = 1_V - \sigma$, $V_\sigma = \{\, v - v^\sigma \,|\, v \in V \,\}$. 直
接验证可得

$$B(x^{\hat{\sigma}}, y) + B(x, y^{\hat{\sigma}}) = B(x^{\hat{\sigma}}, y^{\hat{\sigma}}), \quad \forall x, y \in V. \tag{5.3}$$

对 $u = x^{\hat{\sigma}}, v = y^{\hat{\sigma}} \in V_\sigma$, 定义映射 $B_\sigma: V_\sigma \times V_\sigma \to F$:

$$B_\sigma(u,v) = B_\sigma(x^{\hat{\sigma}}, y^{\hat{\sigma}}) = B(x, y^{\hat{\sigma}}).$$

首先需要验证 B_σ 是良定的: 如果还有 $u = x_1^{\hat{\sigma}}, v = y_1^{\hat{\sigma}}$, 则

$$\begin{aligned}
B(x, y^{\hat{\sigma}}) = B(x, y_1^{\hat{\sigma}}) &\xlongequal{(5.3) \text{ 式}} B(x^{\hat{\sigma}}, y_1^{\hat{\sigma}}) - B(x^{\hat{\sigma}}, y_1) \\
&= B(x_1^{\hat{\sigma}}, y_1^{\hat{\sigma}}) - B(x_1^{\hat{\sigma}}, y_1) = B(x_1, y_1^{\hat{\sigma}}).
\end{aligned}$$

再设 $w = z^{\widehat{\sigma}} \in V_\sigma, a \in F$, 则有

$$
\begin{aligned}
B_\sigma(u + v, w) &= B_\sigma(x^{\widehat{\sigma}} + y^{\widehat{\sigma}}, z^{\widehat{\sigma}}) = B(x + y, z^{\widehat{\sigma}}) \\
&= B(x, z^{\widehat{\sigma}}) + B(y, z^{\widehat{\sigma}}) = B_\sigma(u, w) + B_\sigma(v, w), \\
B_\sigma(u, v + w) &= B_\sigma(x^{\widehat{\sigma}}, y^{\widehat{\sigma}} + z^{\widehat{\sigma}}) = B(x, y^{\widehat{\sigma}} + z^{\widehat{\sigma}}) \\
&= B(x, y^{\widehat{\sigma}}) + B(x, z^{\widehat{\sigma}}) = B_\sigma(u, v) + B_\sigma(u, w), \\
B_\sigma(au, v) &= B(ax, y^{\widehat{\sigma}}) = aB(x, y^{\widehat{\sigma}}) = aB_\sigma(u, v), \\
B_\sigma(u, av) &= B(x, (ay)^{\widehat{\sigma}}) = B(x, ay^{\widehat{\sigma}}) = \overline{a}B(x, y^{\widehat{\sigma}}) = \overline{a}B_\sigma(u, v).
\end{aligned}
$$

这说明 B_σ 是 V_σ 上的一个 sesquilinear 形式, 对应的域自同构仍然是 $a \mapsto \overline{a}$. 注意 B_σ 不是 Hermite 的, 而是满足下述性质:

$$
B_\sigma(u, v) + \overline{B_\sigma(v, u)} = B(u, v), \quad \forall u, v \in V_\sigma. \tag{5.4}
$$

如果 $B_\sigma(u, v) = 0, \forall u \in V_\sigma$, 则 $B(x, y^{\widehat{\sigma}}) = 0, \forall x \in V$. 因为 B 非退化, 所以 $v = y^{\widehat{\sigma}} = y - y^\sigma = 0$, 即 V_σ 关于 sesquilinear 形式 B_σ 的右根 $(V_\sigma)^{\perp_R} = 0$. 可见 B_σ 也非退化.

设 $v_1, \cdots, v_r$ 是 V_σ 的基, $\widehat{B_\sigma} = (B_\sigma(v_i, v_j))$ 是 B_σ 在这个基下的矩阵. 令 $A = (a_{ij}) = \widehat{B_\sigma}^{-1}$. 对任意 $x \in V$, 设 $x^{\widehat{\sigma}} = \sum_{i=1}^{r} \lambda_i v_i$, $\lambda_i \in F$, 则

$$
B(x, v_j) = B_\sigma(x^{\widehat{\sigma}}, v_j) = \sum_{i=1}^{r} \lambda_i B_\sigma(v_i, v_j).
$$

把上式写成矩阵形式

$$
(B(x, v_1), \cdots, B(x, v_r)) = (\lambda_1, \cdots, \lambda_r)\widehat{B_\sigma},
$$

于是得到

$$
(\lambda_1, \cdots, \lambda_r) = (B(x, v_1), \cdots, B(x, v_r))\widehat{B_\sigma}^{-1} = (B(x, v_1), \cdots, B(x, v_r))A,
$$

即

$$
\lambda_j = \sum_{i=1}^{r} B(x, v_i)a_{ij}, \quad j = 1, \cdots, r.
$$

这说明

$$x - x^\sigma = x^{\widehat{\sigma}} = \sum_{j=1}^r \left(\sum_{i=1}^r B(x, v_i) a_{ij} \right) v_j,$$

写成矩阵形式就是

$$x^{\widehat{\sigma}} = (v_1, \cdots, v_r) \begin{pmatrix} \lambda_1 \\ \vdots \\ \lambda_r \end{pmatrix} = (v_1, \cdots, v_r) A' \begin{pmatrix} B(x, v_1) \\ \vdots \\ B(x, v_r) \end{pmatrix}. \tag{5.5}$$

最终得出

$$x^\sigma = x - \sum_{i,j=1}^r B(x, v_i) a_{ij} v_j.$$

显然有 $V_\sigma = \operatorname{Im}(1_V - \sigma)$. 进一步, 有

命题 5.1.3 (1) $\operatorname{Ker}(1_V - \sigma) = V_\sigma^\perp$;
(2) $\sigma|_{V_\sigma^\perp} = 1_{V_\sigma^\perp}$.

证明 因为 (2) 是 (1) 的直接推论, 故只需证明 (1).
对任意 $x \in \operatorname{Ker}(1_V - \sigma)$ 和任意 $y \in V$, 有

$$B(x, y - y^\sigma) = B(x, y) - B(x, y^\sigma) = B(x^\sigma, y^\sigma) - B(x, y^\sigma)$$
$$= B(x^\sigma - x, y^\sigma) = B(0, y^\sigma) = 0.$$

这意味着 $\operatorname{Ker}(1_V - \sigma) \subseteq V_\sigma^\perp$. 因为 (V, B) 非退化, 所以

$$\dim V_\sigma + \dim V_\sigma^\perp = \dim V.$$

再由维数公式 $\dim \operatorname{Ker}(1_V - \sigma) + \dim \operatorname{Im}(1_V - \sigma) = \dim V$ 即得

$$\dim \operatorname{Ker}(1_V - \sigma) = \dim V_\sigma^\perp.$$

(1) 得证. □

上面的讨论是从一个等距 σ 出发, 导出子空间 V_σ 和其上的 sesquilinear 形式 B_σ. 下面的定理说明可以把这个过程反过来.

定理 5.1.4 设 (V, B) 是域 F 上的非退化酉空间, C 是子空间 $W \subset V$ 上的非退化 sesquilinear 形式, 满足

$$C(u, v) + \overline{C(v, u)} = B(u, v), \quad \forall u, v \in W, \tag{5.6}$$

则存在唯一的等距 $\sigma \in U(V)$, 使得 $W = V_\sigma$, $C = B_\sigma$.

证明 设 $v_1, \cdots, v_r$ 是 W 的基, $\widehat{C} = (C(v_i, v_j))$ 是 C 在这个基下的矩阵. 记 $A = (a_{ij}) = \widehat{C}^{-1}$. 定义映射 $\sigma \colon V \to V$:

$$x^\sigma = x - \sum_{i,j=1}^{r} B(x, v_i) a_{ij} v_j.$$

已知 C 满足 (5.6) 式, 其矩阵形式为

$$A^{-1} + \overline{(A^{-1})'} = ({}^t B(v_i, v_j)),$$

从而得到

$$A (B(v_i, v_j)) \overline{A'} = A + \overline{A'}. \tag{5.7}$$

σ 显然是线性的. 不仅如此, σ 还是等距. 对任意 $x, y \in V$, 有

$$B(x^\sigma, y^\sigma) = B\left(x - \sum_{i,j} B(x, v_i) a_{ij} v_j, \ y - \sum_{k,\ell} B(y, v_k) a_{k\ell} v_\ell\right)$$

$$= B(x, y) - \sum_{i,j} B(x, v_i) a_{ij} B(v_j, y) - \sum_{k,\ell} B(v_k, y) \overline{a_{k\ell}} B(x, v_\ell)$$

$$+ \sum_{i,j,k,\ell} B(x, v_i) a_{ij} B(v_j, v_\ell) \overline{a_{k\ell}} B(v_k, y).$$

在上式后一等号右端的第三项中以 i 代替 ℓ, 以 j 代替 k, 在第四项中交换脚标 j, k, 就得到

$$B(x^\sigma, y^\sigma) = B(x, y) - \sum_{i,j} B(x, v_i) \left(a_{ij} + \overline{a_{ji}}\right) B(v_j, y)$$

$$+ \sum_{i,j} B(x, v_i) \left(\sum_{k,\ell} a_{ik} B(v_k, v_\ell) \overline{a_{j\ell}}\right) B(v_j, y).$$

由 (5.7) 式知, 上式等于 $B(x,y)$, 即得 σ 是等距.

按照 σ 的定义, 对任意 $x \in V$, $\widehat{\sigma} = 1_V - \sigma$ 满足

$$x^{\widehat{\sigma}} = x - x^{\sigma} = \sum_{i,j} B(x, v_i) a_{ij} v_j,$$

是 $V \to W$ 的线性映射, $V_\sigma = \operatorname{Im} \widehat{\sigma}$. 将上式参照 (5.5) 式写成矩阵形式就是

$$x^{\widehat{\sigma}} = (v_1, \cdots, v_r) A' \begin{pmatrix} B(x, v_1) \\ \vdots \\ B(x, v_r) \end{pmatrix}. \tag{5.8}$$

注意到 $v_1, \cdots, v_r$ 是 W 的基. 由 A' 可逆知 $x^{\widehat{\sigma}} = 0 \iff B(x, v_i) = 0$ $(i = 1, \cdots, r)$, 故由命题 5.1.3 有 $\operatorname{Ker} \widehat{\sigma} = V_\sigma^\perp = W^\perp$, 即 $V_\sigma = W$.

对任意 $u = x^{\widehat{\sigma}}$, $v = y^{\widehat{\sigma}} \in W$, 根据 (5.8) 式, 有

$$C(u, v) = (B(x, v_1), \cdots, B(x, v_r)) A \widehat{C} \, \overline{A'} \begin{pmatrix} \overline{B(y, v_1)} \\ \vdots \\ \overline{B(y, v_r)} \end{pmatrix}$$

$$= (B(x, v_1), \cdots, B(x, v_r)) \overline{A'} \begin{pmatrix} \overline{B(y, v_1)} \\ \vdots \\ \overline{B(y, v_r)} \end{pmatrix}.$$

另一方面, 有

$$B_\sigma(u, v) = B_\sigma \left(x^{\widehat{\sigma}}, \ y^{\widehat{\sigma}} \right) = B(x, y - y^{\sigma})$$

$$= B \left(x, \sum_{i,j} B(y, v_i) a_{ij} v_j \right) = \sum_{i,j} B(x, v_j) \overline{a_{ij}} \, \overline{B(y, v_i)}$$

$$= (B(x, v_1), \cdots, B(x, v_r)) \overline{A'} \begin{pmatrix} \overline{B(y, v_1)} \\ \vdots \\ \overline{B(y, v_r)} \end{pmatrix}.$$

于是得 $B_\sigma = C$. $\qquad\qquad\qquad\qquad\qquad\qquad\qquad\qquad \square$

记定理 5.1.4 中的等距 σ 为 $\sigma_{W,C}$, 则对 W 的基 $v_1, \cdots, v_r$, 有

$$x^{\sigma_{W,C}} = x - \sum_{i,j=1}^{r} B(x, v_i) a_{ij} v_j, \quad \forall x \in V, \tag{5.9}$$

其中 $A = (a_{ij}) = \widehat{C}^{-1} = \widehat{B_\sigma}^{-1}$.

例 5.1.5 设 $W = \langle u \rangle$ 是 V 的 1 维子空间, 则 $\sigma_{W,C}: x \mapsto x - B(x, u) a u$, 其中 $a = C(u, u)^{-1}$. 由 (5.6) 式有 $a^{-1} + \overline{a^{-1}} = B(u, u)$. 当 u 是迷向向量时, $a + \bar{a} = 0$, 故 $\sigma_{W,C} = \tau_{u,-a}$ 是酉平延; 当 u 是非迷向向量时, 令 $c = 1 - aB(u, u)$, 则 $\sigma_{W,C} = \sigma_{u,c}$ 是拟反射.

命题 5.1.6 设 W 是 V 的子空间, C 是 W 上的 sesquilinear 形式, 满足定理 5.1.4 的条件, 等距 $\sigma = \sigma_{W,C}$, 则对任意 $\tau \in U(V)$, 有

(1) $V_{\sigma^\tau} = V_\sigma^\tau = W^\tau$;

(2) 在 W^τ 上定义 sesquilinear 形式 C_τ: $C_\tau(u^\tau, v^\tau) = C(u, v)$, $\forall u, v \in W$, 则 $\sigma_{W,C}^\tau = \sigma_{W^\tau, C_\tau}$.

证明 (1) 因为 τ 是等距, 所以对任意 $v \in V$, 存在唯一的 $x \in V$, 使得 $x^{\tau^{-1}} = v$. 于是有

$$V_\sigma = \{\, v - v^\sigma \mid v \in V \,\} = \{\, x^{\tau^{-1}} - x^{\tau^{-1}\sigma} \mid x \in V \,\},$$

即得 $V_\sigma^\tau = V_{\sigma^\tau}$. 再由 $V_\sigma = W$ 推出 $V_\sigma^\tau = W^\tau$.

(2) 取 W 的一个基 $v_1, \cdots, v_r$, 设 $A = (a_{ij}) = \widehat{C}^{-1}$, 则

$$\sigma_{W,C}: \; x \mapsto x - \sum_{i,j} B(x, v_i) a_{ij} v_j.$$

注意到 $B(x^{\tau^{-1}}, v) = B(x, v^\tau)$, 有

$$\begin{aligned}
\tau^{-1} \sigma_{W,C} \tau: \; x \mapsto &\left(x^{\tau^{-1}} - \sum_{i,j} B(x^{\tau^{-1}}, v_j) a_{ij} v_j \right)^\tau \\
= &\, x - \sum_{i,j} B(x^{\tau^{-1}}, v_i) a_{ij} v_j^\tau \\
= &\, x - \sum_{i,j} B(x, v_i^\tau) a_{ij} v_j^\tau.
\end{aligned}$$

显然 $v_1^\tau, \cdots, v_r^\tau$ 是 W^τ 的基, 而 C_τ 在这个基下的矩阵为

$$\widehat{C}_\tau = (C_\tau(v_i^\tau, v_j^\tau)) = (C(v_i, v_j)),$$

即得 $A = \widehat{C}_\tau^{-1}$. 这就证明了 $\sigma_{W,C}^\tau = \sigma_{W^\tau, C_\tau}$. □

利用上述工具可以将等距分解. 对 $\sigma \in U(V)$, 设 $W = V_\sigma$, 子空间 $W_1 \subset W$. 如果 $(W_1, B_\sigma|_{W_1})$ 是非退化的, 记关于 B_σ 的 $W_1^{\perp_L}$ 为 W_2, 则 $B_\sigma|_{W_2}$ 也非退化, 从而有 $W = W_1 \oplus W_2$. 根据定理 5.1.4, 存在 $\sigma_i \in U(V)$ $(i = 1, 2)$, 使得 $V_{\sigma_i} = W_i$, 相应的 sesquilinear 形式为 $B_\sigma|_{W_i}$.

命题 5.1.7　在上述假设下, $\sigma = \sigma_1 \sigma_2$.

证明　设 $u_1, \cdots, u_s$ 是 W_1 的基, $v_1, \cdots, v_t$ 是 W_2 的基, B_σ 在这个基下的矩阵 $\widehat{B}_\sigma$ 形如 $\begin{pmatrix} L & N \\ 0 & M \end{pmatrix}$, 其中 L, M 分别是 $B_\sigma|_{W_1}$ 和 $B_\sigma|_{W_2}$ 在相应基下的矩阵. 注意到 $v_j \in W_2 = W_1^{\perp_L}$, 由 (5.6) 式知, N 的 (i, j) 元素为

$$B_\sigma(u_i, v_j) = B(u_i, v_j) - \overline{B_\sigma(v_j, u_i)} = B(u_i, , v_j).$$

设 $L^{-1} = (\alpha_{ij})$, $M^{-1} = (\beta_{ij})$. 而

$$\begin{pmatrix} L & N \\ 0 & M \end{pmatrix}^{-1} = \begin{pmatrix} L^{-1} & -L^{-1}NM^{-1} \\ 0 & M^{-1} \end{pmatrix}.$$

对任意 $x \in V$, 有

$$x^{\sigma_1} = x - \sum_{i,j} B(x, u_i)\alpha_{ij}u_j, \quad x^{\sigma_2} = x - \sum_{k,\ell} B(x, v_k)\beta_{k\ell}v_\ell. \tag{5.10}$$

所以

$$
\begin{aligned}
x^{\sigma_1\sigma_2} &= \left(x - \sum_{i,j} B(x,u_i)\alpha_{ij}u_j\right)^{\sigma_2} \\
&= x - \sum_{i,j} B(x,u_i)\alpha_{ij}u_j - \sum_{k,\ell} B\left(x - \sum_{i,j} B(x,u_i)\alpha_{ij}u_j, v_k\right)\beta_{k\ell}v_\ell \\
&= x - \sum_{i,j} B(x,u_i)\alpha_{ij}u_j - \sum_{k,\ell} B(x,v_k)\beta_{k\ell}v_\ell \\
&\quad + \sum_{i,j,k,\ell} B(x,u_i)\alpha_{ij}B(u_j,v_k)\beta_{k\ell}v_\ell.
\end{aligned}
$$

在上式右端最后一项中固定 i,ℓ，$\sum_{j,k}\alpha_{ij}B(u_j,v_k)\beta_{k\ell}$ 恰等于 $L^{-1}NM^{-1}$ 中的 (i,ℓ) 元素. 这就证明了 $x^{\sigma_1\sigma_2} = x^{\sigma}$. □

命题 5.1.8 设 $a \mapsto \bar{a}$ 是域 F 上的 2 阶自同构，C 是 V 上关于这个域自同构的 sesquilinear 形式，则存在 W 的基 $w_1,\cdots,w_r$，使得 $\hat{C} = (C(w_i,w_j))$ 为上三角阵，即只要 $i > j$，就有 $C(w_i,w_j) = 0$.

证明 当 $C = 0$ 时，结论显然成立. 当 $C \neq 0$ 时，对 $\dim W$ 用数学归纳法. 当 $\dim W = 0$ 时，结论显然成立. 当 $\dim W > 0$ 时，由命题 3.4.1 的证明可知，存在 $w_1 \in W$，满足 $C(w_1,w_1) \neq 0$. 令 $W_1 = \langle w_1\rangle^{\perp_L}$，则 $W = \langle w_1\rangle \oplus W_1$. 由归纳假设知，存在 W_1 的基 $w_2,\cdots,w_r$，满足 $C(w_i,w_j) = 0$ $(2 \leqslant j < i \leqslant r)$. 于是 $w_1,w_2,\cdots,w_r$ 即满足要求，因为 $C(w_i,w_1) = 0$ $(i = 2,\cdots,r)$. □

从上述证明过程可以看出，第一个基向量 w_1 可选取任意满足

$$C(w_1,w_1) \neq 0$$

的向量.

定理 5.1.9 任一等距 $\sigma \in U(V)$，$\sigma \neq 1_V$，都可分解成若干酉平延或者拟反射的乘积：$\sigma = \sigma_1\cdots\sigma_r$，其中 σ_1 所沿向量 u 可以取任意 $u \in V$，只要 u 满足 $B_\sigma(u,u) \neq 0$.

证明 对 $\dim W = k$ 用数学归纳法. 当 $k = 1$ 时, $W = \langle u \rangle$, 由例 5.1.5 知定理成立. 当 $k > 1$ 时, 取 $W = V_\sigma$ 的基 $w_1 = u, w_2, \cdots, w_k$, 使得 B_σ 的矩阵为上三角阵. 由命题 5.1.7 有 $\sigma = \sigma_1 \sigma'$, 其中 σ_1 对应于子空间 $\langle w_1 \rangle$ 和 $B_\sigma|_{\langle w_1 \rangle}$, σ' 对应于子空间 $W' = \langle w_2, \cdots, w_k \rangle$ 和 $B_\sigma|_{W'}$. 当 $B(w_1, w_1) = 0$ 或者 $\neq 0$ 时, σ_1 分别是酉平延或者拟反射. 因为 $\dim W' = k - 1$, 由归纳假设知, σ' 可以表示成若干酉平延或者拟反射的乘积. 定理得证. □

命题 5.1.10 设 (V, B) 是域 F 上的 $n \geqslant 2$ 维非退化酉空间, 则 $U(V)$ 的中心为

$$Z = Z(U(V)) = \{ c1_V \mid c \in F, \ c\bar{c} = 1 \} = \operatorname{Ker} N_{F^\times/F_0^\times}.$$

证明 显然 $\{ c1_V \mid c \in F, \ c\bar{c} = 1 \} \subseteq Z$. 反之, 对任意 $\rho \in Z$, ρ 要与任一酉平延 $\tau_{u,a}$ 可交换, 即有 $\tau_{u,a}^\rho = \tau_{u^\rho,a} = \tau_{u,a}$. 故存在 $c \in F$, 使得 $u^\rho = cu$. 于是

$$\tau_{u^\rho,a} = \tau_{cu,a} = \tau_{u,c\bar{c}a} = \tau_{u,a},$$

得出 $c\bar{c} = 1$. ρ 也要与任一拟反射 $\sigma_{u,a}$ 可交换, 即有 $\sigma_{u,a}^\rho = \sigma_{u^\rho,a} = \sigma_{u,a}$, 同样存在 $c \in F$, 使得 $u^\rho = cu$. 因为 ρ 是等距, 而 u 是非迷向向量, 所以由 $B(cu, cu) = c\bar{c}B(u,u) = B(u,u)$ 得出 $c\bar{c} = 1$. 总之, 对任意非零向量 $u \in V$, 存在 $c_u \in F$, 使得 $u^\rho = c_u u$, 且 $c_u \bar{c}_u = 1$. 由 $\dim V \geqslant 2$ 可知, c_u 的取值与 u 无关. 将这个共同的值记做 c, 即得

$$\rho = c1_V, \quad c\bar{c} = 1. \qquad □$$

我们已经看到, 如果 $U(V)$ 中包含酉平延 $\tau_{u,a} \neq 1_V$, 则 u 是迷向向量. 但是 V 中未必总包含迷向向量. 例如, 设 (V, B) 是复数域 $\mathbb{C}$ 上标准的 n 维酉空间: $V = \{ (x_1, \cdots, x_n) \mid x_i \in \mathbb{C} \}$, 其 Hermite 形式

$$B(x, y) = \sum_{i=1}^n x_i \bar{y}_i, \quad \forall x = (x_1, \cdots, x_n), \ y = (y_1, \cdots, y_n) \in V,$$

则 V 中就没有迷向向量. 换言之, 这时 V 的 Witt 指数 $m(V) = 0$. 另一方面, 根据推论 3.4.5, 当 F 为有限域时, 只要 $\dim V \geqslant 2$, V 中一定存在迷向向量. 在本章余下的部分, 我们只限于讨论 $m(V) > 0$ 的情形, 即总假定 V 中存在迷向向量, 从而 $U(V)$ 中包含非平凡的酉平延.

§5.2 酉 群

设 (V, B) 是域 F 上的有限维非退化酉空间, 其 Witt 指数 $m(V) > 0$. 记 $\mathcal{T} = \mathcal{T}(V) < U(V)$ 是全体酉平延生成的子群. 由习题 5.1.1 (3) 知, $\mathcal{T}$ 是一个正规子群, 且 $\mathcal{T} \leqslant SU(V)$.

定义 5.2.1 (1) 记 $\mathcal{C} = \{v \in V \mid B(v, v) = 0\}$, 称之为 V 的 **Hermite 二次锥面** (Hermitian quadric cone);

(2) 记 $P\mathcal{C} = \{\langle v \rangle \in \mathscr{P}(V) \mid v \in \mathcal{C}\}$, 称之为**射影 Hermite 二次锥面**.

命题 5.2.2 子群 $\mathcal{T}$ 在 $P\mathcal{C}$ 上传递.

证明 设 $\langle u \rangle \neq \langle v \rangle \in P\mathcal{C}$. 如果 $B(u, v) \neq 0$, 不妨设 $B(u, v) = 1$, 即 (u, v) 是双曲对. 取 $c \in F^{\times}$, $c + \bar{c} = 0$, 令 $x = u + cv \neq 0$, 则 $B(u + cv, u + cv) = 0$, 即 $x \in \mathcal{C}$. 再令 $a = -1/\bar{c}$, 则平延

$$\tau_{x,a}: u \mapsto u + aB(u, x)x = u - \frac{1}{\bar{c}}B(u, u + cv)(u + cv) = -cv \in \langle v \rangle,$$

即得 $\langle u \rangle^{\tau_{x,a}} = \langle v \rangle$.

如果 $B(u, v) = 0$, 取 $y \in V \setminus (\langle u \rangle^{\perp} \cup \langle v \rangle^{\perp})$, 则 $B(u, y) \neq 0$, $B(v, y) \neq 0$. 用 u, v 的适当倍数分别代替 u, v, 可得 $B(u, y) = B(v, y) = 1$. 进一步, 可取适当的 $c \in F$, 使得 $y' = y + cu$ 为迷向向量, 从而使 (u, y'), (v, y') 成为双曲对. 由上一段的证明知, 存在 $\tau_1, \tau_2 \in \mathcal{T}$, 满足 $\langle u \rangle^{\tau_1} = \langle y' \rangle$, $\langle y' \rangle^{\tau_2} = \langle v \rangle$. 命题得证. $\qquad \square$

命题 5.2.3 设 V 是双曲平面, 则 $\mathcal{T} = \mathcal{T}(V)$ 在 $P\mathcal{C}$ 上双传递.

证明 设 $V = \langle u, v \rangle$ 是双曲平面. 对任意 $y = au + bv$, $a, b \in F$, 若 $\langle y \rangle \in PC$, 且 $\langle y \rangle \neq \langle u \rangle$, 则 $B(y, y) = 0$, 进而有 $a\bar{b} + \bar{a}b = 0$, 且 $b \neq 0$. 令 $c = -a/b$, 则 $\bar{c} = -c$. 令 $\tau = \tau_{u,c}$, 则 $u^\tau = u$, 而

$$y^\tau = y + cB(y, u)u = y + cB(au + bv, u)u$$
$$= (au + bv) + cbu = bv + (a + cb)u = bv.$$

这意味着 $\langle u \rangle^\tau = \langle u \rangle$, $\langle y \rangle^\tau = \langle v \rangle$, 即 $\mathcal{T}$ 在 PC 上双传递. $\qquad\square$

命题 5.2.4 设 V 是双曲平面, 则有 $\mathcal{T} = \mathcal{T}(V) = SU(V)$, 即 $SU(V)$ 由平延生成.

证明 设 (u, v) 是双曲对, $V = \langle u, v \rangle$. 取定 $a \in F^\times$, $\bar{a} = -a$. 对任意 $b \in F_0^\times$, 定义 $\tau_b \in \mathcal{T}$:

$$\tau_b = \tau_{u, a^{-1}(b^{-2} - b^{-1})} \tau_{v, ab} \tau_{u, a^{-1}(1 - b^{-1})} \tau_{v, -a}.$$

显然 τ_b 是平延的乘积, 且有 $u^{\tau_b} = bu$, $v^{\tau_b} = b^{-1}v$, 进而有 $\tau_b \in SU(V)$.

对任意 $\sigma \in SU(V)$, 有 $\langle u \rangle^\sigma \neq \langle v \rangle^\sigma$, 故由命题 5.2.3 知, 存在 $\rho \in \mathcal{T}$, 使得

$$\langle u \rangle^{\sigma\rho} = \langle u \rangle, \quad \langle v \rangle^{\sigma\rho} = \langle v \rangle.$$

因为 $\sigma\rho \in SU(V)$, 所以存在 $b \in F^\times$, 使得

$$u^{\sigma\rho} = bu, \quad v^{\sigma\rho} = b^{-1}v.$$

再由

$$1 = B(u, v) = B(bu, b^{-1}v) = b\overline{b^{-1}}$$

可得 $\bar{b} = b \in F_0^\times$. 这意味着 $\sigma\rho = \tau_b \in \mathcal{T}$, 故得 $\sigma = \tau_b \rho^{-1} \in \mathcal{T}$. $\qquad\square$

命题 5.2.5 设 $V = \langle u, v \rangle$ 是双曲平面, (u, v) 是双曲对, 则

$$SU(V) = \langle \tau_{u,a}, \tau_{v,b} \mid a, b \in F^\times, \bar{a} = -a, \bar{b} = -b \rangle.$$

证明 根据命题 5.2.4, $SU(V)$ 由平延生成, 故只需证明任一平延可表示成若干 $\tau_{u,a}$ 和 $\tau_{v,b}$ 的乘积.

设 $0 \neq w = \lambda u + \mu v$, 则 w 是迷向向量当且仅当

$$B(w,w) = \lambda\overline{\mu} + \overline{\lambda}\mu = 0.$$

这时对任意 $c \in F^{\times}$, 若有 $\overline{c} = -c$, 往证平延 $\tau_{w,c}$ 可表示成若干 $\tau_{u,a}$ 和 $\tau_{v,b}$ 的乘积.

如果 $\mu = 0$, 则 $\tau_{w,c} = \tau_{\lambda u,c} = \tau_{u,\lambda\overline{\lambda}c}$. 而

$$\overline{\lambda\overline{\lambda}c} = \overline{\lambda}\lambda\overline{c} = -\lambda\overline{\lambda}c.$$

结论成立.

如果 $\mu \neq 0$, 则由 $\lambda\overline{\mu} + \overline{\lambda}\mu = 0$ 得 $\overline{\lambda\mu^{-1}} = -\lambda\mu^{-1}$. 于是

$$\tau_{w,c} = \tau_{\lambda u + \mu v,c} = \tau_{\lambda\mu^{-1}u + v, \mu^{-1}\overline{\mu^{-1}}c} = \tau_{\lambda\mu^{-1}u + v, \mu\overline{\mu}c} = \tau_{u,\lambda\mu^{-1}}^{-1}\tau_{v,c\mu\overline{\mu}}\tau_{u,\lambda\mu^{-1}}.$$

命题得证. □

定理 5.2.6 设 $n = \dim V \geqslant 3$. 如果 $(n, |F|) \neq (3,4)$, 则 $\mathcal{T}$ 在 V 的全体双曲平面构成的集合上传递.

证明 任取双曲平面 $H = \langle u, v \rangle$. 由命题 5.2.2 知, 不妨设 $H_1 = \langle u, v_1 \rangle \neq H$ 为另一双曲平面, 则 $\dim(H + H_1) = 3$. 记 $B(v_1,v) = a$, $w = au + v - v_1$, 则有 $w \perp u$, $w \perp v$, 进而得到 $H + H_1$ 的一个基 u,v,w, 且有

$$B(v_1,w) = a + \overline{a}, \quad B(w,w) = -a - \overline{a}.$$

记 $W = \langle u, w \rangle$, 定义 W 上的 sesquilinear 形式 C, 设其在 W 的基 u,w 下的矩阵为 $\widehat{C} = \begin{pmatrix} 0 & 1 \\ -1 & -\overline{a} \end{pmatrix}$, 则有

$$\widehat{C} + \overline{\widehat{C}'} = \begin{pmatrix} 0 & 0 \\ 0 & -a-\overline{a} \end{pmatrix} = \begin{pmatrix} B(u,u) & B(u,w) \\ B(w,u) & B(w,w) \end{pmatrix}.$$

令 $\sigma = \sigma_{W,C}$, 则 $A = \widehat{C}^{-1} = \begin{pmatrix} -\overline{a} & -1 \\ 1 & 0 \end{pmatrix}$. 根据 (5.9) 式, 有

$$x^\sigma = x + B(x,u)\overline{a}u + B(x,u)w - B(x,w)u.$$

特别地, $u^\sigma = u$, $v_1^\sigma = v$. 下面只需证明 $\sigma \in \mathcal{T}$.

我们按照命题 5.1.7 的做法分解 σ. 这时有

$$W = V_\sigma = \{\, x - x^\sigma \mid x \in V \,\},$$

$B_\sigma = C$ 非退化. 由命题 5.1.7 知, 存在 $\sigma_i \in U(V)$ $(i = 1,2)$, 使得 $\sigma = \sigma_1\sigma_2$. 如果 $B(w,w) = 0$, 则 W 是 (关于 B 的) 全迷向子空间. 由 σ_i 满足的 (5.10) 式即得它们都是酉平延, 从而 $\sigma \in \mathcal{T}$.

如果 $B(w,w) = -a - \overline{a} \neq 0$, 令 $W_1 = \langle w \rangle$, 则

$$B_\sigma(w,w) = C(w,w) = -\overline{a} \neq 0.$$

对任意 λ, $\mu \in F$, 若 $C(\lambda u + \mu w, w) = 0$, 就有 $\lambda = \overline{a}\mu$, 从而得到 $W_2 = W_1^{\perp_L} = \langle \overline{a}u + w \rangle$. 而

$$C(\overline{a}u + w, \overline{a}u + w) = -a, \quad C(w, \overline{a}u + w) = -a - \overline{a}, \quad C(\overline{a}u + w, w) = 0.$$

这说明 B_σ 在 W 的基 $w, \overline{a}u + w$ 下的矩阵为

$$\widehat{B}_\sigma = \begin{pmatrix} -\overline{a} & -a - \overline{a} \\ 0 & -a \end{pmatrix},$$

进而得到

$$\widehat{B}_\sigma^{-1} = \begin{pmatrix} -\dfrac{1}{\overline{a}} & \dfrac{a+\overline{a}}{a\overline{a}} \\ 0 & -\dfrac{1}{a} \end{pmatrix}.$$

根据 (5.10) 式, 这时

$$x^{\sigma_1} = x + \frac{1}{\overline{a}}B(x,w)w = x + \frac{-a-\overline{a}}{\overline{a}}\frac{B(x,w)}{B(w,w)}w$$
$$= x + (-a\overline{a}^{-1} - 1)\frac{B(x,w)}{B(w,w)}w,$$

所以 $\sigma_1 = \sigma_{w,-a\bar{a}^{-1}}$. 同理, 有

$$x^{\sigma_2} = x + \frac{1}{a}B(x, \bar{a}u + w)(\bar{a}u + w).$$

因为 $B(\bar{a}u + w, \bar{a}u + w) = -a - \bar{a}$, 所以上式化为

$$x^{\sigma_2} = x + \frac{-a-\bar{a}}{a}\frac{B(x, \bar{a}u + w)}{B(\bar{a}u + w, \bar{a}u + w)}(\bar{a}u + w)$$

$$= x + (-\bar{a}a^{-1} - 1)\frac{B(x, \bar{a}u + w)}{B(\bar{a}u + w, \bar{a}u + w)}(\bar{a}u + w).$$

故 $\sigma_2 = \sigma_{\bar{a}u+w,-\bar{a}a^{-1}}$. 换言之, σ_i $(i = 1, 2)$ 都是拟反射. 下面往证存在 $\rho \in \mathcal{T}$, 使得 $\sigma_2 = \rho^{-1}\sigma_1^{-1}\rho$, 进而证明 $\sigma = \sigma_1\sigma_2 = (\sigma_1\rho^{-1}\sigma_1^{-1})\rho \in \mathcal{T}$.

首先看 $|F| \neq 4$ 的情形. 取 $c \in F_0 \setminus \{0, 1\}$, 令

$$\beta = \frac{(c-1)a}{c(a+\bar{a})}.$$

因为迹映射是满同态, 所以存在 $\alpha \in F$, 使得 $\alpha + \bar{\alpha} = \beta\bar{\beta}(a + \bar{a})$. 令 $w_1 = \alpha u + v + \beta w$, 由 $w \perp u$, $B(u, v) = 1$ 可得 $B(u, w_1) = 1$, 而

$$B(w_1, w_1) = \alpha + \bar{\alpha} + \beta\bar{\beta}(-a - \bar{a}) = 0.$$

换言之, (u, w_1) 是双曲对. 记 $H_2 = \langle u, w_1 \rangle$, 定义 H_2 上 sesquilinear 形式 C_2, 其矩阵为

$$\widehat{C_2} = \begin{pmatrix} 0 & 1 - c^{-1} \\ \bar{c}^{-1} & 0 \end{pmatrix},$$

则

$$\widehat{C_2} + \overline{\widehat{C_2'}} = \begin{pmatrix} 0 & 1 \\ 1 & 0 \end{pmatrix} = \widehat{B|_{H_2}}.$$

注意到 $c \in F_0$, 有 $\bar{c} = c$, 进而得到

$$A_2 = \widehat{C_2}^{-1} = \begin{pmatrix} 0 & c \\ \dfrac{c}{c-1} & 0 \end{pmatrix}.$$

于是

$$\rho = \sigma_{H_2,C_2} : \ x \mapsto x - B(x,u)cw_1 - B(x,w_1)\frac{c}{c-1}u.$$

特别地, 有

$$u^\rho = u - \frac{c}{c-1}u = (1-c)^{-1}u, \quad w_1^\rho = (1-c)w_1.$$

因为 H_2 非退化, 所以 $V = H_2 \perp H_2^\perp$, 而 ρ 在 $H_2^\perp$ 上为恒等变换, 故得 $\rho \in SU(V)$. 记 $\rho' = \rho|_{H_2}$, 则 $\rho = \rho' \perp 1_{H_2^\perp}$. 作为双曲平面 H_2 上的酉变换, $\rho' \in SU(H_2)$. 由命题 5.2.4 知, 存在 H_2 上的酉平延 $\tau_1', \cdots, \tau_r'$, 满足 $\rho' = \tau_1' \cdots \tau_r'$. 将它们延拓成 V 上的酉平延 $\tau_i = \tau_i' \perp 1_{H_2^\perp}$ ($i = 1, \cdots, r$), 即得 $\rho = \tau_1 \cdots \tau_r \in \mathcal{T}$. 进一步, 有

$$\begin{aligned}
w^\rho &= w - B(w,u)cw_1 - B(w,w_1)\frac{c}{c-1}u = w - B(w,w_1)\frac{c}{c-1}u \\
&= w - B(w, \alpha u + v + \beta w)\frac{c}{c-1}u = w - \overline{\beta}B(w,w)\frac{c}{c-1}u \\
&= w + \overline{\beta}(a+\overline{a})\frac{c}{c-1}u = w + \frac{(c-1)\overline{a}}{c(a+\overline{a})}(a+\overline{a})\frac{c}{c-1}u \\
&= w + \overline{a}u.
\end{aligned}$$

因为 $\sigma_1 = \sigma_{w,-a\overline{a}^{-1}}$, 所以 $\sigma_1^{-1} = \sigma_{w,-\overline{a}a^{-1}}$, 而

$$\rho^{-1}\sigma_1^{-1}\rho = \sigma_{w^\rho, -\overline{a}a^{-1}} = \sigma_{\overline{a}u+w, -\overline{a}a^{-1}} = \sigma_2.$$

这就证明了 $\sigma = \sigma_1\sigma_2 = \sigma_1\rho^{-1}\sigma_1^{-1}\rho \in \mathcal{T}$.

再看 $|F| = 4$ 的情形. 这时由定理假设有 $n = \dim V \geqslant 4$. 对于非迷向向量 $w = au + v - v_1$, 由 $B(w,w) = a + \overline{a} \neq 0$ 知 $a \neq \overline{a}$. 换言之, 现在 $F = \{0, 1, a, \overline{a}\}$, $a + \overline{a} = 1$. 对于双曲平面 $H = \langle u, v \rangle$, 其正交补 $H^\perp$ 的维数为 $n - 2 \geqslant 2$. $H^\perp$ 的子空间 $\langle w \rangle$ 的维数为 1, $\langle w \rangle^\perp \cap H^\perp \subseteq (H + \langle w \rangle)^\perp$ 的维数 $\leqslant n - 3$, 都是 $H^\perp$ 的真子空间. 因此, 存在 $z \in H^\perp \setminus (\langle w \rangle \cup (H + \langle w \rangle)^\perp)$, 使得 $\langle w, z \rangle$ 成为 $H^\perp$ 中非退化的 2 维子空间. F 是有限域, 故由推论 3.4.5 知, 存在双曲对 (x', y'), 使得 $\langle w, z \rangle = \langle x', y' \rangle$. 设 $w = \lambda x' + \mu y'$, 则 $B(w, x') = \mu$. 若 $\mu = 0$,

则 $w = \lambda x'$ 是迷向向量, 矛盾. 故得 $B(w,x') \neq 0$. 令 $x = \overline{\mu}^{-1}ax'$, 则 $B(w,x) = \overline{a}$. 再令 $y = \overline{a}^{-1}(w+x)$, 则

$$B(y,y) = a^{-1}\overline{a}^{-1}(1 + \overline{a} + a) = 0,$$

而 $B(x,y) = a^{-1}B(x,w) = 1$, 即 (x,y) 也是双曲对. 令 $\eta = \tau_{u+x,1}\tau_{x,1} \in \mathcal{T}$, 则 $w^\eta = \overline{a}u + w$. 直接验证即得

$$\sigma = \sigma_1\sigma_2 = \sigma_1\eta^{-1}\sigma_1^{-1}\eta \in \mathcal{T}.$$

这就完成了整个定理的证明. □

推论 5.2.7 $\mathcal{T}$ 在 V 的全体双曲对构成的集合上作用传递.

设 $H \subset V$ 是一个双曲平面. 等距 $\rho \in SU(V)$ 称为一个 (关于 H 的) **双曲旋转** (hyperbolic rotation), 如果 $\rho = \rho|_H \perp 1_{H^\perp}$. 特别地, 每个酉平延都是双曲旋转. 记 $\mathcal{R}(V)$ 为全体双曲旋转生成的子群, 则有 $\mathcal{T} \leqslant \mathcal{R}(V) \leqslant SU(V)$.

命题 5.2.8 如果 $|F| = 4$, $\dim V = 4$, 则 $\mathcal{R} = \mathcal{R}(V) = SU(V)$.

证明 这时 $V = H_1 \perp H_2$, H_i ($i = 1,2$) 是双曲平面. 任给 $\sigma \in SU(V)$, H_1^σ 也是双曲平面. 由定理 5.2.6 知, 存在 $\eta \in \mathcal{T} \leqslant \mathcal{R}$, 使得 $H_1^{\sigma\eta} = H_1$. 因为 $\sigma \in \mathcal{R} \Longleftrightarrow \sigma\eta \in \mathcal{R}$, 所以不妨设 $H_1^\sigma = H_1$.

取非迷向向量 $x \in H_1$, 则 $x^\sigma \in H_1$, 且 $B(x^\sigma, x^\sigma) = B(x,x)$, 即子空间 $\langle x \rangle$ 与 $\langle x^\sigma \rangle$ 等距. 由 Witt 定理知, 存在 $\tau \in U(H_1)$, 满足 $x^{\sigma\tau} = x$. 设 $\det\tau = a$, 则 $a\overline{a} = 1$. 取非零向量 $z \in H_1$, 满足 $z \perp x$, 则 $H_1 = \langle x,z \rangle$. 由此可知 z 非迷向. 令 $\gamma = \sigma_{z,a^{-1}} \in U(H_1)$, 有

$$v^\gamma = v + (a^{-1} - 1)\frac{B(v,z)}{B(z,z)}z, \quad \forall v \in H_1,$$

则 $x^\gamma = x$, $z^\gamma = a^{-1}z$. 这说明 $\tau\gamma \in SU(H_1)$. 将 τ, γ 分别延拓成 V 上的等距 $\tau \perp 1_{H_2}$, $\gamma \perp 1_{H_2}$, 仍然记做 τ, γ, 则 $\tau\gamma \in \mathcal{R}$, 且

$$x^{\sigma\tau\gamma} = x, \quad H_1^{\sigma\tau\gamma} = H_1.$$

因为 $\sigma \in \mathcal{R} \iff \sigma\tau\gamma \in \mathcal{R}$, 所以可设 $H_1^\sigma = H_1, x^\sigma = x$.

取非零向量 $w \in H_1 \cap \langle x \rangle^\perp$. 因为 x 是非迷向向量, 所以 $\langle x \rangle^\perp = \langle w \rangle \perp H_2$, 进而知 w 是非迷向向量. 取 $h \in H_2$, 使得 $B(h,h) = -B(w,w)$, 则

$$B(w+h, w+h) = B(w,w) + B(h,h) = 0,$$

即 $w+h$ 是迷向向量. 注意到 $B(w+h, w) = B(w,w) \neq 0$, 令

$$u = \frac{1}{B(w,w)}(w+h),$$

则 u 是迷向向量, $B(u,w) = 1$. 这意味着 $H_3 = \langle u, w \rangle$ 也是双曲平面. 因为 $x^\sigma = x, H_1^\sigma = H_1, w \in H_1$, 且 $w \perp x$, 所以存在 $b \in F, b \neq 0$, 满足 $w^\sigma = bw, b\bar{b} = 1$.

设 $H_2 \cap H_3 = \langle v \rangle$, 则 w, v 是 H_3 的正交基, 进而知 v 是非迷向向量. 令 $\delta \in SU(H_3)$ 满足 $w^\delta = b^{-1}w, v^\delta = \bar{b}^{-1}v$, 再把 δ 延拓成 V 上的等距 $\delta \perp 1_{H_3^\perp}$. 把延拓后的等距仍然记做 δ, 则 $\delta \in \mathcal{R}$ 是双曲旋转. 因为 $x \in H_3$, 所以

$$x^{\sigma\delta} = x^\delta = x, \quad w^{\sigma\delta} = (bw)^\delta = w.$$

换言之, $\sigma\delta|_{H_1} = 1_{H_1}$, 即 $\sigma\delta$ 是关于 H_2 的双曲旋转. 这就证明了 $\sigma \in \mathcal{R}$. □

命题 5.2.9 如果 $n \geqslant 2, (n, |F|) \neq (3,4)$, 则 $SU(V) = \mathcal{R}$.

证明 对 n 用数学归纳法. 当 $n = 2$ 时, 由命题 5.2.4 知, 结论成立. 当 $|F| = 4, n = 4$ 时, 由命题 5.2.8 知, 结论成立. 当 $n > 2$ 或者 $|F| = 4, n > 4$ 时, 取 V 中的一个双曲平面 P. 令 $x \in P^\perp$ 是一个非迷向向量, 则 $P \subseteq \langle x \rangle^\perp$. 这意味着 $\langle x \rangle^\perp$ 是非退化的超平面, 且包含迷向向量.

再取 V 中一个包含 x 的双曲平面 H. 对任意 $\sigma \in SU(V), H^\sigma$ 是双曲平面. 由定理 5.2.6 知, 存在 $\eta \in \mathcal{T} \leqslant \mathcal{R}$, 使得 $H^{\sigma\eta} = H$. 因为

$\sigma \in \mathcal{R} \Longleftrightarrow \sigma\eta \in \mathcal{R}$, 所以可设 $H^\sigma = H$. 因为 $x, x^\sigma \in H$, 由 Witt 定理知, 存在 $\tau \in U(H)$, 满足 $x^{\sigma\tau} = x$. 与命题 5.2.8 的证明完全相同, 可以构造等距 $\gamma \in U(H)$, 满足 $x^\gamma = x$. 将 τ, γ 分别延拓成 V 上的等距 $\tau \perp 1_{H^\perp}$, $\gamma \perp 1_{H^\perp}$, 仍将其记做 τ, γ, 则 $\tau, \gamma \in \mathcal{R}(V)$, 且满足

$$x^{\sigma\tau\gamma} = x, \quad H^{\sigma\tau\gamma} = H.$$

故可设 $x^\sigma = x$, $H^\sigma = H$. 于是 $\sigma|_{\langle x \rangle^\perp} \in SU(\langle x \rangle^\perp)$. 由归纳假设知 $\sigma|_{\langle x \rangle^\perp} \in \mathcal{R}(\langle x \rangle^\perp)$, 而 $\sigma|_{\langle x \rangle} = 1_{\langle x \rangle}$, 即得 $\sigma \in \mathcal{R}$. □

定理 5.2.10 如果 $n \geqslant 2$, $(n, |F|) \neq (3, 4)$, 则 $SU(V) = \mathcal{T}(V)$, 即 $SU(V)$ 由酉平延生成.

证明 对任一双曲旋转 ρ, 记 H 为其相应的双曲平面, 则有 $\rho|_{H^\perp} = 1_{H^\perp}$. 而由命题 5.2.4 有 $\rho|_H \in SU(H) = \mathcal{T}(H)$, 故得 $\rho \in \mathcal{T}(V)$. 这意味着 $\mathcal{R}(V) \leqslant \mathcal{T}(V)$. 定理得证. □

命题 5.2.11 如果 $n \geqslant 2$, 则 $U(V)$ 在 PC 上作用的核为

$$Z(U(V)) = \{ a1_V \mid a \in F^\times, a\bar{a} = 1 \}.$$

证明 当 $n = 2$ 时, 设 $V = \langle u, v \rangle$, 其中 (u, v) 是双曲对, 则

$$PC = \{ \langle u \rangle, \langle v \rangle, \langle u + \mu v \rangle \mid \bar{\mu} = -\mu \neq 0 \}.$$

设 $\tau \in U(V)$ 在 V 的基 u, v 下的矩阵为 $\begin{pmatrix} a & b \\ c & d \end{pmatrix}$. 如果 τ 在 PC 上作用平凡, 则 $\langle u \rangle^\tau = \langle u \rangle$, $\langle v \rangle^\tau = \langle v \rangle$. 故得 $b = c = 0$, $d = a^{-1}$. 再由 $\langle u + \mu v \rangle^\tau = \langle u + \mu v \rangle$ 知, 存在 $\lambda \in F^\times$, 满足

$$au + \mu\bar{a}^{-1}v = \lambda u + \lambda\mu v.$$

因此必有 $\lambda = a$, $a\bar{a} = 1$. 命题结论成立.

当 $n > 2$ 时, 如果 $\tau \in U(V)$ 在 PC 上作用平凡, 则 τ 保持每条迷向线不变, 从而保持每个双曲平面不变. 由命题 3.4.13 知, τ 保持每条

线不变, 即对任意非零向量 $x \in V$, $x^\tau = \lambda_x x$. 进一步, 可以证明系数 λ_x 与 x 选取无关. 把这个共同的值 λ_x 记做 a, 即得 $\tau = a1_V$, $a\bar{a} = 1$. 命题得证. □

命题 5.2.12 设 $\dim V = n \geqslant 2$, 则 $SU(V)$ 的中心为

$$SU(V) \cap Z(U(V)) = \{\, a1_V \mid a\bar{a} = 1, a^n = 1 \,\}.$$

证明 显然有 $SU(V) \cap Z(U(V)) \leqslant Z(SU(V))$. 反之, 设 $\sigma \in Z(SU(V))$. 对任意迷向向量 $u \in V$, σ 与酉平延 $\tau_{u,a}$ $(\bar{a} = -a)$ 可交换, 即有

$$\tau_{u,a}^\sigma = \tau_{u^\sigma, a} = \tau_{u,a},$$

于是得到 $\langle u \rangle^\sigma = \langle u \rangle$. 由命题 5.2.11 即得证. □

推论 5.2.13 当 $\dim V = n \geqslant 2$ 时, $PSU(V) = SU(V)/Z(SU(V))$ 在 PC 上的作用是忠实的.

下面我们给出几个关于特殊的 $(n, |F|)$ 的结果, 为证明一般性的定理做准备.

命题 5.2.14 设 $|F| > 9$, $V = \langle u, v \rangle$ 是双曲平面, 其中 (u, v) 是双曲对, 则有 $SU(V)' = SU(V)$.

证明 这时有 $|F_0| \geqslant 4$, 故存在 $b \in F_0^\times \setminus \{\pm 1\}$. 定义映射 $\sigma \colon u \mapsto bu$, $v \mapsto b^{-1}v$, 则

$$B(u^\sigma, v^\sigma) = B(bu, b^{-1}v) = b\bar{b}^{-1}B(u, v) = B(u, v),$$

即 $\sigma \in SU(V)$. 对任意酉平延 $\tau_{u,a}$ $(\bar{a} = -a \neq 0)$, 令 $c = a/(b^2 - 1)$, 则有 $\bar{c} = -c$. 而

$$\tau_{u,c}^\sigma = \tau_{u^\sigma, c} = \tau_{bu, c} = \tau_{u, b\bar{b}c} = \tau_{u, c+a},$$

于是得出

$$\sigma^{-1}\tau_{u,c}\sigma\tau_{u,c}^{-1} = \tau_{u,a} \in SU(V)'.$$

同理可证 $\tau_{v,a} \in SU(V)'$. 由命题 5.2.5 即得 $SU(V) \leqslant SU(V)'$. □

命题 5.2.15 当 $(n, |F|) = (3, 9)$ 时, $SU(V)' = SU(V)$.

证明 根据定理 5.2.10, $SU(V)$ 由酉平延生成, 故只需证明对任意迷向向量 $u \in V$ 和 $a \in F^\times$, $\bar{a} = -a$, 酉平延 $\tau_{u,a} \in SU(V)'$. 对于迷向向量 u, 存在迷向向量 $v \in V$, 使得 (u, v) 成为双曲对. 而 $\langle u, v \rangle^\perp = \langle w \rangle$ 是非迷向的, 即 $V = \langle u, v \rangle \perp \langle w \rangle$. 现在 F 是有限域, 范数映射是满射, 故不妨设 $B(w, w) = 1$. 取 $b \in F$, 满足 $b\bar{b} = -1$. 令 $c = -b^{-2}$. 定义映射

$$\sigma: \ u \mapsto bu, \ v \mapsto -bv, \ w \mapsto cw,$$

则 $\det \sigma = -b^2 \cdot (-b^{-2}) = 1$, $B(u^\sigma, v^\sigma) = -b\bar{b} = 1$, $B(w^\sigma, w^\sigma) = c\bar{c} = 1$. 这说明 $\sigma \in SU(V)$. 对酉平延 $\tau_{u, -a/2}$, 有

$$\tau^\sigma_{u, -\frac{a}{2}} = \tau_{u, -\frac{b\bar{b}a}{2}} = \tau_{u, \frac{a}{2}} = \tau_{u, a - \frac{a}{2}},$$

于是得出

$$\sigma^{-1} \tau_{u, -\frac{a}{2}} \sigma \tau_{u, -\frac{a}{2}} = \tau_{u,a} \in SU(V)'.$$

命题得证. □

命题 5.2.16 如果 $(n, |F|) = (4, 4)$, 则 $SU(V)' = SU(V)$.

证明 这时 $F = \{0, 1, a, \bar{a}\}$, 其中 $\bar{a} = 1 + a = a^2$; $V = \langle u_1, v_1 \rangle \perp \langle u_2, v_2 \rangle$, 其中 (u_i, v_i) $(i = 1, 2)$ 是双曲对. 对于 $x \in F^\times$, 若 $\bar{x} = -x = x$, 则 $x \in F_0$, 所以只有 $x = 1$. 换言之, 对任意迷向向量 $u \in V$, 酉平延 $\tau_{u,x}$ 必为 $\tau_{u,1}$. 我们将其简记为 τ_u. 由命题 5.2.2 和定理 5.2.10 知, 只需证明 $SU(V)'$ 包含某一个酉平延.

定义 V 上的变换

$$\eta: \ u_1^\eta = u_1 + \bar{a}u_2, \ u_2^\eta = u_1 + au_2, \quad v_1^\eta = \bar{a}v_1 + v_2, \ v_2^\eta = av_1 + v_2.$$

直接验证可知 $\eta \in U(V)$. 进一步, η 在 V 的基 u_1, u_2, v_1, v_2 下的矩阵

为

$$\begin{pmatrix} 1 & 1 & 0 & 0 \\ \bar{a} & a & 0 & 0 \\ 0 & 0 & \bar{a} & a \\ 0 & 0 & 1 & 1 \end{pmatrix},$$

其行列式为 1, 所以 $\eta \in SU(V)$. 注意到

$$\tau_{u_1}^{\eta} = \tau_{u_1 + \bar{a} u_2}, \quad \tau_{u_2}^{\eta} = \tau_{u_1 + a u_2},$$

直接验证可得

$$(\tau_{u_1} \tau_{u_2})^{\eta} : u_1 \mapsto u_1, \ u_2 \mapsto u_2, \ v_1 \mapsto v_1 + u_2, v_2 \mapsto v_2 + u_1.$$

另一方面, 由命题 5.2.2 知, $SU(V)$ 在全体迷向向量构成的集合上传递, 所以存在 $\sigma_1, \sigma_2 \in SU(V)$, 使得 $u_1^{\sigma_1} = u_2, u_2^{\sigma_2} = u_1 + u_2$. 注意到 τ_{u_i} $(i = 1, 2)$ 都是对合, 于是有

$$(\tau_{u_1} \tau_{u_2})^{\eta} = \eta^{-1} \tau_{u_1} \tau_{u_1}^{\sigma_1} \eta = \eta^{-1} \tau_{u_1} \sigma_1^{-1} \tau_{u_1}^{-1} \sigma_1 \eta \in SU(V)',$$

$$\tau_{u_1 + u_2} \tau_{u_2} = \tau_{u_2}^{\sigma_2} \tau_{u_2} = \sigma_2^{-1} \tau_{u_2}^{-1} \sigma_2 \tau_{u_2} \in SU(V)'.$$

进一步, 直接验证可知 $(\tau_{u_1} \tau_{u_2})^{\eta} \tau_{u_1 + u_2} \tau_{u_2}$ 在 V 上的作用为 $u_i \mapsto u_i$, $v_2 \mapsto v_2, v_1 \mapsto u_1 + v_1$, 恰等于 τ_{u_1} 的作用. 换言之, 有

$$\tau_{u_1} = (\tau_{u_1} \tau_{u_2})^{\eta} \tau_{u_1 + u_2} \tau_{u_2} \in SU(V)'.$$

命题得证. $\qquad\qquad\qquad\qquad\qquad\qquad\qquad\qquad\qquad\qquad\qquad\square$

定理 5.2.17 如果 $n \geqslant 2$, $(n, |F|) \neq (2, 4), (2, 9), (3, 4)$, 则

$$SU(V)' = SU(V).$$

证明 由定理 5.2.10 知, $SU(V)$ 由平延生成, 故只需证明 $SU(V)'$ 包含所有的酉平延 $\tau_{u,a}$. 对任意迷向向量 $u \in V$, 存在双曲平面 H 包含 u, 而 $V = H \perp H^{\perp}$. 记 $\tau = \tau_{u,a}|_H$, 则 $\tau_{u,a} = \tau \perp 1_{H^{\perp}}$. 如果 $|F| > 9$, 由命题 5.2.14 有 $\tau \in SU(H)'$, 进而得到 $\tau_{u,a} \in SU(V)'$.

当 $|F| = 9$ 时, $n \geqslant 3$. 这时存在非迷向向量 w, 使得 $V_1 = H \perp \langle w \rangle$, 而 $V = V_1 \perp V_1^{\perp}$. 由命题 5.2.15 有 $\tau_{u,a}|_{V_1} \in SU(V_1)'$, 而 $\tau_{u,a}|_{V_1^{\perp}} = 1_{V_1^{\perp}}$, 所以 $\tau_{u,a} \in SU(V)'$. 当 $|F| = 4$ 时, 有 $n \geqslant 4$. 这时 V 包含非退化子空间 $V_2 = H \perp H_1$, 其中 H_1 也是双曲平面. 由命题 5.2.16 有 $\tau_{u,a}|_{V_2} \in SU(V_2)'$, 且 $\tau_{u,a}|_{V_2^{\perp}} = 1|_{V_2^{\perp}}$, 同样得出 $\tau_{u,a} \in SU(V)'$. 定理得证. $\square$

引理 5.2.18 设 $n \geqslant 3$, $\langle x \rangle, \langle y \rangle \in P\mathcal{C}$, 则存在 $\langle w \rangle \in P\mathcal{C}$, 满足

$$B(x, w) \neq 0, \quad B(y, w) \neq 0.$$

证明 先设 $B(x, y) \neq 0$. 不妨设 $B(x, y) = 1$. 取非迷向向量 $z \in \langle x, y \rangle^{\perp}$, 令 $w = x + ay + z$, 其中 $a \in F^{\times}$, $a + \bar{a} = -B(z, z)$, 则

$$B(w, w) = B(x + ay + z, x + ay + z) = \bar{a} + a + B(z, z) = 0,$$

即 $\langle w \rangle \in P\mathcal{C}$. 而 $B(x, w) = \bar{a}$, $B(y, w) = B(y, x) = 1$, 均不等于 0.

如果 $B(x, y) = 0$, 则 $n \geqslant 4$. 因此, 存在迷向向量 $u, v \in V$, 使得 $(x, u), (y, v)$ 成为双曲对, 且 $\langle x, u \rangle \perp \langle y, v \rangle$. 令 $w = u + v$, 则

$$B(x, w) = B(x, u) = 1, \quad B(y, w) = B(y, v) = 1.$$

引理得证. $\square$

习题 5.2.19 设 (V, B) 是域 F 上的非退化酉空间, W 是 V 的一个全迷向子空间, $u_1, \cdots, u_r$ 是 W 的一个基. 证明: 存在 $v_1, \cdots, v_r \in V$, 使得 (u_i, v_i) 是双曲对, 且 $\langle u_1, v_1 \rangle \perp \cdots \perp \langle u_r, v_r \rangle$.

命题 5.2.20 设 $(n, |F|) \neq (3, 4)$, 则 $SU(V)$ 在 $P\mathcal{C}$ 上的作用是本原的.

证明 由命题 5.2.3 知, 当 $n = 2$ 时, 结论成立. 故设 $n \geqslant 3$, 且当 $|F| = 4$ 时, $n \geqslant 4$.

设 Δ 是 $P\mathcal{C}$ 中的一个块, $|\Delta| > 1$, 往证 $\Delta = P\mathcal{C}$. 首先证明总存在 $\langle u \rangle \neq \langle v \rangle \in \Delta$, 使得 (u, v) 是双曲对. 如果 Witt 指数 $m(V) = 1$, 则对

任意 $\langle u \rangle \neq \langle v \rangle \in P\mathcal{C}$, 总有 $B(u,v) \neq 0$. 乘上适当倍数后, 即得双曲对 (u,v). 当 Witt 指数 $m(V) \geqslant 2$ 时, $n \geqslant 4$. 设 $\langle x \rangle \neq \langle v \rangle \in \Delta$, $x \perp v$. 取 $w \in \langle x \rangle^{\perp} \setminus \langle v \rangle^{\perp}$, 且满足 $B(w,v) = 1$. 如果 w 是迷向向量, 令 $u = w$; 否则, 令 $u = w + av$, 其中 a 满足 $a + \bar{a} = -B(w,w)$. 于是 (u,v) 是双曲对, 而且 $u \in \langle x \rangle^{\perp}$. 记 $H = \langle u, v \rangle$, 则 $V = H \perp H^{\perp}$. 由命题 5.2.2 知, 存在 $\tau \in SU(H)$, 满足 $v^{\tau} = u$. 令 $\sigma = \tau \perp 1_{H^{\perp}} \in SU(V)$, 则 $v^{\sigma} = v^{\tau}$. 因为 $x \perp u$, 所以 $x \in H^{\perp}$, 从而有

$$\langle x \rangle^{\sigma} = \langle x \rangle \in \Delta \cap \Delta^{\sigma}.$$

故得 $\Delta^{\sigma} = \Delta$. 而 $\langle u \rangle = \langle v \rangle^{\sigma} \in \Delta$. 这就证明了存在双曲对 (u,v), 满足 $\langle u \rangle, \langle v \rangle \in \Delta$.

取定 $\langle u \rangle \neq \langle v \rangle \in \Delta$, 满足 (u,v) 是双曲对. 对任意 $\langle x \rangle \in P\mathcal{C}$, 由引理 5.2.18 知, 存在 $\langle y \rangle \in P\mathcal{C}$, 满足 $B(x,y) \neq 0$, $B(u,y) \neq 0$. 用 y 的适当倍数代替 y, 使得 (u,y) 成双曲对; 再用 x 的适当倍数代替 x, 使得 (x,y) 成双曲对. 由推论 5.2.7 知, 存在 $\sigma, \tau \in SU(V)$, 使得 $u^{\sigma} = x$, $y^{\sigma} = y$, $u^{\tau} = u$, $v^{\tau} = y$, 于是有 $\langle u \rangle = \langle u \rangle^{\tau} \in \Delta \cap \Delta^{\tau}$. 所以 $\Delta^{\tau} = \Delta$. 但这意味着 $\langle y \rangle = \langle v \rangle^{\tau} \in \Delta$. 另一方面, $\langle y \rangle = \langle y \rangle^{\sigma} \in \Delta \cap \Delta^{\sigma}$, 即有 $\Delta^{\sigma} = \Delta$. 因此得出 $\langle x \rangle = \langle u \rangle^{\sigma} \in \Delta$. 由 x 的任意性即得 $\Delta = P\mathcal{C}$. $\quad\square$

推论 5.2.21 当 $(n, |F|) \neq (3,4)$ 时, $PSU(V)$ 在 $P\mathcal{C}$ 上的作用是本原的.

定理 5.2.22 设 (V, B) 是域 F 上的非退化酉空间, $\dim V = n \geqslant 2$, 其 Witt 指数 $m(V) > 0$. 如果 $(n, |F|) \neq (2,4), (2,9), (3,4)$, 则 $PSU(V)$ 是单群.

证明 记 $G = PSU(V)$. 由定理 5.2.17 有 $SU(V)' = SU(V)$, 进而有 $G' = G$. 由推论 5.2.21 知, G 在 $P\mathcal{C}$ 上的作用是本原的. 取定迷向向量 $u \in V$, 记

$$K_u = \{\, \tau_{u,a} \mid \bar{a} = -a \in F \,\} \leqslant SU(V),$$

由习题 5.1.1 知, K_u 是一个交换子群, 且在保持 $\langle u \rangle$ 不变的稳定化子

$SU(V)_{\langle u \rangle}$ 中正规. 记 $\alpha = \langle u \rangle \in PC$, $\overline{K_u}$ 为 K_u 在 G 中的同态像, 则有 $\overline{K_u} \lhd G_\alpha$. 仍然由习题 5.1.1 知, 对任意 $\sigma \in SU(V)$, 有 $K_u^\sigma = K_{u^\sigma}$. 因为 $SU(V)$ 在二次锥面 C 上传递, 所以 $\{K_u^\sigma | \sigma \in SU(V)\}$ 包含了全体酉平延. 这意味着

$$SU(V) = \langle\, K_u^\sigma \mid \sigma \in SU(V) \,\rangle.$$

记 $\overline{\sigma}$ 为 $\sigma \in SU(V)$ 在 G 中的像, 就得到

$$G = \langle\, \overline{K_u}^{\overline{\sigma}} \mid \overline{\sigma} \in G \,\rangle.$$

至此, 岩沢引理 (定理 1.1.12) 的所有条件均已满足, 所以 G 是单群.□

§5.3   有限域上的酉群

本节中, 我们讨论有限域上的酉群. 假设 $F = F_{q^2}$ 是一个有限域, 其中 q 是一个素数方幂. Frobenius 映射 $a \mapsto a^q$ 是 F 上的 2 阶域自同构. 仍然简记 $\overline{a} = a^q$. $F_0 = \{a \in F \mid \overline{a} = a\}$ 是 F 的一个子域. 事实上, $F_0 = F_q$. 设 (V, B) 是 F 上非退化的酉空间, $\dim V = n \geqslant 2$. 注意这时 V 中必有迷向向量, 即 V 的 Witt 指数 $m(V) > 0$. 通常把与等距群 $U(V)$ 对应的矩阵群 $U_n(F)$ 记做 $U_n(q^2)$. 显然有 $U_n(q^2) \leqslant GL_n(q^2)$.

习题 5.3.1 设有限域 $F = F_{q^2}$. 对任意 n 阶可逆矩阵 $A = (a_{ij}) \in GL_n(q^2)$, 定义映射 $\gamma: A \mapsto A'^{-1}$, $\varphi: A \mapsto \overline{A}$, 其中 $\overline{A} = (\overline{a}_{ij})$. 证明: γ, φ 是 $GL_n(q^2)$ 的自同构.

习题 5.3.2 设 (V, B) 是有限域 $F = F_{q^2}$ 上的 n 维非退化酉空间, $e_1, \cdots, e_n$ 是 V 的一个标准正交基. 任给 $\sigma \in U(V)$, 设 σ 在这个基下的矩阵为 A. 证明: $A'\overline{A} = E$. 反之, 设 V 上的线性变换 η 在基 $e_1, \cdots, e_n$ 下的矩阵 A 满足 $A'\overline{A} = E$. 证明: $\eta \in U(V)$ 是 (V, B) 上的等距, 从而 $U_n(q^2)$ 是 $GL_n(q^2)$ 的由自同构 $\varphi\gamma$ 的全体不动点构成的子群.

注 5.3.3 **挠型单群** (twisted simple group) 就是从这个观点出发得到的. 例如, 当 $q = 2^{2n+1} \geqslant 32$ 时, 辛群 $PSp_4(q)$ 有一个自同构 α, 其全体不动点的集合构成一个 $(q^2 + 1)q^2(q - 1)$ 阶的单群, 称为**铃木群**[1] (Suzuki group), 记做 $Sz(q)$. 用 Lie 型群的符号, 铃木群是 $^2B_2(q)$. 而酉群 $PSU_{n+1}(q)$ 对应的 Lie 型群符号为 $^2A_n(q)$. 其他挠型单群还有 **Ree 群**[2] (Ree group) $^2G_2(3^{2n+1})$ $(n \geqslant 1)$ 和 $^2F_4(2^{2n+1})$ $(n \geqslant 1)$ 以及 $^3D_4(q)$ 和 $^2E_6(q)$.

现在范数映射 $N \colon F^\times \to F_0^\times$, $a \mapsto a\bar{a} = a^{1+q}$ 是一个满同态, 映射的核 $\operatorname{Ker} N \cong U(V)/SU(V)$, 阶为 $q + 1$, 因此

$$|SU_n(q^2)| = |U_n(q^2)|/(q+1).$$

进一步, 有 $Z(U(V)) = \{a1_V \mid a\bar{a} = 1\}$, 所以**射影酉群** $PGU_n(q^2)$ 的阶为 $|U_n(q^2)|/(q+1)$. 而由 $Z(SU(V)) = \{a1_V \mid a\bar{a} = 1, a^n = 1\}$ 即得**特殊射影酉群** $PSU_n(q^2)$ 的阶为

$$|PSU_n(q^2)| = |SU_n(q^2)|/(n, q+1).$$

首先我们指出, 有限域上的 2 维酉群并没有给出新的群. 下面的引理在任意域上成立.

引理 5.3.4 设 (V, B) 是域 F 上的 2 维酉空间, $V = \langle u, v \rangle$, $B(u, u) = B(v, v) = 1$, $B(u, v) = 0$. 如果 V 上的线性变换 τ 在基 u, v 下的矩阵为 $A = \begin{pmatrix} a & b \\ c & d \end{pmatrix}$, 则 $\tau \in SU(V)$ 当且仅当 $d = \bar{a}$, $c = -\bar{b}$, $a\bar{a} + b\bar{b} = 1$.

证明 充分性显然. 必要性: 设 $\tau \in SU(V)$, 则有 $ad - bc = 1$, 且

$$B(au + cv, au + cv) = a\bar{a} + c\bar{c} = 1,$$
$$B(bu + dv, bu + dv) = b\bar{b} + d\bar{d} = 1,$$
$$B(au + cv, bu + dv) = a\bar{b} + c\bar{d} = 0.$$

---

[1]铃木通夫 (Suzuki Michio, 1926.10.2—1998.5.31), 日本数学家.
[2]Rimhak Ree (李林学, 1922.12.18—2005.1.9), 韩国裔加拿大数学家.

如果 $a = 0$, 则 $c\bar{c} = 1$, $d = 0$, $b\bar{b} = 1$, 且 $c = -b^{-1} = -\bar{b}$.

如果 $a \neq 0$, 则 $d = (1 + bc)/a$. 于是有

$$a\bar{b} + c\frac{1 + \overline{bc}}{\bar{a}} = 0.$$

这说明 $a\bar{a}\bar{b} + c + \bar{b}c\bar{c} = 0$, 进而得到

$$c = -\bar{b}, \quad d = \frac{1 - c\bar{c}}{a} = \bar{a}.$$

引理得证. □

定理 5.3.5 设 F 是一个有限域, 则有 $SU_2(F) \cong SL_2(F_0)$.

证明 取 $\mu \in F$, 满足 $\mu\bar{\mu} = -1$. 令

$$W = \{ (\lambda, \mu\bar{\lambda}) \mid \lambda \in F \}.$$

直接验证可知 W 是 F_0 上的 2 维线性空间. 事实上, 任意取定 $\lambda \neq \bar{\lambda}$, $(1, \mu)$ 和 $(\lambda, \mu\bar{\lambda})$ 就构成 W 的一个 F_0-基.

设 (V, B) 是有限域 F 上的 2 维非退化酉空间. 由定理 3.4.3 知, V 中存在标准正交基 u, v. 由上引理知, 任一 $\sigma \in SU(V)$ 在基 u, v 下的矩阵形如

$$\begin{pmatrix} a & b \\ -\bar{b} & \bar{a} \end{pmatrix}, \quad a, b \in F.$$

σ 把 W 中的向量 $(\lambda, \mu\bar{\lambda})$ 映到

$$(\lambda, \mu\bar{\lambda})^\sigma = (a\lambda - \mu\bar{b}\bar{\lambda}, b\lambda + \mu\bar{a}\bar{\lambda}).$$

因为 $\mu\bar{\mu} = -1$, 所以

$$\mu\overline{(a\lambda - \mu\bar{b}\bar{\lambda})} = \mu\overline{a}\overline{\lambda} - \mu\bar{\mu}b\lambda = b\lambda + \mu\bar{a}\bar{\lambda}.$$

换言之, $W^\sigma \subseteq W$, 即 $SU(V)$ 在 W 上有一个作用. 考虑这个作用的核. 如果

$$(\lambda, \mu\bar{\lambda})^\sigma = (\lambda, \mu\bar{\lambda}), \quad \forall \lambda \in F,$$

则对 $\lambda = 1$ 得到 $a - \mu\bar{b} = 1$, 而对 $\lambda \neq \bar{\lambda}$ 得到 $\lambda a - \mu\overline{\lambda b} = \lambda$, 进而有

$$a - \mu\overline{\lambda b}\lambda^{-1} = 1.$$

这意味着 $\mu\bar{b}(\bar{\lambda}\lambda^{-1} - 1) = 0$. 因为 $\bar{\lambda} \neq \lambda$, 所以 $\bar{\lambda}\lambda^{-1} \neq 1$, 从而得出 $b = 0$. 进一步, 有 $a = 1$. 换言之, $SU(V)$ 在 W 上的作用是忠实的. 再由 $|SU_2(q^2)| = |SL_2(q)|$ 即得 $SU(V) \cong SL(W)$. $\qquad\square$

根据定理 5.3.5 给出的同构, 有

$$PSU_2(4) \cong PSL_2(2) \cong S_3, \quad PSU_2(9) \cong PSL_2(3) \cong A_4.$$

注 5.3.6 当 F 是任意域时, 上述同构未必成立. 例如 $SU_2(\mathbb{C}) \not\cong SL_2(\mathbb{R})$. 在下一章中, 我们将看到, $SU_2(\mathbb{C})/\{\pm 1\}$ 同构于 3 维特殊正交群 $SO_3(\mathbb{R})$ (参见定理 6.5.11). 另一方面, 设 $V = \mathbb{C}^2$ 是复数域上的 2 维向量空间. 对任意 $x = (x_1, x_2), y = (y_1, y_2) \in V$, 定义 $B: V \times V \to \mathbb{C}$:

$$B(x, y) = x_1\bar{y}_1 - x_2\bar{y}_2,$$

则 B 是 V 上的 Hermite 形式. 保持 B 且行列式为 1 的全体酉变换构成一个群, 通常记做 $SU(1,1)$. 可以证明 $SL_2(\mathbb{R}) \cong SU(1,1)$.

习题 5.3.7 设有限域 $F = F_{q^2}$, (V, B) 是 F 上的非退化酉空间. 对迷向向量 $u, v \in V$, 记子群

$$K_u = \{\tau_{u,a} \mid a + \bar{a} = 0\}, \quad G = \langle K_u, K_v \rangle.$$

证明:

(1) 如果 $\langle v \rangle = \langle u \rangle$, 则 G 同构于加法群 F_q^+;

(2) 如果 $\langle u, v \rangle$ 是 2 维全迷向子空间, 则 $G \cong F_q^+ \oplus F_q^+$;

(3) 如果 $\langle u, v \rangle$ 是双曲平面, 则 $G \cong SL_2(q)$.

下面我们来计算有限酉群 $U_n(q^2)$ 的阶. 给定有限域 $F = F_{q^2}$ 上的 n 维非退化酉空间 (V, B), 记

$$i_n = |\{V \text{ 中的全体迷向向量及 } 0\}|, \quad j_n = |\{v \in V \mid B(v, v) = 1\}|.$$

首先用数学归纳法证明

$$i_n = q^{2n-1} + (-1)^n(q^n - q^{n-1}). \tag{5.11}$$

当 $n = 1$ 时, 非零向量都不是迷向的, 故 $i_1 = 1$, (5.11) 式成立. 当 $n > 1$ 时, 存在 $v \in V$, 满足 $B(v,v) = 1$, 于是 $V = \langle v \rangle \perp \langle v \rangle^\perp$. 根据这个分解, V 中任意向量 u 都可以写成 $u = \lambda v + w$, $w \in \langle v \rangle^\perp$. 如果

$$0 = B(u,u) = B(\lambda v + w, \lambda v + w) = \lambda\overline{\lambda} + B(w,w),$$

分别讨论两种情形:

(1) $\lambda = 0$. 这时 w 是 $\langle v \rangle^\perp$ 中的迷向向量, 共有 i_{n-1} 个.

(2) $\lambda \neq 0$. 这时 $\lambda\overline{\lambda} = -B(w,w) \in F_0^\times$, 即 w 是非迷向的, 共有 $q^{2(n-1)} - i_{n-1}$ 个. 而对每个非迷向向量 $w \in \langle v \rangle^\perp$, 因为范数映射 N 的核的阶 $|\mathrm{Ker}\, N| = q+1$, 所以有 $q+1$ 个 $\lambda \in F^\times$ 满足 $\lambda\overline{\lambda} = -B(w,w)$. 这意味着 $u = \lambda v + w$ 的个数 i_n 为

$$i_n = i_{n-1} + (q+1)\big[q^{2(n-1)} - i_{n-1}\big] = (q+1)q^{2(n-1)} - qi_{n-1}.$$

由归纳假设有

$$i_{n-1} = q^{2n-3} + (-1)^{n-1}(q^{n-1} - q^{n-2}),$$

即得

$$\begin{aligned} i_n &= (q+1)q^{2(n-1)} - q\big[q^{2n-3} + (-1)^{n-1}(q^{n-1} - q^{n-2})\big] \\ &= q^{2n-1} + (-1)^n(q^n - q^{n-1}). \end{aligned}$$

(5.11) 式得证.

V 中有 $q^{2n} - i_n$ 个非迷向向量 v. 对每个 v, $B(v,v) = a \in F_0^\times$, 有 $q-1$ 种可能性, 因此满足 $B(v,v) = 1$ 的向量的个数为

$$j_n = (q^{2n} - i_n)/(q-1).$$

再由 (5.11) 式得到

$$j_n = \frac{q^{2n} - q^{2n-1} - (-1)^n(q^n - q^{n-1})}{q-1}$$
$$= q^{2n-1} - (-1)^n q^{n-1} = q^{n-1}[q^n - (-1)^n].$$

根据定理 3.4.3, V 有标准正交基 $\varepsilon_1, \cdots, \varepsilon_n$. 对于任意 $g \in U_n(q^2)$, ε_1^g 仍然是范数为 1 的向量, 有 j_n 种取法, 而 ε_2^g 应该是 $\langle \varepsilon_1^g \rangle^{\perp}$ 中范数为 1 的向量, 共有 j_{n-1} 种取法. 以此类推, 最终得到

$$|U_n(q^2)| = \prod_{i=1}^{n} q^{i-1}[q^i - (-1)^i] = q^{\frac{n(n-1)}{2}} \prod_{i=1}^{n} [q^i - (-1)^i].$$

下面考察另一个不是单群的例外情形: $PSU_3(4)$, 其阶为 72. 这时 $|PC| = 9$, 即 $PSU_3(4)$ 作用在 9 个迷向点上.

命题 5.3.8　设 $\dim V = 3$, $F = F_{q^2}$, 则 $PSU_3(F)$ 在 PC 上的作用是双传递的.

证明　这时 V 有正交分解 $V = \langle u, v \rangle \perp \langle w \rangle$, 其中 (u, v) 是双曲对, $B(w, w) = 1$. 对于 V 的基 u, w, v, 往证 $\langle u \rangle$ 的稳定化子 $SU(V)_{\langle u \rangle}$ 在 $PC \setminus \{\langle u \rangle\}$ 上是传递的. 注意现在 B 的矩阵为

$$\widehat{B} = \begin{pmatrix} 0 & 0 & 1 \\ 0 & 1 & 0 \\ 1 & 0 & 0 \end{pmatrix}.$$

如果 $x \in V$ 是迷向向量, $x = au + bw + cv$, $a, b, c \in F$, 则

$$c = 0 \Longrightarrow b = 0,$$

进而有 $\langle x \rangle = \langle u \rangle$. 故若 $\langle x \rangle \in PC \setminus \{\langle u \rangle\}$, 可设 $x = au + bw + v$, 从而

$$0 = B(x, x) = a + \bar{a} + b\bar{b}.$$

定义映射 $\sigma: u^\sigma = u,\ w^\sigma = -\bar{b}u + w,\ v^\sigma = au + bw + v = x$, 则 σ 的矩阵为

$$\begin{pmatrix} 1 & -\bar{b} & a \\ 0 & 1 & b \\ 0 & 0 & 1 \end{pmatrix}.$$

直接验证可知 $\sigma \in SU(V)$. 显然有 $\langle u \rangle^\sigma = \langle u \rangle$, $\langle v \rangle^\sigma = \langle x \rangle$. 命题得证. □

集合 Ω 上的一个置换群 G 称为**精确双传递的** (sharply double transitive), 如果 G 在 Ω 上双传递, 且有 $\alpha, \beta \in \Omega$, 使得它们在 G 中的稳定化子 $G_{\alpha\beta} = 1$.

推论 5.3.9　(1) $PSU_3(4)$ 是 9 次精确双传递群;

(2) $PSU_3(4)$ 是可解群.

证明　(1) 这时 $|PC| = 9$, 而 $G = PSU_3(4)$ 的阶为 72. G 双传递, 故其保持两个点 α, β 不动的稳定化子为 $G_{\alpha\beta} = 1$.

(2) 点 α 的稳定化子 G_α 是 G 的 Sylow 2-子群, 且对 $\alpha \neq \beta$, 有 $G_\alpha \cap G_\beta = 1$. 故 G 中共有 $7 \times 9 = 63$ 个 2-元素, 剩下的 9 个元素恰构成 G 的 Sylow 3-子群. 这说明 G 的 Sylow 3-子群正规, G 可解. □

前面已经看到, 有限域上的 4 维辛空间具有**广义四边形**的结构 (见定义 4.3.6). 下面我们要说明, 4 维酉空间同样具有广义四边形结构.

设 $F = F_{q^2}$ 是含 q^2 个元素的有限域, (V, B) 是 F 上的 4 维非退化酉空间. 记 V 中全体 1 维迷向子空间组成的集合为

$$\mathscr{P} = \{\, \langle v \rangle \mid v \in V,\ B(v, v) = 0 \,\},$$

而 $\mathscr{L}$ 是 V 中全体 2 维全迷向子空间组成的集合. $P \in \mathscr{P}$ 与 $\ell \in \mathscr{L}$ 关联 $\Longleftrightarrow$ 作为子空间有包含关系 $P \subset \ell$. 下述习题说明, $\mathscr{S} = (\mathscr{P}, \mathscr{L}, I)$ 是一个广义四边形, 其参数为 $(s, t) = (q^2, q)$.

习题 5.3.10　证明: (1) $|\mathscr{P}| = (q^3+1)(q^2+1)$, $|\mathscr{L}| = (q^3+1)(q+1)$.

(2) 任一线 $\ell \in \mathscr{L}$ 恰与 $q^2 + 1$ 个点关联. 任意两条互异的线, 最多有一个点与之均关联.

(3) 任一点 $P \in \mathscr{P}$ 恰与 $q+1$ 条线关联. 任意两个互异的点, 最多有一条线与之均关联.

(4) 给定点 P 和与之不关联的线 ℓ, 存在唯一相关联的点 P' 和线 ℓ', 满足 P' 与 ℓ 关联, P 与 ℓ' 关联.

特别地, 当 $F = F_4$ 是含 4 个元素的有限域时, 按照上述做法从 (V, B) 出发构造出的广义四边形具有参数 $(4, 2)$. 下面我们要从 F_4 上的 4 维酉空间出发, 构造另外一个以 $(3, 3)$ 为参数的广义四边形.

设 (V, B) 是域 F 上的 4 维非退化酉空间. 根据定理 3.4.3, V 有标准正交基. 记 V 中全体 1 维非迷向子空间组成的集合为

$$\mathscr{P} = \{ \langle v \rangle \mid v \in V \text{ 是非迷向向量} \},$$

再记 V 的所有标准正交基构成的集合为

$$\mathscr{L} = \{ \{ \langle e_1 \rangle, \cdots, \langle e_4 \rangle \} \mid e_1, \cdots, e_4 \text{ 是 } V \text{ 的一个标准正交基} \}.$$

定义 $\mathscr{P}$ 和 $\mathscr{L}$ 之间的关联关系 I:

$$\text{点 } P = \langle v \rangle \text{ 与线 } \ell = \{ \langle e_1 \rangle, \cdots, \langle e_4 \rangle \} \text{ 关联} \iff P \in \ell.$$

我们要证明这个关联结构 $\mathscr{S} = \{ \mathscr{P}, \mathscr{L}, I \}$ 构成一个参数为 $(3, 3)$ 的广义四边形.

习题 5.3.11 证明: $|\mathscr{P}| = |\mathscr{L}| = 40$.

显然, 每条线 ℓ 与 4 个点关联. 设每个点与 x 条线关联. 用两种不同的方式计算 $|\{ (P, \ell) \mid P \in \mathscr{P}, \ell \in \mathscr{L}, P \text{ 与 } \ell \text{ 关联} \}|$, 得到 $x \cdot |\mathscr{P}| = 4|\mathscr{L}|$, 故得 $x = 4$.

设点 $P = \langle v_1 \rangle, P' = \langle v_2 \rangle \in \mathscr{P}, \langle v_1 \rangle \neq \langle v_2 \rangle$. 如果它们正交, 则 $\langle v_1, v_2 \rangle^{\perp}$ 是 2 维子空间, 必为双曲平面. 设域 $F = F_2(\alpha)$, 其中 α 满足 $\alpha^2 + \alpha + 1 = 0$. 假设 (u, v) 是一个双曲对, 对任意 $\lambda \in F$, 如果 $\langle u + \lambda v \rangle$ 是非迷向子空间, 则

$$B(u + \lambda v, u + \lambda v) = \bar{\lambda} + \lambda = 1,$$

进而得出 $\lambda = \alpha$ 或者 $\overline{\alpha}$. 进一步, 有

$$B(u + \alpha v, u + \overline{\lambda}v) = \alpha + \alpha = 0.$$

换言之, 双曲平面中恰有两个 1 维非迷向子空间, 且它们相互正交. 这就证明了点 P 和 P' 最多与一条线关联. 同理, 设 $\ell \neq \ell' \in \mathscr{L}$, 则由刚才的讨论知必有 $|\ell \cap \ell'| \leqslant 1$, 即它们最多与一个点关联.

习题 5.3.12 设点 P 和线 ℓ 不关联. 证明: 存在唯一的点 P' 和与之关联的线 ℓ', 满足 P' 与 ℓ 关联, ℓ' 与 P 关联.

现在我们证明了 $\mathscr{S}$ 是一个广义四边形, 以 $(3,3)$ 为参数. 显然它与例 4.3.8 中的广义四边形是同一个广义四边形, 而 $PSU_4(4)$ 作用在 $\mathscr{S}$ 上, 故也是 $\mathscr{S}$ 的一个自同构群. 由此可以证明辛群与酉群之间的一个特别的同构

$$PSp_4(3) \cong PSU_4(4).$$

完整的证明可以参见文献 [23] 中的定理 10.18 和推论 10.19.

最后考察酉群的几个重要子群. 根据推论 3.4.10, 有限域上酉空间 V 可以分解成若干双曲平面与一个子空间 V' 的正交和:

$$V = \langle u_1, v_1 \rangle \perp \cdots \perp \langle u_m, v_m \rangle \perp V',$$

其中 (u_i, v_i) $(i = 1, \cdots, m)$ 是双曲对, $V' = 0$ 或者 1 维全迷向子空间 $\langle w \rangle$. 把 V 的基向量按照

$$u_1, \cdots, u_m, v_m, \cdots, v_1 \quad (\dim V \text{ 为偶数})$$

或

$$u_1, \cdots, u_m, w, v_m, \cdots, v_1 \quad (\dim V \text{ 为奇数})$$

的次序排列, 则类似于辛群的情形, 保持极大旗不变的子群由若干上三角阵组成, 构成 $U_n(q^2)$ 的 **Borel 子群** B. 其中主对角线元素为 1 的上三角阵构成一个子群 U, 而**极大分裂环面** (对角阵) T 中的酉变换若将 u_i 映成 λu_i, 则它必须同时将 v_i 映成 $\overline{\lambda^{-1}}v_i$. 于是 $T = \mathbb{Z}_{q^2-1}^m$,

而 Borel 子群 $B = U \rtimes T$. 特别地, U 是 $U_n(q^2)$ 的 Sylow p-子群. 记 $N = N_{U_n(q^2)}(T)$ 为其正规化子, 则 **Weyl 群** $W = N/T \cong \mathbb{Z}_2 \, \mathrm{wr} \, S_m$, 其中第 i 个 $\mathbb{Z}_2$ 将 $\langle u_i \rangle$ 与 $\langle v_i \rangle$ 互换, 而 S_m 置换脚标 $1, 2, \cdots, m$.

类似地, $U_n(q^2)$ 的**极大抛物子群**是全迷向子空间 $W_k = \langle u_1, \cdots, u_k \rangle$ $(k = 1, \cdots, m)$ 的稳定化子, 形如

$$Q : \left(GL_k(q^2) \times SU_{n-2k}(q^2) \right), \quad k = 1, \cdots, m,$$

其中 Q 是一个 $q^{k(2n-3k)}$ 阶子群.

k 维非退化子空间的稳定化子形如 $U_n(q^2) \times U_{n-k}(q^2)$. 当 $n = km$ 时, 设 V 有直和分解

$$V = V_1 \oplus \cdots \oplus V_m,$$

其中 V_i 非退化, $\dim V_i = k$ $(i = 1, \cdots, m)$. $U_n(q^2)$ 中保持这个直和分解不变的稳定化子是 $U_k(q^2) \, \mathrm{wr} \, S_m$. 当 $n = 2m$ 时, 保持两个极大全迷向子空间 $\langle u_1, \cdots, u_m \rangle$ 和 $\langle v_1, \cdots, v_m \rangle$ 的稳定化子是 $GL_m(q^2)$ 的一个 2 阶扩张.

第六章　正交群 (char $F \neq 2$)

§6.1　旋转、反射与对称

给定域 F 上的 n 维非退化正交空间 (V, Q), B 是相应的对称双线性形式. 定义**正交群** (orthogonal group)

$$O(V, Q) = \{\, g \in GL(V) \mid Q(v^g) = Q(v),\ \forall v \in V \,\}.$$

在不发生混淆的情形下, 通常将正交群 $O(V, Q)$ 简记为 $O(V)$. 在本章中, 除非另有说明, 否则我们总假定 $\mathrm{char}\, F \neq 2$, 从而二次型 Q 与双线性形式 B 可以相互确定. 特别地, 一个向量非奇异当且仅当它是非迷向向量.

由定理 3.1.24, $O(V)$ 中元素的行列式为 ± 1.

定义 6.1.1　(1) 设 $\sigma \in O(V)$. 当 σ 的行列式 $\det \sigma = 1$ 时, 称 σ 为一个**旋转** (rotation); 当 $\det \sigma = -1$ 时, 称 σ 为一个**反射** (reflection).

(2) 全体旋转构成 $O(V)$ 的一个指数为 2 的正规子群 $SO(V)$, 称为**特殊正交群** (special orthogonal group).

(3) 记 $O(V)$ 的中心为 $Z = Z(O(V))$. 称商群 $PO(V) = O(V)/Z$ 为**射影正交群** (projective orthogonal group), 而称商群 $PSO(V) = SO(V)/(SO(V) \cap Z)$ 为**射影特殊正交群** (projective special orthogonal group).

在线性群、辛群和西群的单性证明中, 平延起了重要作用. 但是对于正交群, 我们首先要考察平延是否存在.

命题 6.1.2　设 F 是一个任意特征的域, (V, Q) 是 F 上的非退化正交空间, B 是相应的对称双线性形式. 对于超平面 $H \subset V$, 假设非

平凡等距 $\tau \in O(V)$ 保持 H 中的每个向量不动, 则存在非奇异向量 $u \in V$, 使得

$$x^\tau = x - Q(u)^{-1}B(x,u)u, \quad \forall x \in V. \tag{6.1}$$

证明   这时显然有 $H = \mathrm{Ker}\,(1_V - \tau) = \mathrm{Im}\,(1_V - \tau)^\perp$. 设 $\mathrm{Im}\,(1_V - \tau) = \langle u \rangle$, 则存在线性函数 $\varphi \in V^*$, 使得对任意 $x \in V$, 均有 $x - x^\tau = \varphi(x)u$. 因为 B 非退化, 所以存在向量 $v \in V$, 满足 $\varphi(x) = B(x, v)$, $\forall x \in V$. 于是得到

$$x^\tau = x + B(x, v)u, \quad \forall x \in V.$$

但这意味着 $H = \langle v \rangle^\perp$, 进而得到 $\langle v \rangle = H^\perp = \langle u \rangle$, 所以存在 $a \in F^\times$, 使得 $v = au$. 因为 τ 是等距, 所以

$$\begin{aligned} Q(x) = Q(x^\tau) &= Q(x + B(x, au)u) \\ &= Q(x) + B^2(x, au)Q(u) + B(x, B(x, au)u), \end{aligned}$$

从而得

$$a^2 B^2(x, u)Q(u) + aB^2(x, u) = 0, \quad \forall x \in V.$$

由 B 非退化即得 $Q(u) \neq 0$, $a = -Q(u)^{-1}$.   □

推论 6.1.3   沿用命题 6.1.2 的记号, 下述论断等价:

(1) τ 是平延;

(2) $B(u, u) = 0$;

(3) $\mathrm{char}\, F = 2$.

证明   (1) $\Rightarrow$ (2): 如果 τ 是平延, 则必有 $x^\tau - x \in H$, 从而有 $\mathrm{Im}\,(1_V - \tau) \subseteq H$. 特别地, $u \in H$. 另一方面, 从命题 6.1.2 的证明知 $u \in H^\perp$, 故得 $B(u, u) = 0$.

(2) $\Rightarrow$ (3): 因为 $Q(u) \neq 0$, 而 $B(u, u) = 2Q(u) = 0$, 故必有

$$\mathrm{char}\, F = 2.$$

(3) $\Rightarrow$ (1): 这时 B 是交错形式, 必有 $B(u, u) = 0$, 于是 $u \in \mathrm{Ker}\,(1_V - \tau) = H$. 而对任意 $x \in V$, 有 $x^\tau - x \in \langle u \rangle \subset H$, 即 τ 是平延.   □

上述推论说明, 当 $\operatorname{char} F \neq 2$ 时, 不存在正交平延. 另一方面, (6.1) 式给出了 $\operatorname{char} F \neq 2$ 时正交群中类似于平延的替代物.

定义 6.1.4 设 $\operatorname{char} F \neq 2$, (V, Q) 是 F 上的非退化正交空间. 任意给定一个非奇异向量 $u \in V$, $Q(u) \neq 0$, 定义 V 上的等距

$$\sigma_u: \ x \mapsto x - \frac{B(x, u)}{Q(u)} u,$$

称之为关于超平面 H 的 (或者沿方向 u 的) **对称** (symmetry)[1].

根据定义, 对称 $\sigma = \sigma_u$ 的行列式等于 -1. 记 $H = \langle u \rangle^{\perp}$, 则有

$$\sigma|_H = 1_H.$$

定理 6.1.5 (Cartan[2]-Dieudonné[3] 定理) 设 V 是域 F 上的 n 维非退化正交空间, 则任意 $\tau \in O(V)$ 可以表示成 $\leqslant n$ 个对称的乘积.

为了证明定理 6.1.5, 我们先给出下面的命题.

命题 6.1.6 设 $V = \langle u_1, v_1 \rangle \perp \cdots \perp \langle u_r, v_r \rangle$ 是双曲空间, σ 是 V 上的一个等距, 满足 $u_i^{\sigma} = u_i \ (i = 1, \cdots, r)$, 则

$$v_i^{\sigma} = v_i + \sum_{j=1}^{r} a_{ji} u_j, \quad a_{ji} \in F, \quad i, j = 1, \cdots, r,$$

其中矩阵 $A = (a_{ij})$ 是反对称的. 特别地, σ 是旋转.

证明 设

$$v_i^{\sigma} = \sum_{s=1}^{r} a_{si} u_s + \sum_{t=1}^{r} b_{ti} v_t, \quad a_{ij}, b_{ij} \in F, \quad i, j = 1, \cdots, r,$$

---

[1]在不同的文献中, 对于旋转、反射、对称这三类正交变换有不同的命名方式. 本书采用 Artin [6] 的术语. 在 Jacobson [18] 中, 旋转被称为 "正常的"(proper) 正交变换, 反射被称为 "非正常的"(improper) 正交变换. 在 Grove [14] 中, 将本书定义的反射叫做 "对称", 而将对称叫做 "反射". 读者在阅读文献时须注意加以辨别.
[2]Élie Joseph Cartan (1869.4.9—1951.5.6), 法国数学家.
[3]Jean Alexandre Eugène Dieudonné (1906.7.1—1992.11.29), 法国数学家.

则有

$$B(u_i, v_j) = B(u_i^\sigma, v_j^\sigma) = B\left(u_i, \sum_{s=1}^{r} a_{sj}u_s + \sum_{t=1}^{r} b_{tj}v_t\right) = b_{ij}.$$

于是 $b_{ij} = \delta_{ij}$. 进一步, 对于 $i \neq j$, 有

$$0 = B(v_i^\sigma, v_j^\sigma) = B\left(v_i + \sum_{s=1}^{r} a_{si}u_s, \ v_j + \sum_{t=1}^{r} a_{tj}u_t\right) = a_{ji} + a_{ij}B(v_i, u_i).$$

注意到 $\operatorname{char} F \neq 2$, 得 $a_{ji} = -a_{ij}$ $(i, j = 1, \cdots, r)$, 即 A 是反对称的. 在 V 的基 $u_1, \cdots, u_r, v_1, \cdots, v_r$ 下, σ 的矩阵为

$$\begin{pmatrix} E_r & A \\ 0 & E_r \end{pmatrix},$$

即 $\det \sigma = 1$, σ 是旋转. $\qquad\qquad\qquad\qquad\qquad\qquad\square$

定理 6.1.5 的证明 给定 V 上的一个等距 σ, 对 n 用数学归纳法. 当 $n = 1$ 时, $O(V) = \{\pm 1_V\}$, 定理显然成立. 下设 $n > 1$.

情形 1 存在非迷向向量 $v \in V$, $v^\sigma = v$. 记 $L = \langle v \rangle$, $H = \langle v \rangle^\perp$, 则 $H^\sigma = H$. 令 $\tau = \sigma|_H$, 由归纳假设知, τ 可以表示成 $\leqslant n-1$ 个对称之积:

$$\tau = \tau_1 \cdots \tau_r, \quad r \leqslant n-1,$$

其中 τ_i $(i = 1, \cdots, r)$ 分别是关于 H 的超平面 H_i 的对称. 令

$$\bar{\tau}_i = 1_L \perp \tau_i, \quad i = 1, \cdots, r,$$

则 $\bar{\tau}_i$ 保持 V 的超平面 $L \perp H_i$ 不变, 从而是 V 的对称. 于是

$$\bar{\tau}_1 \cdots \bar{\tau}_r = 1_L \perp \tau = \sigma.$$

定理得证.

情形 2　存在非迷向向量 $v \in V$, 使得 $v^\sigma - v$ 是非迷向向量. 令 $H = \langle v^\sigma - v \rangle^\perp$, τ 是关于 H 的对称. 因为 $(v^\sigma + v) \perp (v^\sigma - v)$, 所以 $v^\sigma + v \in H$. 故得

$$(v^\sigma + v)^\tau = v^\sigma + v, \quad (v^\sigma - v)^\tau = v - v^\sigma.$$

于是 $2v^{\sigma\tau} = 2v$, 即 $v^{\sigma\tau} = v$, 化成情形 1.

情形 3　$n = 2$. 这时由情形 1 和情形 2 可设 V 包含迷向向量, 从而是双曲平面: $V = \langle u, v \rangle$, 且 $\langle u \rangle, \langle v \rangle$ 是 V 中唯一的迷向直线. 这意味着存在 $a \in F^\times$: 或者 $u^\sigma = av$, $v^\sigma = a^{-1}u$, 则 $(u + av)^\sigma = av + u$, 且 $u + av$ 是非迷向向量, 化成情形 1. 或者 $u^\sigma = au$, $v^\sigma = a^{-1}v$, 这时如果 $a = 1$, 则 $\sigma = 1_V$, 定理成立; 如果 $a \neq 1$, 令 $x = u + v$, 则

$$x^\sigma - x = au + a^{-1}v - u - v = (a-1)u + (a^{-1}-1)v$$

是非迷向向量, 化成情形 2.

情形 4　$n \geqslant 3$. 这时 $\sigma \neq 1_V$ 在 V 中的不动点都是迷向向量, 且对任意非迷向向量 x, $x^\sigma - x$ 是迷向向量. 特别地, V 中有迷向向量.

任取迷向向量 $u \in V$, 则 $\dim \langle u \rangle^\perp \geqslant 2$, 且 $\operatorname{rad}\langle u \rangle^\perp = \operatorname{rad}\langle u \rangle = \langle u \rangle$. 因为 $n - 1 > \lfloor n/2 \rfloor$, 所以 $\langle u \rangle^\perp$ 不是全迷向的. 故存在 $w \in \langle u \rangle^\perp$, 它是非迷向向量. 对于 $\varepsilon = \pm 1$, 有 $B(w + \varepsilon u, w + \varepsilon u) = B(w, w) \neq 0$. 由前提假设知, $w^\sigma - w$ 是迷向的, 且

$$(w + \varepsilon u)^\sigma - (w + \varepsilon u) = (w^\sigma - w) + \varepsilon(u^\sigma - u)$$

也是迷向的, 故得

$$2\varepsilon B(w^\sigma - w, u^\sigma - u) + \varepsilon^2 B(u^\sigma - u, u^\sigma - u) = 0.$$

在上式中分别令 $\varepsilon = 1$ 和 -1, 将得到的两个等式相加即得

$$B(u^\sigma - u, u^\sigma - u) = 0.$$

注意到 u 是任意迷向向量, 故知不论 $x \in V$ 是否是迷向向量, $x^\sigma - x$ 总是迷向向量. 记 $W = \mathrm{Im}\,(\sigma - 1_V)$, 则 W 是 V 的一个全迷向子空间. 对任意 $x \in V, y \in W^\perp$, 有

$$
\begin{aligned}
0 &= B(x^\sigma - x, y^\sigma - y) \\
&= B(x^\sigma, y^\sigma) - B(x, y^\sigma) - B(x^\sigma - x, y) \\
&= B(x, y) - B(x, y^\sigma).
\end{aligned}
$$

这说明 $B(x, y - y^\sigma) = 0, \forall x \in V$. 换言之, $y - y^\sigma \in \mathrm{rad}\, V = 0$. 故得 σ 保持 $W^\perp$ 中每个向量不动. 由前提假设知, 非迷向向量不是 σ 的不动点, 故证得 $W^\perp$ 是全迷向子空间. 注意到 W 也是全迷向的, 它们的维数都 $\leqslant n/2$, 且 $\dim W + \dim W^\perp = n$, 推出 $\dim W = \dim W^\perp = n/2$. 这意味着 $V = H_{2r}$ 是双曲空间, $W^\perp$ 是一个极大全迷向子空间, σ 保持 $W^\perp$ 中的每个向量不动. 由命题 6.1.6 知, σ 必定是一个旋转. 这同时也证明了对于反射, 不会出现情形 4, 从而定理结论对反射成立.

现在任取对称 τ, 则 $\sigma\tau$ 是一个反射, 故有

$$
\sigma\tau = \tau_1 \cdots \tau_s, \quad s \leqslant n = 2r,
$$

其中 $\tau_i \ (i = 1, \cdots, s)$ 是对称. 但是 $\det(\sigma\tau) = (-1)^s = -1$, 所以 s 是奇数. 故得 $s \leqslant 2r - 1$. 于是 $\sigma = \tau_1 \cdots \tau_s \tau$ 是 $s + 1 \leqslant 2r = n$ 个对称之积. 定理证毕. □

Cartan-Dieudonné 定理有一系列推论. 设 $\tau \in O(V)$ 是一个等距, 它在 V 中的全体不动点组成的集合

$$
\mathrm{Fix}\,(\tau) = \{\, v \in V \mid v^\tau = v \,\} = \mathrm{Ker}\,(1_V - \tau)
$$

是 V 的子空间. 下面的推论指出其维数与 τ 的分解之间的联系.

推论 6.1.7 设 $\dim V = n$, 等距 $\tau \in O(V)$ 是 $r \leqslant n$ 个对称之积, 则

$$
\dim \mathrm{Fix}\,(\tau) = \dim \mathrm{Ker}\,(1_V - \tau) \geqslant n - r.
$$

证明 设 $\tau = \tau_1 \cdots \tau_r$, 其中 τ_i 是关于超平面 $H_i = \langle u_i \rangle^\perp$ $(i = 1, \cdots, r)$ 的对称. 记 $U_i = H_1 \cap H_2 \cap \cdots \cap H_i$ $(i = 1, \cdots, r)$, 则 $\mathrm{Fix}\,(\tau) \supseteq U_r$. 显然有

$$\dim U_i + \dim H_{i+1} = \dim (U_i + H_{i+1}) + \dim (U_i \cap H_{i+1})$$
$$= \dim (U_i + H_{i+1}) + \dim U_{i+1},$$

于是相应的**余维数** (codimension) 满足

$$\mathrm{codim}\,U_i + \mathrm{codim}\,H_{i+1} = \mathrm{codim}\,U_{i+1} + \mathrm{codim}\,(U_i + H_{i+1}),$$

进而推出 $\mathrm{codim}\,U_{i+1} \leqslant \mathrm{codim}\,U_i + 1$. 所以有 $\mathrm{codim}\,U_i \leqslant i$. 特别地, 当 $i = r$ 时, 即得 $\dim (H_1 \cap H_2 \cap \cdots \cap H_r) \geqslant n - r$. □

推论 6.1.8 如果等距 $\tau \in O(V)$ 没有不动点, 则 τ 不能表示成 $< \dim V$ 个对称之积.

推论 6.1.9 当 $\dim V = 2$ 时, V 上的每个反射都是对称.

推论 6.1.10 (Euler[4] 定理) 当 $\dim V = 3$ 时, 若旋转 $1_V \neq \rho \in SO(V)$, 则 ρ 必有旋转轴.

证明 这时 ρ 是两个对称之积, 故 ρ 必有不动点 v, 从而有旋转轴 $\langle v \rangle$. □

命题 6.1.11 设 $\sigma \in O(V)$ 是一个对合, 则存在非退化子空间 $U \subset V$, 使得 $\sigma = -1_U \perp 1_{U^\perp}$.

证明 令 $U = \mathrm{Im}\,(1_V - \sigma)$, 则 $U^\perp = \mathrm{Ker}\,(1_V - \sigma) = \mathrm{Fix}\,(\sigma)$. 对任意 $u = x - x^\sigma \in U$, 有

$$u^\sigma = (x - x^\sigma)^\sigma = x^\sigma - x = -u,$$

即有 $\sigma|_U = -1_U$. 如果 $v \in U \cap U^\perp$, 则 $v^\sigma = -v$. 但另一方面, 因为 $v \in U^\perp = \mathrm{Fix}\,(\sigma)$, 所以 $v^\sigma = v$. 因此 $v = -v$, 从而 $v = 0$. 这说明 U

---

[4]Leonhard Euler (1707.4.15—1783.9.18), 瑞士数学家、物理学家.

非退化, 故得 $V = U \perp U^\perp$. 显然有 $\sigma|_{U^\perp} = 1_{U^\perp}$, 最终证得

$$\sigma = -1_U \perp 1_{U^\perp}. \qquad \square$$

定义 6.1.12 设 $V = U \perp W$, $O(V)$ 中的对合 $\sigma = -1_U \perp 1_W$ 称为 m **型的**, 如果 $\dim U = m$. 1 型对合就是对称. 2 型对合 σ 也称为 $180°$ **旋转**, 这时的确有 $\sigma \in SO(V)$.

命题 6.1.13 设 $u, v \in V$ 是非迷向向量, 且 $u \perp v$, 则 $\sigma_u \sigma_v = \sigma_v \sigma_u$ 是一个 $180°$ 旋转, 其旋转轴为 $\langle u, v \rangle^\perp$.

证明 显然 u, v 线性无关, 故子空间 $U = \langle u, v \rangle$ 非退化, $V = U \perp U^\perp$. 直接计算可知 $\sigma_u \sigma_v = \sigma_v \sigma_u = -1_U \perp 1_{U^\perp}$. $\qquad \square$

命题 6.1.14 设 $\dim V = n \geqslant 3$, $\tau \in SO(V)$, 则 τ 是 $2k \leqslant n$ 个 $180°$ 旋转的乘积.

证明 由 Cartan-Dieudonné 定理知, τ 可以表示成 $2k \leqslant n$ 个对称之积. 故只需证明任意两个对称之积 $\sigma_u \sigma_v$ 等于两个 $180°$ 旋转之积. 当 $n = 3$ 时, $-\sigma_u$, $-\sigma_v$ 都是 $180°$ 旋转, 且 $\sigma_u \sigma_v = (-\sigma_u)(-\sigma_v)$, 命题成立.

当 $n \geqslant 4$ 时, 记 $W = \langle u, v \rangle$, 则 $\dim W \leqslant 2$, $\dim W^\perp \geqslant n - 2$. 如果 $W^\perp$ 全迷向, 则 $W^\perp \subseteq (W^\perp)^\perp = W$, 得出 $W^\perp = W$ 是 2 维的, 与 $u, v \in W$ 是非迷向向量矛盾. 这说明必定存在非迷向向量 $w \in W^\perp$. 由命题 6.1.13 知, $\sigma_u \sigma_w$, $\sigma_w \sigma_v$ 是 $180°$ 旋转, 而 $\sigma_u \sigma_v = (\sigma_u \sigma_w)(\sigma_w \sigma_v)$. 命题得证. $\qquad \square$

命题 6.1.15 设 $\dim V \geqslant 3$, 则

$$O'(V) = SO'(V) = \langle (\sigma_u \sigma_v)^2 \mid u, v \in V \text{ 是非迷向向量} \rangle.$$

证明 对任意非迷向向量 $u, v \in V$, 其换位子 $[\sigma_u, \sigma_v] = (\sigma_u \sigma_v)^2$. 记

$$K = \langle (\sigma_u \sigma_v)^2 \mid u, v \in V \text{ 是非迷向向量} \rangle \leqslant O'(V).$$

因为对任意 $\tau \in O(V)$, 有 $\sigma_u^\tau = \sigma_{u^\tau}$, 所以 $K \lhd O(V)$. 根据 Cartan-Dieudonné 定理, $O(V)$ 由对称生成, 而 K 由对称的换位子生成, 故 $O(V)/K$ 是交换群. 这说明 $O'(V) \leqslant K$, 进而得出 $O'(V) = K$.

由命题 6.1.14 的证明可知, 任意两个对称之积 $\sigma_u \sigma_v$ 等于两个 180° 旋转之积 $\rho_1 \rho_2$. 而 $(\sigma_u \sigma_v)^2 = (\rho_1 \rho_2)^2 \in SO'(V)$. 这说明 $K \leqslant SO'(V)$. 再由 $SO'(V) \leqslant O'(V) = K$ 得到 $SO'(V) = O'(V) = K$. $\qquad\square$

命题 6.1.16 设 $\dim V \geqslant 3$, 则 $Z(O(V)) = \{\pm 1_V\}$.

证明 设 $\tau \in Z(O(V))$. 对任一非迷向向量 $v \in V$, 有 $\sigma_v^\tau = \sigma_{v^\tau} = \sigma_v$, 从而存在 $c_v \in F^\times$, 使得 $v^\tau = c_v v$. 因为 $Q(v) = Q(v^\tau) = Q(c_v v) = c_v^2 Q(v)$, 且 $Q(v) \neq 0$, 所以 $c_v = \pm 1$.

取 V 的一个正交基 $v_1, \cdots, v_n$. 设 $v_i^\tau = c_i v_i$, $c_i = \pm 1$. 对 $i \neq j$, 若 $v_i + v_j$ 是非迷向向量, 则存在 $c = \pm 1$, 使得

$$c(v_i + v_j) = (v_i + v_j)^\tau = c_i v_i + c_j v_j.$$

于是有 $c_i = c = c_j$. 若 $v_i + v_j$ 是迷向向量, 取 $k \notin \{i, j\}$, 则

$$Q(v_i + v_j + v_k) = Q(v_i + v_j) + Q(v_k) = Q(v_k) \neq 0,$$

即 $v_i + v_j + v_k$ 是非迷向向量. 故有 $c = \pm 1$, 使得

$$c(v_i + v_j + v_k) = (v_i + v_j + v_k)^\tau = c_i v_i + c_j v_j + c_k v_k,$$

同样得到 $c_i = c_j$. 这就证明了 $\tau = \pm 1_V$. $\qquad\square$

在本节的最后, 我们考察 2 维非退化正交空间及其相应的等距群的结构. 设 (V, Q) 是域 F 上的 2 维非退化正交空间, $\mathrm{char}\, F \neq 2$, B 是相应的对称双线性形式. 如果 V 包含迷向向量 u, 则必有 $v \in V$, 使得 $B(u, v) \neq 0$, 进而得到 V 是双曲平面. 可见, 需要区分双曲平面和非迷向正交空间两种情形.

命题 6.1.17 设 (V, Q) 是域 F 上的一个双曲平面, 则 $SO(V) \cong F^\times$; $O(V)$ 中的任一反射都是对称; $O(V)$ 是 $SO(V)$ 与任一反射的半直积; 当 $F = F_q$ 为有限域时, $O(V)$ 是 $2(q-1)$ 阶二面体群.

证明 设 $V = \langle u, v \rangle$ 是双曲平面. 对任意非零向量 $x \in V$, 设 $x = \lambda u + \mu v$. 如果 $0 = B(x, x) = 2\lambda\mu$, 则 $\lambda\mu = 0$. 所以或者 $x = \lambda u$, 或者 $x = \mu v$. 换言之, V 的 1 维迷向子空间只有 $\langle u \rangle$ 和 $\langle v \rangle$. 因此, 对任意 $g \in O(V)$, 或者 g 保持 $\langle u \rangle$ 和 $\langle v \rangle$ 不变, 或者将它们互换.

(1) g 保持 $\langle u \rangle$ 和 $\langle v \rangle$ 都不变. 设 $u^g = \lambda u$, $v^g = \mu v$, 则 $B(u^g, v^g) = \lambda\mu = 1$. 因此 $g = \begin{pmatrix} \lambda & 0 \\ 0 & \lambda^{-1} \end{pmatrix}$, 它是一个旋转.

(2) g 互换 $\langle u \rangle$ 和 $\langle v \rangle$. 设 $u^g = \lambda v$, $v^g = \mu u$, 同样可得 $\mu = \lambda^{-1}$, 但这时 $g = \begin{pmatrix} 0 & \lambda \\ \lambda^{-1} & 0 \end{pmatrix}$, 它是一个对合. 显然 g 是反射. 进一步, 令 $x = u - \lambda v, y = u + \lambda v$, 则 $\langle x \rangle^\perp = \langle y \rangle$. 而 $x^g = -x, y^g = y$, 所以 $g = \sigma_x$ 是关于 x 的对称.

至此, 我们证明了 $SO(V) \cong F^\times$, $O(V)$ 中的所有反射都是对称. 对向量 $x, y \in V$, 显然有 $\sigma_x \sigma_y \in SO(V)$. 这说明 $SO(V)$ 在 $O(V)$ 中的指数为 2. 故对任一对称 σ_x, 均有半直积 $O(V) = SO(V) \rtimes \langle \sigma_x \rangle$.

当 $F = F_q$ 为有限域时, $F^\times$ 是 $q - 1$ 阶循环群, 即得

$$O(V, q) = SO(V, q) \rtimes Z_2 \cong D_{2(q-1)}$$

是 $2(q - 1)$ 阶二面体群. $\qquad\qquad\qquad\qquad\qquad\qquad\qquad\square$

习题 6.1.18 设 V 是双曲平面. 证明: 如果等距 $\tau \in O(V)$ 保持一个迷向向量不动, 则 $\tau = 1_V$.

V 不含迷向向量的情形较为复杂. 设 $V = \langle \varepsilon_1 \rangle \perp \langle \varepsilon_2 \rangle$, $B(\varepsilon_i, \varepsilon_i) \neq 0 \ (i = 1, 2)$, 且

$$\frac{B(\varepsilon_2, \varepsilon_2)}{B(\varepsilon_1, \varepsilon_1)} = -\alpha \in F^\times.$$

如果 $\alpha = \lambda^2$ 是平方元素, 则 $B(\varepsilon_2, \varepsilon_2) = -\lambda^2 B(\varepsilon_1, \varepsilon_1)$. 令 $u = \lambda\varepsilon_1 + \varepsilon_2$, 则

$$B(u, u) = B(\lambda\varepsilon_1 + \varepsilon_2, \lambda\varepsilon_1 + \varepsilon_2) = \lambda^2 B(\varepsilon_1, \varepsilon_1) + B(\varepsilon_2, \varepsilon_2) = 0,$$

即 u 是迷向向量, 矛盾. 因此 α 必为非平方元素. 进而总可以乘上适当倍数, 使得

$$B(\varepsilon_1,\varepsilon_1)=1,\quad B(\varepsilon_2,\varepsilon_2)=-\alpha,\quad B(\varepsilon_1,\varepsilon_2)=0.$$

考虑 F 的二次扩域 $K=F(\beta)$, 其中 $\beta=\sqrt{\alpha}$, 即 $\beta^2=\alpha$. 换言之, α 是 F 中的非平方元素, 不能开方, 到扩域 K 中就可以开方了. 这时 K 中的元素总可唯一表示成 $x=\lambda+\mu\beta$ 的形式, 其中 $\lambda,\mu\in F$. 扩域 K 的 Galois 群为

$$Gal_{K/F}=\{\,1,\tau:x\mapsto \overline{x}=\lambda-\mu\beta\,\}.$$

相应的**范数映射**为 $N:K^\times\to F^\times$, $N(x)=x\cdot\overline{x}=(\lambda+\mu\beta)(\lambda-\mu\beta)=\lambda^2-\mu^2\alpha\in F$. 显然, 对于任意 $x\in F$, 有 $N(x)=x\cdot\overline{x}=x^2\in F$. 故范数映射 N 保持 F 整体不变.

将 K 视为 F 上的一个 2 维线性空间, $1,\beta$ 是它的一个基. 对任意 $x,y\in K$, 定义映射 $C:K\times K\to F$:

$$C(x,y)=\frac{1}{2}[N(x+y)-N(x)-N(y)]=\frac{1}{2}(x\overline{y}+\overline{x}y).$$

易证 C 是对称 F-双线性的, 于是 (K,C) 成为 F 上的一个 2 维正交空间. 我们要证明 (V,B) 与 (K,C) 是等价的. 定义 F-线性映射 $\varphi:V\to K$, $\lambda\varepsilon_1+\mu\varepsilon_2\mapsto\lambda+\mu\beta$, $\forall\lambda,\mu\in F$. 对任意 $u,v\in V$, 我们要验证

$$C(u^\varphi,v^\varphi)=B(u,v).$$

设 $u=\lambda\varepsilon_1+\mu\varepsilon_2$, $v=\gamma\varepsilon_1+\delta\varepsilon_2$, 则 $B(u,v)=\lambda\gamma-\mu\delta\alpha$. 而

$$\begin{aligned}C(u^\varphi,v^\varphi)&=C(\lambda+\mu\beta,\gamma+\delta\beta)\\&=\frac{1}{2}[(\lambda+\mu\beta)(\gamma-\delta\beta)+(\lambda-\mu\beta)(\gamma+\delta\beta)]\\&=\lambda\gamma-\mu\delta\alpha=B(u,v).\end{aligned}$$

可见 φ 的确是正交空间 (V,B) 到 (K,C) 的一个等距映射, 从而 (V,B) 与 (K,C) 等价. 下面我们转而考察正交群 $O(K,C)$ 的结构.

对于 $a = \lambda + \mu\beta \in K$ $(\lambda, \mu \in F)$, 若其范数 $N(a) = a\bar{a} = 1$, 定义映射 $\eta_a\colon x \mapsto ax, \forall x \in K$. 显然, η_a 是 K 上的一个 F-线性变换. 不仅如此, 对任意 $x, y \in K$, 有

$$C(x^{\eta_a}, y^{\eta_a}) = C(ax, ay) = \frac{1}{2}\left[(ax)(\overline{ay}) + (\overline{ax})(ay)\right]$$
$$= \frac{a\bar{a}}{2}(x\bar{y} + \bar{x}y) = C(x, y).$$

这说明 $\eta_a \in O(K, C)$. 进一步, η_a 在 K 的基 $1, \beta$ 下的矩阵为 $\begin{pmatrix} \lambda & \mu\alpha \\ \mu & \lambda \end{pmatrix}$, 其行列式等于 $\lambda^2 - \mu^2\alpha = N(a) = 1$. 因此 $\eta_a \in SO(K, C)$.

反之, 设 $\rho \in SO(K, C)$ 是一个旋转, $1^\rho = a = \lambda + \mu\beta$, 则

$$N(a) = C(a, a) = C(1^\rho, 1^\rho) = C(1, 1) = 1.$$

令 $\tau = \rho\eta_a^{-1} \in SO(K, C)$. 注意 $\eta_a^{-1} = \eta_{a^{-1}}$. 考虑 τ 在基向量上的作用: $1^\tau = (1^\rho)^{\eta_a^{-1}} = a^{\eta_a^{-1}} = a^{-1} \cdot a = 1$. 对第二个基向量 β, 设 $\beta^\tau = \lambda + \mu\beta$, $\lambda, \mu \in F$, 则

$$0 = C(1, \beta) = C(1^\tau, \beta^\tau) = \frac{1}{2}\left[N(1 + \beta^\tau) - 1 - N(\beta^\tau)\right] = \lambda.$$

因此 $\beta^\tau = \mu\beta$, 即 τ 的矩阵为 $\begin{pmatrix} 1 & \\ & \mu \end{pmatrix}$. 因为 $\tau \in SO(K, C)$, 所以其行列式 $\det\tau = \mu = 1$. 这说明 $\tau = \mathrm{id}$, 从而 $\rho = \eta_a$. 这就证明了 $SO(K, C)$ 由 η_a 组成, 其中 $a = \lambda + \mu\beta$, $\lambda, \mu \in F$, $N(a) = 1$. 对任意 $a, b \in \mathrm{Ker}\, N$, 显然有 $\eta_a\eta_b = \eta_{ab}$. 这说明映射 $\varphi\colon a \mapsto \eta_a$ 是 $\mathrm{Ker}\, N \to SO(K, C)$ 的同构, 进而得到

$$SO(K, C) \cong \mathrm{Ker}\, N.$$

由著名的 **Hilbert 定理 90** (Hilbert's Satz 90), 可得到对 $SO(K, C)$ 的进一步描述.

定理 6.1.19 (Hilbert 定理 90) 设域 K 是域 F 上的一个循环扩张, 其 Galois 群由 ζ 生成, 则范数映射的核为

$$\mathrm{Ker}\, N_{K^\times/F^\times} = \left\{\, x(\zeta(x))^{-1} \mid x \in K^\times \,\right\}.$$

定理的证明参见文献 [18] 的定理 4.31.

命题 6.1.20 设 (V, Q) 是域 F 上的一个 2 维非奇异正交空间, 则存在 F 上的 2 次扩域 K, 使得 $SO(V) \cong K^\times / F^\times$; $O(V)$ 中的任一反射都是对称; $O(V)$ 是 $SO(V)$ 与任一反射的半直积; 当 $F = F_q$ 为有限域时, $O(V)$ 是 $2(q+1)$ 阶二面体群.

证明 前面已经证明了 $SO(V) \cong \operatorname{Ker} N_{K^\times / F^\times}$. 由 Hilbert 定理 90 有

$$\operatorname{Ker} N_{K^\times / F^\times} = \{\, x\overline{x}^{\,-1} \mid x \in K^\times \,\}.$$

对任意 $x \in K^\times$, 定义映射 $\psi\colon x \mapsto x\overline{x}^{\,-1}$. 显然, ψ 是 $K^\times \to \operatorname{Ker} N$ 的一个满同态, $\operatorname{Ker} \psi = F^\times$. 所以 $\operatorname{Ker} N \cong K^\times / F^\times$.

任一反射 $\tau \neq 1_V$ 可表示成不超过 2 个对称之积, 但 2 个对称之积是旋转, 所以 τ 必为对称. 进一步, 对任意旋转 η_a $(N(a) = 1)$, $\tau\eta_a$ 是一个对称, 设为 σ, 则 $\eta_a = \tau\sigma$, 而 $\tau\eta_a\tau = \sigma\tau = \eta_a^{-1}$. 这说明

$$O(V) = SO(V) \rtimes \langle \tau \rangle.$$

当 $F = F_q$ 为有限域时, $|K^\times| = q^2 - 1$, 而 $\operatorname{Ker} N$ 是一个 $q+1$ 阶循环群, 即证得 $O(V, q) \cong D_{2(q+1)}$. □

综上所述, 2 维正交群是可解群.

§6.2　Siegel 变换与正交群

本节中总假定域 F 的特征 $\operatorname{char} F \neq 2$, (V, Q) 是 F 上的 $n \geqslant 3$ 维非退化正交空间, B 是相应的对称双线性形式. 我们还假设 V 的 Witt 指数 $m = m(V) > 0$, 即 V 中存在迷向向量.

设 $u \in V$ 是一个迷向向量, 取 $y \in \langle u \rangle^\perp$. 定义线性映射

$$\eta_{u,y} : \langle u \rangle^\perp \to \langle u \rangle^\perp,$$
$$w \mapsto w + B(w, y)u, \quad \forall w \in \langle u \rangle^\perp.$$

对任意 $a \in F$, 显然有 $\eta_{au,y} = \eta_{u,ay}$. 特别地, $\eta_{u,0} = 1_{\langle u \rangle^\perp}$. 不仅如此, 因为 $w \perp u$, 且 u 是迷向向量, 所以有

$$Q(w^{\eta_{u,y}}) = Q(w + B(w,y)u) = Q(w),$$

即 $\eta_{u,y} \in O(\langle u \rangle^\perp)$ 是 $\langle u \rangle^\perp$ 上的等距. 容易验证, 对任意 $z \in \langle u \rangle^\perp$, 有

$$\eta_{u,y}\eta_{u,z} = \eta_{u,y+z}. \tag{6.2}$$

命题 6.2.1　设 u 是一个迷向向量, $y \in \langle u \rangle^\perp$, 则 $\langle u \rangle^\perp$ 上的等距 $\eta_{u,y}$ 可唯一延拓成 V 上的等距 $\rho_{u,y}$.

证明　由 Witt 定理即知 $\eta_{u,y}$ 可延拓成 V 上的等距 $\rho_{u,y}$. 下面证明延拓是唯一的. 取 $v \in V$, 使得 (u,v) 成为双曲对. 令 $H = \langle u,v \rangle$, 则 $V = H \perp H^\perp$. 设 τ 是 $\eta_{u,y}$ 的另一个延拓, 则

$$\left(\rho_{u,y}\tau^{-1}\right)|_{\langle u \rangle^\perp} = 1_{\langle u \rangle^\perp}.$$

因为 $H^\perp \subset \langle u \rangle^\perp$, 所以

$$\left(\rho_{u,y}\tau^{-1}\right)|_{H^\perp} = 1_{H^\perp}.$$

另一方面, $\rho_{u,y}\tau^{-1}$ 保持双曲平面 H 中迷向向量 u 不动. 由习题 6.1.18, $\rho_{u,y}\tau^{-1}$ 在 H 上是恒等变换, 最终得到 $\rho_{u,y}\tau^{-1} = 1_V$. 唯一性得证. $\square$

下面来考察 $\rho_{u,y}$ 的具体表达式. 给定迷向向量 u, 取 $v \in V$, 使得 (u,v) 成为双曲对, 即 $B(u,v) = 1$, $Q(v) = 0$. 记 $H = \langle u,v \rangle$, 则有正交分解 $V = H \perp H^\perp$, 而 $\langle u \rangle^\perp = \langle u \rangle \oplus H^\perp$. 任一 $y \in \langle u \rangle^\perp$ 可唯一表示成

$$y = au + h, \quad h \in H^\perp, \, a \in F.$$

由 (6.2) 式得到

$$\eta_{u,y} = \eta_{u,au+h} = \eta_{u,au}\eta_{u,h}.$$

但是 $\eta_{u,au}$ 把任意 $w \in \langle u \rangle^\perp$ 映成 $w + B(w,au)u = w$, 即 $\eta_{u,au} = 1_{\langle u \rangle^\perp}$, 从而得到 $\eta_{u,y} = \eta_{u,h}$. 故不失一般性, 我们总可取 $y \in H^\perp$. 要把 $\eta_{u,y}$

延拓为 V 上的等距 $\rho = \rho_{u,y}$, 只需确定 v 在 ρ 下的像. 假定

$$\rho_{u,y} : \ v \mapsto au + bv + z, \quad z \in H^\perp, \ a,b \in F.$$

因为 $\rho_{u,y}$ 是等距, 所以

$$0 = Q(v) = Q(v^{\rho_{u,y}}) = Q(au + bv + z) = Q(au + bv) + Q(z)$$
$$= B(au, bv) + Q(z) = ab + Q(z),$$
$$1 = B(u,v) = B(u^\rho, v^\rho) = B(u, au + bv + z) = b.$$

于是得到 $b = 1$, $a = -Q(z)$. 对任意 $h \in H^\perp$, 有

$$0 = B(v, h) = B(v^\rho, h^\rho) = B(au + bv + z, h + B(h,y)u)$$
$$= bB(h,y) + B(z,h) = B(h,y) + B(h,z).$$

这说明 $B(h, y + z) = 0, \forall h \in H^\perp$. 所以 $y + z \in \operatorname{rad} H^\perp = 0$, 进而得到 $z = -y$. 这就得到了 $\rho = \rho_{u,y}$ 的表达式:

$$\rho_{u,y} : \begin{cases} w \mapsto w + B(w,y)u, \ \forall w \in \langle u \rangle^\perp, \\ v \mapsto -Q(y)u + v - y. \end{cases} \tag{6.3}$$

等距 $\rho_{u,y}$ 称为 **Siegel 变换**, 它是 C. L. Siegel[5] 在文献 [22] 中首次引进的. 从 $\eta_{u,y}$ 的性质以及延拓为 $\rho_{u,y}$ 的唯一性可以得出一系列结论.

推论 6.2.2 设 $u \in V$ 是一个迷向向量.

(1) 对任意 $y, z \in \langle u \rangle^\perp$, 有 $\rho_{u,y}\rho_{u,z} = \rho_{u,y+z}$;

(2) $\rho_{u,y}^{-1} = \rho_{u,-y}$;

(3) 对任意 $a \in F^\times$, 有 $\rho_{u,ay} = \rho_{au,y}$;

(4) $\rho_{u,y} = 1_V$ 当且仅当 $y \in \langle u \rangle = \operatorname{rad}\langle u \rangle^\perp$;

(5) 对任意 $\tau \in O(V)$, 有 $\rho_{u,y}^\tau = \rho_{u^\tau, y^\tau}$.

---

[5]Carl Ludwig Siegel (1896.12.31—1981.4.4), 德国数学家.

证明 (1) 由 (6.2) 式知, $\rho_{u,y}\rho_{u,z}$ 是 $\eta_{u,y}\eta_{u,z} = \eta_{u,y+z}$ 的延拓. 但显然 $\rho_{u,y+z}$ 也是 $\eta_{u,y+z}$ 的延拓. 由延拓的唯一性即得 (1).

(2) 注意到 $\rho_{u,0} = 1_V$, 由 (1) 即得证.

(3) 因为 $\eta_{u,ay} = \eta_{au,y}$, 再由延拓的唯一性即得 (3).

(4) 由延拓的唯一性知, $\rho_{u,y} = 1_V \iff \eta_{u,y} = 1_{\langle u \rangle^\perp}$, 而后者等价于 $y \in \operatorname{rad} \langle u \rangle^\perp = \langle u \rangle$.

(5) 对任意 $w \in \langle u \rangle^\perp$, 有

$$(w^\tau)^{\tau^{-1}\rho_{u,y}\tau} = (w + B(w,y)u)^\tau = w^\tau + B(w,y)u^\tau$$
$$= w^\tau + B(w^\tau, y^\tau)u^\tau = (w^\tau)^{\eta_{u^\tau, y^\tau}}.$$

可见 $\rho_{u,y}^\tau$ 和 ρ_{u^τ, y^τ} 都是 $\eta_{u^\tau, y^\tau} \colon (\langle u \rangle^\perp)^\tau \to (\langle u \rangle^\perp)^\tau$ 的延拓, 故由延拓的唯一性即得 (5). $\qquad \square$

命题 6.2.3 设 (u, v) 是双曲对, $H = \langle u, v \rangle$. 令

$$K_u = \{\, \rho_{u,y} \mid y \in H^\perp \,\},$$

则 K_u 在保持向量 u 不动的稳定化子 $O(V)_{\{u\}}$ 中正规; 映射 $\varphi \colon H^\perp \to K_u, y \mapsto \rho_{u,y}$ 是加法群同构; 特别地, K_u 是交换群.

证明 因为 u 是迷向向量, 所以 $u \in \langle u \rangle^\perp$, $\rho_{u,y}$ 保持 u 不动. 由推论 6.2.2 (5) 即得 $K_u \lhd O(V)_{\{u\}}$. 显然 $H^\perp$ 和 K_u 都是交换群. 由推论 6.2.2 (1) 知, φ 是群同态, 且不难看出 φ 是满射. 如果 $y \in \operatorname{Ker} \varphi$, 则 $\rho_{u,y} = 1_V$. 由推论 6.2.2 (4) 得到 $y \in \langle u \rangle \cap H^\perp = 0$, 即 φ 是单同态, 从而是一个群同构. $\qquad \square$

引理 6.2.4 设 τ 是线性空间 V 上的一个线性变换, 存在正整数 k, 使得 $(\tau - 1_V)^k = 0$, 则 $\det \tau = 1$.

证明 对 $\dim V = n$ 作数学归纳法. 当 $n = 1$ 时, 引理显然成立. 当 $n > 1$ 时, 取一个非零向量 $u \in V$, 则存在 $i \leqslant k$, 满足

$$u^{(\tau - 1_V)^{i-1}} \neq 0, \quad \text{但是} \quad u^{(\tau - 1_V)^i} = 0.$$

记 $v = u^{(\tau-1_V)^{i-1}} \neq 0$, 则 $v^\tau = v$, 即 $\langle v \rangle$ 是 τ 的不变子空间. τ 诱导出 $\overline{V} = V/\langle v \rangle$ 上的线性变换 $\overline{\tau}$, 也满足 $(\overline{\tau} - 1_{\overline{V}})^k = 0$. 由归纳假设知 $\det \overline{\tau} = 1$. 取 $v_i \in V$, 使得 $\overline{v}_i = v_i + \langle v \rangle$ $(i = 2, \cdots, n)$ 构成 $\overline{V}$ 的基, 则 $v_1 = v, v_2, \cdots, v_n$ 是 V 的一个基. 设 $\overline{\tau}$ 在 $\overline{v}_2, \cdots, \overline{v}_n$ 下的矩阵为 T, 则 τ 在 V 的基 $v_1, v_2, \cdots, v_n$ 下的矩阵为

$$\begin{pmatrix} 1 & * & \cdots & * \\ 0 & & & \\ \vdots & & T & \\ 0 & & & \end{pmatrix},$$

其行列式为 $\det T = \det \overline{\tau} = 1$. □

命题 6.2.5 设 $u \in V$ 是迷向向量, $y \in \langle u \rangle^\perp$, 则有 $(\rho_{u,y} - 1_V)^3 = 0$, 进而有 $\rho_{u,y} \in SO(V)$.

证明 存在迷向向量 $v \in V$, 使得 (u, v) 为双曲对. 根据前面的讨论, $V = \langle v \rangle \oplus \langle u \rangle^\perp$. 显然有 $u \in \mathrm{Ker}\,(\rho_{u,y} - 1_V)$. 由 (6.3) 式有

$$\rho_{u,y} - 1_V : \begin{cases} w \mapsto B(w,y)u \in \langle u \rangle, & \forall w \in \langle u \rangle^\perp, \\ v \mapsto -Q(y)u - y \in \langle u \rangle^\perp, \end{cases}$$

所以 $w \in \mathrm{Ker}\,(\rho_{u,y} - 1_V)^2$, $v \in \mathrm{Ker}\,(\rho_{u,y} - 1_V)^3$. 于是有 $(\rho_{u,y} - 1_V)^3 = 0$. 再由引理 6.2.4 知 $\det \rho_{u,y} = 1$. 定理得证. □

根据在前面几章我们对线性群、辛群和酉群的讨论, 完全有理由猜想 $SO(V)$ 模掉其中心后是单群, 最多除去个别例外情形. 然而, 对正交群而言这并不成立. 事实上, $SO(V)$ 的确包含一个非平凡的正规子群. 定义 $SO(V)$ 的子群

$$\Omega = \Omega(V) = \langle\, K_u \mid u \in V \text{ 是迷向向量}\,\rangle \leqslant SO(V).$$

对任意 $\tau \in O(V)$, 由推论 6.2.2 (5) 知 $K_u^\tau = K_{u^\tau}$, 可见 $\Omega \lhd O(V)$.

引理 6.2.6 设 G 是一个由对合生成的群, 则对任意 $g \in G$, 有 $g^2 \in G'$.

证明 设 $g = t_1 \cdots t_r$ 是对合 t_i 的乘积. 对任意 $x \in G$, 记 $\overline{x}$ 为 x 在商群 $\overline{G} = G/G'$ 中的像. 因为 $\overline{G}$ 可交换, 故在 $\overline{G}$ 中有

$$\overline{g}^2 = (\overline{t}_1 \cdots \overline{t}_r)(\overline{t}_1 \cdots \overline{t}_r) = \overline{t}_1^2 \cdots \overline{t}_r^2 = \overline{1}.$$

引理得证. □

命题 6.2.7 $\Omega \leqslant O'(V)$.

证明 由 Cartan-Dieudonné 定理知, $O(V)$ 由对称生成. 对 Ω 的生成元 $\rho_{u,y}$, 有

$$\rho_{u,y} = \rho_{u,\frac{y}{2}+\frac{y}{2}} = (\rho_{u,\frac{y}{2}})^2.$$

由引理 6.2.6 有 $\rho_{u,y} \in O'(V)$, 进而得到 $\Omega \leqslant O'(V)$. □

定义 6.2.8 令 $\mathcal{C} = \{u \in V \mid Q(u) = 0\}$, 称之为**二次锥面** (quadric cone). 令 $P\mathcal{C} = \{\langle u \rangle \mid u \in \mathcal{C}\}$, 称之为**二次射影锥面**.

显然 $O(V)$ 在 $\mathcal{C}$ 上有一个作用, 同时也诱导出 $P\mathcal{C}$ 上的一个作用. 记 K 为 $O(V)$ 在 $P\mathcal{C}$ 上作用的核, $Z = Z(O(V)) = \{\pm 1_V\}$. 显然有 $Z \leqslant K$. 下面的命题说明 $Z = K$.

命题 6.2.9 如果等距 $\eta \in O(V)$ 保持 V 中的每条迷向线不变, 则

$$\eta = \pm 1_V.$$

证明 设 (u, v) 是一个双曲对. 由命题条件知, 存在 $c_u, c_v \in F^\times$, 使得 $u^\eta = c_u u$, $v^\eta = c_v v$. 任取 $w \in \langle u, v \rangle^\perp$. 令 $x = w - Q(w)u + v$, 则

$$\begin{aligned}
Q(x) &= Q(w - Q(w)u + v) = Q(w) + Q(v - Q(w)u) \\
&= Q(w) + B(v, -Q(w)u) = Q(w) - Q(w) = 0,
\end{aligned}$$

即 x 是迷向的. 因此, 存在 c_x, 使得 $x^\eta = c_x x$. 于是有

$$c_x(w - Q(w)u + v) = x^\eta = w^\eta - c_u Q(w)u + c_v v.$$

因为 $w^\eta \in \langle u, v \rangle^\perp$, 所以 $w^\eta = c_x w$, 从而得到 $c_u = c_v = c_x$. 将这个共同的值记做 c. 由 w 的任意性即得 $\eta = c \cdot 1_V$. 再由 η 是等距得到

$$c = \pm 1. \qquad \square$$

对于非零向量 $u \in V$, 记与 u 正交的全体迷向向量构成的集合为 $T_u = \mathcal{C} \cap \langle u \rangle^\perp$, 相应的有射影空间中的子集合

$$PT_u = \{ \langle v \rangle \in \mathscr{P}(V) \mid 0 \neq v \in T_u \}.$$

命题 6.2.10 设 $u \in V$ 是迷向向量, 则 K_u 在 $PC \setminus PT_u$ 上传递.

证明 设 $\langle v \rangle, \langle w \rangle \in PC \setminus PT_u$, 则 $v, w \in \mathcal{C}$, 且与 u 都不正交. 不妨设 $B(u, v) = B(u, w) = 1$. 因为 (u, v) 是双曲对, 所以

$$V = \langle u, v \rangle \perp \langle u, v \rangle^\perp.$$

设 $w = au + bv + z$, $a, b \in F$, $z \in \langle u, v \rangle^\perp$, 则有 $1 = B(u, w) = b$, 从而

$$\begin{aligned}
0 = Q(w) &= Q(au + bv) + Q(z) \\
&= Q(au) + Q(v) + B(au, v) + Q(z) \\
&= a + Q(z).
\end{aligned}$$

所以 $w = -Q(z)u + v + z$. 由 Siegel 变换的表达式 (6.3) 即知, w 恰为 v 在 $\rho_{u,-z} \in K_u$ 下的像. $\qquad \square$

设 (u, v) 是一个双曲对. 称射影空间 $\mathscr{P}(V)$ 中的有序点对 $(\langle u \rangle, \langle v \rangle)$ 是一个**射影双曲对**. 显然, 这时有 $\langle u \rangle \neq \langle v \rangle \in PC$.

命题 6.2.11 (1) 子群 Ω 在 PC 上作用传递;
(2) Ω 在 PC 中全体射影双曲对构成的集合上作用传递.

证明 (1) 设 $\langle w \rangle \neq \langle v \rangle \in PC$. 往证存在 $\langle u \rangle \in PC$, 使得 $(\langle u \rangle, \langle v \rangle)$ 和 $(\langle v \rangle, \langle w \rangle)$ 成为射影双曲对. 先考虑 $B(w, v) \neq 0$ 的情形. 不妨设 (w, v) 是双曲对. 取一个非迷向向量 $x \in \langle w, v \rangle^\perp$. 令 $u = w - Q(x)v + x \neq 0$, 则

$$Q(u) = Q(w - Q(x)v) + Q(x) = 0,$$

即 $\langle u \rangle \in PC$. 进一步, 有

$$B(u,w) = B(w - Q(x)v + x, w) = -Q(x) \neq 0,$$

$$B(u,v) = B(w - Q(x)v + x, v) = B(w,v) = 1.$$

换言之, $(\langle u \rangle, \langle w \rangle)$ 和 $(\langle u \rangle, \langle v \rangle)$ 都是射影双曲对.

再考虑 $B(w,v) = 0$ 的情形. 因为 w, v 线性无关, 所以存在线性函数 $f \in V^*$, 满足 $f(w) = f(v) = 1$. 根据命题 3.1.7, 存在 $u \in V$, 使得 $f(x) = B(u,x), \forall x \in V$. 由此得到 $B(u,w) = B(u,v) = 1$. 如果 u 是非迷向向量, 用 $u - Q(u)w$ 代替 u, 就有

$$Q(u - Q(u)w) = Q(u) + B(u, -Q(u)w) = 0.$$

这说明 $\langle u \rangle \in PC$, 且 $(\langle u \rangle, \langle w \rangle)$ 和 $(\langle u \rangle, \langle v \rangle)$ 都是射影双曲对.

至此我们证明了, 总存在 $u \in V$, 使得 $\langle v \rangle, \langle w \rangle \in PC \setminus PT_u$. 而由命题 6.2.10 知, $K_u \leqslant \Omega$ 在 $PC \setminus PT_u$ 上是传递的, 从而证得 Ω 在 PC 上传递.

(2) 设 $(\langle u_1 \rangle, \langle v_1 \rangle), (\langle u_2 \rangle, \langle v_2 \rangle)$ 是 PC 中的两个射影双曲对. 不妨设 (u_i, v_i) 是双曲对. 由 (1) 知, 存在 $\sigma \in \Omega$, 使得 $\langle u_1 \rangle^\sigma = \langle u_2 \rangle$. 假设 $u_1^\sigma = a u_2, a \in F^\times$, 则

$$B(u_2, v_1^\sigma) = B(u_2^{\sigma^{-1}}, v_1) = a^{-1} B(u_1, v_1) = a^{-1} \neq 0.$$

所以 $(\langle u_2 \rangle, \langle v_1^\sigma \rangle)$ 是射影双曲对. 再由命题 6.2.10 知, 存在 $\tau \in K_{u_2} \leqslant \Omega$, 使得 $\langle u_2 \rangle^\tau = \langle u_2 \rangle, \langle v_1^\sigma \rangle^\tau = \langle v_2 \rangle$. 于是 $\sigma\tau \in \Omega$ 就满足

$$(\langle u_1 \rangle, \langle v_1 \rangle)^{\sigma\tau} = (\langle u_2 \rangle, \langle v_2 \rangle).$$

命题得证. □

命题 6.2.12　$\Omega = O'(V) = SO'(V)$.

证明　设 (u,v) 是双曲对, 记 $H = \langle u, v \rangle$. 我们先来证明对任一非迷向向量 $x \in V$, 存在 $\tau \in \Omega$, 使得 $x^\tau \in H$. 令 $y = u + Q(x)v \in H$, 则

$$Q(y) = Q(u + Q(x)v) = Q(x),$$

所以 $\langle x \rangle$ 与 $\langle y \rangle$ 等距. 由 Witt 定理知, 存在 $\sigma \in O(V)$, 满足 $y^\sigma = x$. 因为 (u^σ, v^σ) 仍然是双曲对, 由命题 6.2.11 (2) 知, 存在 $\tau \in \Omega$, 使得

$$\langle u^\sigma \rangle^\tau = \langle u \rangle, \quad \langle v^\sigma \rangle^\tau = \langle v \rangle.$$

于是有 $H^{\sigma\tau} = H$. 另一方面, $x^\tau = y^{\sigma\tau} \in H^{\sigma\tau} = H$. 因此, 对任意非迷向的 $x \in V$ 和相应的对称 σ_x, 存在 $\tau \in \Omega$, 满足 $\sigma_x^\tau = \sigma_{x^\tau}$, 其中 $x^\tau \in H$. 换言之, 任一对称都可由 Ω 中的元素共轭到一个沿 H 中向量的对称.

记 $O_H = \langle \sigma_w \mid w \in H$ 是非迷向向量$\rangle$. 因为 $\sigma_w|_{H^\perp}$ 是恒等变换, 所以对任意 $\eta \in O_H$, $\eta \mapsto \eta|_H$ 是 $O_H \to O(H)$ 的一个同构, 即有 $O_H \cong O(H)$. 记 $SO_H = O_H \cap SO(V)$ 是 O_H 中偶数个 σ_w 之积构成的子群. 在同构映射 $\eta \mapsto \eta|_H$ 下,

$$SO_H \cong SO(H).$$

对任意旋转 $\rho \in SO(V)$, ρ 可以表示成 $2k$ 个对称之积:

$$\rho = \sigma_{x_1} \cdots \sigma_{x_{2k}},$$

其中 $x_i \ (i = 1, \cdots, 2k)$ 是非迷向向量. 由第一段的证明知, 存在 $\tau_i \in \Omega$, 使得 $x_i^{\tau_i} \in H$, 于是有

$$\rho = (\tau_1 \sigma_{x_1^{\tau_1}} \tau_1^{-1}) \cdots (\tau_{2k} \sigma_{x_{2k}^{\tau_{2k}}} \tau_{2k}^{-1}).$$

因为 $\Omega \lhd O(V)$, 所以对任意 $\tau \in \Omega$, $\sigma \in O(V)$, 存在 $\tau' \in \Omega$, 使得 $\sigma\tau = \tau'\sigma$. 于是在上式中可将所有的对称 $\sigma_{x_i^{\tau_i}}$ 移到表达式的右端. 换言之, 存在 $\tau \in \Omega$, 使得

$$\rho = \tau \sigma_{x_1^{\tau_1}} \cdots \sigma_{x_{2k}^{\tau_{2k}}}.$$

由 ρ 的任意性得出 $SO(V) \leqslant \Omega \cdot SO_H$. 另一方面, $\Omega \leqslant SO(V)$, $SO_H \leqslant SO(V)$, 故得 $SO(V) = \Omega \cdot SO_H$. 于是

$$SO(V)/\Omega = \Omega \cdot SO_H/\Omega \cong SO_H/(SO_H \cap \Omega).$$

注意到 $SO_H \cong SO(H) \cong F^\times$ 是交换群 (命题 6.1.17), 因此有

$$SO'(V) = O'(V) \leqslant \Omega. \qquad \square$$

命题 6.2.13 当 $\dim V \neq 4$ 或者 V 的 Witt 指数 $m(V) \neq 2$ 时, $\Omega = \Omega(V)$ 在 PC 上作用本原.

证明 当 $m(V) = 1$ 时, 任意 $\langle u \rangle, \langle v \rangle \in PC, \langle u \rangle \neq \langle v \rangle$, 都构成射影双曲对. 由命题 6.2.11 (2) 知, 这时 Ω 在 PC 上双传递, 当然是本原的.

当 $m(V) \geqslant 2$ 时, $\dim V \geqslant 5$. 设 $\mathcal{B} \subset PC$ 是一个块, $|\mathcal{B}| > 1$. 先假设存在 $\langle x \rangle, \langle y \rangle \in \mathcal{B}, \langle x \rangle \neq \langle y \rangle, (\langle x \rangle, \langle y \rangle)$ 是射影双曲对. 任取 $\langle z \rangle \in PC$, $\langle z \rangle \neq \langle x \rangle$. 在命题 6.2.11 (1) 的证明中我们看到, 总可以找到 $\langle w \rangle \in PC$, 使得 $(\langle x \rangle, \langle w \rangle), (\langle z \rangle, \langle w \rangle)$ 成为射影双曲对. 将命题 6.2.11 (2) 的结论用于 $(\langle x \rangle, \langle y \rangle), (\langle x \rangle, \langle w \rangle)$, 则存在 $\tau \in \Omega$, 满足 $\langle x \rangle^\tau = \langle x \rangle, \langle y \rangle^\tau = \langle w \rangle$. 于是 $\langle x \rangle \in \mathcal{B} \cap \mathcal{B}^\tau$, 故得 $\mathcal{B}^\tau = \mathcal{B}$. 因此 $\langle w \rangle = \langle y \rangle^\tau \in \mathcal{B}$. 再对 $(\langle x \rangle, \langle w \rangle)$, $(\langle z \rangle, \langle w \rangle)$ 用命题 6.2.11 (2) 知, 存在 $\sigma \in \Omega$, 满足 $\langle x \rangle^\sigma = \langle z \rangle, \langle w \rangle^\sigma = \langle w \rangle$, 故得 $\mathcal{B}^\sigma = \mathcal{B}$, 进而得到 $\langle z \rangle = \langle x \rangle^\sigma \in \mathcal{B}$. 由 $\langle z \rangle$ 的任意性即得 $\mathcal{B} = PC$.

再考虑 $\langle x \rangle, \langle y \rangle \in \mathcal{B}, \langle x \rangle \neq \langle y \rangle, B(x, y) = 0$ 的情形. 这时存在线性函数 $f \in V^*$, 满足 $f(x) = 1, f(y) = 0$. 由命题 3.1.7 知, 存在向量 $z \in V$, 使得

$$f(x) = B(x, z) = 1, \quad f(y) = B(z, y) = 0.$$

如果 z 不是迷向的, 用 $z - Q(z)x$ 代替 z, 故可进一步假定 z 是迷向向量. 令 $H = \langle x, z \rangle$ 是双曲平面, 则 $V = H \perp H^\perp$, $H^\perp$ 非退化, $\dim H^\perp \geqslant 3$. 现在迷向向量 $y \in H^\perp$, 所以存在迷向向量 $w \in H^\perp$, 使得 (y, w) 为双曲对. 对正交空间 $(H^\perp, Q|_{H^\perp})$, 由命题 6.2.11 (1) 知, 存在 $\tau \in \Omega(H^\perp)$, 满足 $\langle y \rangle^\tau = \langle w \rangle$. 注意 τ 是若干 Siegel 变换 $\rho_{u,v}$ 的乘积, 向量 $u, v \in H^\perp \subset V$, 因此这些 $\rho_{u,v}$ 也是 $\Omega(V)$ 中的 Siegel 变换, 进而得出 $\tau \in \Omega(V)$. 因为 $x \in H = (H^\perp)^\perp$, 根据 (6.3) 式, 这些 $\rho_{u,v}$ 都保持 x 不动, 从而得到 $\langle x \rangle^\tau = \langle x \rangle$. 这说明 $\langle x \rangle \in \mathcal{B} \cap \mathcal{B}^\tau$, 因此有 $\mathcal{B}^\tau = \mathcal{B}$,

进而得到 $\langle w \rangle = \langle y \rangle^\tau \in \mathcal{B}$. 换言之, 我们证明了 $\mathcal{B}$ 中包含射影双曲对 $(\langle y \rangle, \langle w \rangle)$. 再由上一段的证明即知命题成立. $\qquad\square$

命题 6.2.14 设 $\dim V = n \geqslant 3$, 其 Witt 指数 $m = m(V) > 0$, 则有 $\Omega' = \Omega$, 除去 $(n, m) = (4, 2)$ 和 $(n, |F|) = (3, 3)$ 的情形.

证明 假定 $(n, m) \neq (4, 2)$. 因为 Ω 是由 Siegel 变换生成的, 所以只需证明对任意迷向向量 u 和任意 $y \in \langle u \rangle^\perp$, 有 $\rho_{u,y} \in \Omega'$.

取 $v \in V$, 使得 (u, v) 成为双曲对. 记 $H = \langle u, v \rangle$. 由本节开始部分对 $\rho_{u,y}$ 表达式的分析, 总可假设 $y \in H^\perp$. 与命题 6.2.12 的证明一样, 令

$$O_H = \langle \sigma_w \mid w \in H \text{ 是非迷向向量} \rangle \leqslant \Omega,$$

则有 $O_H \cong O(H)$. 由命题 6.1.17 知, 存在 $\tau \in O_H$, 使得 $u^\tau = v$, $v^\tau = u$. 而对 $a \in F^\times$, 存在 $\eta_a \in O_H$, 满足

$$u^{\eta_a} = au, \quad v^{\eta_a} = a^{-1}v.$$

注意到 τ 是对合, 直接验证可知换位子

$$[\tau, \eta_a] = \tau \eta_a^{-1} \tau \eta_a = \eta_{a^2} \in O'(V) = \Omega.$$

又因为 $y \in H^\perp$, 由推论 6.2.2 可得

$$u^{\eta_{a^2}} = a^2 u, \quad y^{\eta_{a^2}} = y.$$

因此换位子

$$[\rho_{u,y}, \eta_{a^2}] = \rho_{u,y}^{-1} \eta_{a^2}^{-1} \rho_{u,y} \eta_{a^2} = \rho_{u,-y} \rho_{a^2 u, y}$$
$$= \rho_{u,-y} \rho_{u, a^2 y} = \rho_{u, (a^2-1)y} \in \Omega'.$$

如果 $|F| \neq 3$, 则 $|F| \geqslant 5$. 取 $a \in F^\times$, $a^2 \neq 1$. 令 $y_1 = y/(a^2-1) \in H^\perp$, 即得

$$\rho_{u, (a^2-1)y} = \rho_{u, y_1} \in \Omega'.$$

如果 $|F| = 3$, 则 $n \geqslant 4$, 且当 $n = 4$ 时, $m(V) = 1$. 因为 $H^\perp$ 非退化, 所以存在由非迷向向量组成的 $H^\perp$ 的正交基. 故 $y \in H^\perp$ 是若干非迷向向量的线性组合. 再由 Siegel 变换满足的关系式 $\rho_{u,y+z} = \rho_{u,y}\rho_{u,z}$ 即知, 每个 Siegel 变换都是若干 $\rho_{u,z}$ 的乘积, 其中的向量 z 是非迷向向量. 故只需证明对非迷向的 $y \in H^\perp$, $\rho_{u,y} \in \Omega'$ 即可. 为此, 我们先证明: 对任意非迷向的 $y \in H^\perp$, 存在 $z \in H^\perp$, 满足 $z \perp y$, 且 $Q(z) = Q(y)$.

当 $n = 4$ 时, $m(V) = 1$. 故 $H^\perp$ 不含迷向向量. 设 y, z 是 $H^\perp$ 的正交基, 则 $Q(z) \neq 0$. 注意现在 $|F| = 3$. 如果 $Q(z) = -Q(y)$, 则 $y + z \in H^\perp$ 是迷向向量. 因此必有 $Q(z) = Q(y)$.

当 $n > 4$ 时, $\dim H^\perp \geqslant 3$. 因为 $y \in H^\perp$ 是非迷向向量, 所以 $\langle y \rangle^\perp \cap H^\perp$ 是 $\langle y \rangle$ 在 $H^\perp$ 中的补空间. $\langle y \rangle$ 非退化, 故 $\langle y \rangle^\perp \cap H^\perp$ 非退化, 其维数 $\geqslant 2$. 根据命题 3.3.12, $Q|_{\langle y \rangle^\perp \cap H^\perp}$ 是万有的, 故存在 $z \in \langle y \rangle^\perp \cap H^\perp$, 满足 $Q(z) = Q(y)$, 且 $z \perp y$.

现在考虑 V 的子空间 $U = \langle u, y, z \rangle$. 不难验证映射

$$u \mapsto u, \quad y \mapsto -z, \quad z \mapsto y$$

是 U 到自身的一个等距. 由 Witt 定理知, 这个等距可以延拓为 V 上的等距 $\tau \in O(V)$, 而在 U 上 τ^2 满足

$$\tau^2: u \mapsto u, \ y \mapsto -y, \ z \mapsto -z.$$

由引理 6.2.6 有 $\tau^2 \in O'(V) = \Omega$, 而换位子

$$[\tau^2, \rho_{u,y}^{-1}] = \tau^{-2}\rho_{u,y}\tau^2\rho_{u,-y} = \rho_{u,-y}\rho_{u,-y} = \rho_{u,-2y} = \rho_{u,y} \in \Omega'.$$

这就完成了整个命题的证明. □

由命题 6.2.9 知, $\Omega(V)$ 在 $\mathcal{PC}$ 上作用的核等于 $\Omega(V) \cap \{\pm 1_V\}$, 故相应的射影群 $P\Omega(V) = \Omega(V)/(\Omega(V) \cap \{\pm 1_V\})$ 在 $\mathcal{PC}$ 上的作用是忠实的. 下面就可以利用岩泽引理证明 $P\Omega$ 的单性了.

定理 6.2.15 (Dickson-Dieudonné 定理) 设域 F的特征 char $F \neq 2$, (V, Q) 是 F 上的非退化正交空间, $\dim V = n \geqslant 3$, 其 Witt 指数

$m = m(V) > 0$. 如果 $(n, m) \neq (4, 2)$, 且当 $n = 3$ 时, $|F| \neq 3$, 则 $P\Omega(V)$ 是单群.

证明　由命题 6.2.13 知, $\Omega(V)$ 在 PC 上作用本原. 取定 $\langle u \rangle \in PC$, 由命题 6.2.3 知, 交换子群 $K_u \lhd \Omega_{\{u\}}$. 对任意 $\tau \in \Omega$, 有 $K_u^\tau = K_{u^\tau}$. 而由命题 6.2.11 知, Ω 在 PC 上作用传递. 因为 Ω 由所有 $K_x(x \in C)$ 生成, 所以 $\Omega = \langle K_u^\tau \mid \tau \in \Omega \rangle$. 分别记 $\overline{K_u}, \overline{\tau}$ 为 K_u 和 τ 在 $P\Omega(V)$ 中的像, 就得到

$$\overline{K_u} \lhd P\Omega_{\langle u \rangle}, \quad P\Omega = \langle \overline{K_u^{\overline{\tau}}} \mid \overline{\tau} \in P\Omega \rangle.$$

再由命题 6.2.12 知 $P\Omega' = P\Omega$. 至此岩泽引理的所有条件均已满足, 故得 $P\Omega$ 是单群. □

例 6.2.16　设域 F 的特征 char $F \neq 2$, $M = \{F$ 上全体 2 阶方阵$\}$. 定义映射 $B : M \times M \to F$:

$$B(X, Y) = \mathrm{tr}(XY), \quad \forall X, Y \in M,$$

其中 $\mathrm{tr}(XY)$ 是矩阵 XY 的迹. 显然 B 是一个对称双线性形式. 取定 M 的一个基

$$\varepsilon_1 = \begin{pmatrix} 0 & 1 \\ 0 & 0 \end{pmatrix}, \quad \varepsilon_2 = \begin{pmatrix} 0 & 0 \\ 1 & 0 \end{pmatrix}, \quad \varepsilon_3 = \begin{pmatrix} 1 & 0 \\ 0 & -1 \end{pmatrix}, \quad \varepsilon_4 = \begin{pmatrix} 1 & 0 \\ 0 & 1 \end{pmatrix},$$

则 B 在这个基下的度量矩阵为

$$\begin{pmatrix} 0 & 1 & 0 & 0 \\ 1 & 0 & 0 & 0 \\ 0 & 0 & 2 & 0 \\ 0 & 0 & 0 & 2 \end{pmatrix},$$

其行列式为 $-4 \neq 0$. 因此 (M, B) 成为 F 上的一个 4 维非退化正交空间. 对非奇异向量 ε_4, 令

$$V = \langle \varepsilon_4 \rangle^\perp = \{ X \in M \mid \mathrm{tr}(X) = 0 \},$$

则 $M = V \perp \langle \varepsilon_4 \rangle$. 显然 $V = \langle e_1, e_2 \rangle \perp \langle \varepsilon_3 \rangle$, 其中 $(\varepsilon_1, \varepsilon_2)$ 是双曲对, 而 ε_3 是非奇异向量. 换言之, V 是 F 上的 3 维非退化正交空间, 其 Witt 指数 $m(V) = 1$.

下面我们要建立 $\Omega(V)$ 与 $PSL_2(F)$ 之间的一个同构. 任给矩阵 $A \in GL_2(F)$, 考虑 A 在 V 上的作用 $\pi(A)$:

$$X^{\pi(A)} = A^{-1} X A, \quad \forall X \in V.$$

首先, $\mathrm{tr}(A^{-1} X A) = \mathrm{tr}(X) = 0$, 所以 $X^{\pi(A)} \in V$. 其次, 对于 $B \in GL_2(F)$, 有

$$X^{\pi(A)\pi(B)} = B^{-1} \left(A^{-1} X A \right) B = (AB)^{-1} X (AB) = X^{\pi(AB)}.$$

这说明 π 的确是一个群作用. 进一步, 对任意 $Y \in V$, 有

$$B(X^{\pi(A)}, Y^{\pi(A)}) = B(A^{-1} X A, A^{-1} Y A) = \mathrm{tr}(A^{-1} X Y A) = B(X, Y),$$

即得 $\pi(A) \in O(V)$. 于是, 我们得到一个群同态 $\pi\colon GL_2(F) \to O(V)$. 直接计算可得同态核

$$\mathrm{Ker}\, \pi = \{\, \lambda E \mid \lambda \in F^\times \,\} \cong F^\times.$$

于是 π 诱导出一个单同态 $\overline{\pi}\colon PGL_2(F) \to O(V)$.

设矩阵 $A = \begin{pmatrix} a & b \\ c & d \end{pmatrix} \in GL_2(F)$, 则其逆矩阵为

$$A^{-1} = \frac{1}{ad - bc} \begin{pmatrix} d & -b \\ -c & a \end{pmatrix}.$$

分别计算 $\pi(A)$ 在基向量 $\varepsilon_1, \varepsilon_2, \varepsilon_3$ 上的作用, 就得到 $\pi(A)$ 在 V 的这个基下的矩阵为

$$\frac{1}{ad - bc} \begin{pmatrix} d^2 & -b^2 & 2bd \\ -c^2 & a^2 & -2ac \\ cd & -ab & ad + bc \end{pmatrix}. \tag{6.4}$$

直接计算可知这个矩阵的行列式为 1, 从而 π 是 $PGL_2(F) \to SO(V)$ 的一个单同态. 我们要证明 π 是一个同构.

引理 6.2.17 *任给 V 中的非零奇异向量 X, 存在矩阵 $T \in GL_2(F)$, 使得*

$$X^{\pi(T)} = \varepsilon_1.$$

证明 设 $X = \begin{pmatrix} a & b \\ c & d \end{pmatrix} \in V$, 则 $\operatorname{tr}(X) = a + d = 0$. 故得

$$X = \begin{pmatrix} a & b \\ c & -a \end{pmatrix}, \quad X^2 = \begin{pmatrix} a^2 + bc & 0 \\ 0 & a^2 + bc \end{pmatrix}.$$

因为 X 奇异, 所以 $B(X, X) = \operatorname{tr}(X^2) = 2(a^2 + bc) = 0$, 从而得到 $X^2 = 0$. 又因 $X \neq 0$, 故存在非零向量 $v \in F^2$, 满足 $Xv \neq 0$, 但 $X(Xv) = X^2 v = 0$. 这意味着 Xv 与 v 线性无关, 构成 F^2 的一个基. 将 X 看做 F^2 上的某个线性变换在标准基 $e_1 = \begin{pmatrix} 1 \\ 0 \end{pmatrix}, e_2 = \begin{pmatrix} 0 \\ 1 \end{pmatrix}$ 下的矩阵, 则这个线性变换在基 Xv, v 下的矩阵为 ε_1. 设 T 为从 e_1, e_2 到 Xv, v 的过渡矩阵, 则有 $T^{-1}XT = \varepsilon_1$, 即证得 $X^{\pi(T)} = \varepsilon_1$. $\qquad\square$

记 $O(V)$ 中保持 1 维迷向子空间 $\langle \varepsilon_1 \rangle$ 不变的稳定化子:

$$O(V)_{\langle \varepsilon_1 \rangle} = \{\, \tau \in O(V) \mid \langle \varepsilon_1 \rangle^\tau = \langle \varepsilon_1 \rangle \,\}.$$

对任意 $\tau \in O(V)_{\langle \varepsilon_1 \rangle}$, 存在 $\lambda \in F^\times$, 使得 $\varepsilon_1^\tau = \lambda \varepsilon_1$. 设 $\varepsilon_2^\tau = x\varepsilon_1 + y\varepsilon_2 + z\varepsilon_3$, $x, y, z \in F$. 由

$$1 = B(\varepsilon_1^\tau, \varepsilon_2^\tau) = B(\lambda\varepsilon_1, x\varepsilon_1 + y\varepsilon_2 + z\varepsilon_3) = \lambda y$$

得出 $y = \lambda^{-1}$. 再由

$$0 = B(\varepsilon_2^\tau, \varepsilon_2^\tau) = B(x\varepsilon_1 + \lambda^{-1}\varepsilon_2 + z\varepsilon_3, x\varepsilon_1 + \lambda^{-1}\varepsilon_2 + z\varepsilon_3) = 2(\lambda^{-1}x + z^2)$$

得出 $x = -\lambda z^2$. 所以, 存在 $\mu \in F$, 使得

$$\varepsilon_2^\tau = -\lambda\mu^2\varepsilon_1 + \lambda^{-1}\varepsilon_2 + \mu\varepsilon_3.$$

同理, 若设 $\varepsilon_3^\tau = x\varepsilon_1 + y\varepsilon_2 + z\varepsilon_3$, 则由 $0 = B(\varepsilon_1^\tau, \varepsilon_3^\tau) = \lambda y$ 得出 $y = 0$, 由 $0 = B(\varepsilon_2^\tau, \varepsilon_3^\tau) = \lambda^{-1}x + 2\mu z$ 推出 $x = -2\lambda\mu z$, 再由

$$2 = B(\varepsilon_3^\tau, \varepsilon_3^\tau) = B(-2\lambda\mu z\varepsilon_1 + z\varepsilon_3, -2\lambda\mu z\varepsilon_1 + z\varepsilon_3) = 2z^2$$

推出 $z = \pm 1$. 所以, 存在 $\nu = \pm 1$, 使得

$$\varepsilon_3^\tau = -2\lambda\mu\nu\varepsilon_1 + \nu\varepsilon_3.$$

这就证明了

引理 6.2.18   对任意 $\tau \in O(V)$, $\tau \in O(V)_{\langle\varepsilon_1\rangle}$ 的充分必要条件是 τ 在基 $\varepsilon_1, \varepsilon_2, \varepsilon_3$ 下的矩阵为

$$\begin{pmatrix} \lambda & -\lambda\mu^2 & -2\lambda\mu\nu \\ 0 & \lambda^{-1} & 0 \\ 0 & \mu & \nu \end{pmatrix}, \quad \nu = \pm 1. \tag{6.5}$$

特别地, $\tau \in SO(V) \Longleftrightarrow \nu = 1$.

引理 6.2.19 $\operatorname{Im}\pi \cap O(V)_{\langle\varepsilon_1\rangle} = SO(V) \cap O(V)_{\langle\varepsilon_1\rangle}$.

证明   设 $A = \begin{pmatrix} a & b \\ c & d \end{pmatrix} \in GL_2(F)$. 由引理 6.2.18 和 (6.4) 式知 $\pi(A) \in O(V)_{\langle\varepsilon_1\rangle} \Longleftrightarrow c = 0$. 这时 $\pi(A)$ 在基 $\varepsilon_1, \varepsilon_2, \varepsilon_3$ 下的矩阵为

$$\begin{pmatrix} d/a & -b^2/ad & 2b/a \\ 0 & a/d & 0 \\ 0 & -b/d & 1 \end{pmatrix}.$$

由引理 6.2.18 即得 $\operatorname{Im}\pi \cap O(V)_{\langle\varepsilon_1\rangle} \subseteq SO(V) \cap O(V)_{\langle\varepsilon_1\rangle}$.

反之, 设 $\tau \in SO(V) \cap O(V)_{\langle\varepsilon_1\rangle}$, 则 τ 在 $\varepsilon_1, \varepsilon_2, \varepsilon_3$ 下的矩阵形如 (6.5) 式, 且 $\nu = 1$. 令 $A = \begin{pmatrix} 1 & -\lambda\mu \\ 0 & \lambda \end{pmatrix}$, 则有 $\pi(A) = \tau$. 反包含关系得证. $\qquad\square$

命题 6.2.20 π 是 $PGL_2(F) \to SO(V)$ 的同构.

证明 只需证明 π 是满同态. 任给 $\tau \in SO(V)$, ε_1^τ 是非零奇异向量. 由引理 6.2.17 知, 存在 $T \in GL_2(F)$, 使得 $\varepsilon_1^{\tau\pi(T)} = \varepsilon_1$. 因为 $\pi(T) \in SO(V)$, 根据引理 6.2.19, 有

$$\tau\pi(T) \in SO(V) \cap O(V)_{\langle\varepsilon_1\rangle} = \operatorname{Im}\pi \cap O(V)_{\langle\varepsilon_1\rangle}.$$

故存在 $S \in GL_2(F)$, 满足 $\tau\pi(T) = \pi(S)$, 进而得到

$$\tau = \pi(S)\pi(T^{-1}) \in \operatorname{Im}\pi. \qquad \square$$

推论 6.2.21 设 $\operatorname{char} F \neq 2$, V 是 F 上的 3 维非退化正交空间, 其 Witt 指数 $m(V) = 1$, 则有下述同构:

$$SO(V) \cong PGL_2(F), \quad \Omega(V) \cong PSL_2(F).$$

证明 第一个同构由上述命题给出. 因为 $\Omega(V)$ 是 $SO(V)$ 的换位子群, 而 $PSL_2(F)$ 是 $PGL_2(F)$ 的换位子群, 所以得第二个同构. $\quad\square$

虽然我们证明了在大多数情形下 $P\Omega(V)$ 是单群, 但与线性群、辛群和酉群不同的是, 我们还不清楚商群 $SO(V)/\Omega(V)$ 的结构. 此外, 当 $\dim V = 2r + 1$ 是奇数时, 因为 $\det(-1_V) = -1$, 显然 $-1_V \notin \Omega(V)$, 从而有 $P\Omega(V) \cong \Omega(V)$. 但当 $\dim V = 2r$ 是偶数时, 我们并不清楚何时 $-1_V \in \Omega(V)$. 为了回答这些问题, 需要引进新的工具——Clifford[6] 代数.

§6.3 Clifford 代数与旋量范数

设 V 是域 F 上的 n 维线性空间. 令 $T_0 = F, T_1 = V$. 构造张量积

$$T_r = T_r(V) = \underbrace{V \otimes \cdots \otimes V}_{r\ \text{个}}, \quad r = 2, 3, \cdots,$$

---

[6]William Kingdon Clifford (1845.5.4 —1879.3.3), 英国数学家、哲学家.

则 T_r 是 F 上的线性空间. 对于自然数 $r, s \in \mathbb{N}$, 映射

$$\mu_{rs} : T_r \otimes T_s \to T_{r+s},$$

$(u_1 \otimes \cdots \otimes u_r) \otimes (v_1 \otimes \cdots \otimes v_s) \mapsto u_1 \otimes \cdots \otimes u_r \otimes v_1 \otimes \cdots \otimes v_s,\ u_i, v_j \in V$

是 F-同构. 进而可以定义 T_r 与 T_s 中元素之间的乘法: 对 $x \in T_r$, $y \in T_s$, $x \otimes y \in T_{r+s}$. 作 $T_r(V)$ 的直和

$$T = T(V) = \bigoplus_{r=0}^{\infty} T_r(V),$$

则 T 是 F 上的线性空间, 而上述乘法使得 T 成为一个环, 带单位元素 $1 = 1_F \in T_0$. 由于张量乘法满足结合律, 所以 T 成为一个带单位元素的结合代数, 称为线性空间 V 的**张量代数** (tensor algebra). 特别地, $F = T_0$ 是 T 的子代数, $V = T_1$ 是 T 的子空间. 关于张量代数的进一步知识可参见文献 [3] 的第九章 §5.

张量代数 $T(V)$ 具有**泛性质** (universal property): 对 F 上任一带单位元素的结合代数 A, 如果存在线性映射 $\varphi \colon V \to A$, 则可以唯一地将 φ 延拓成一个代数同态 $\widehat{\varphi} \colon T \to A$. 换言之, 有下述交换图:

其中 id 是 $V = T_1 \hookrightarrow T$ 的嵌入映射.

现在设 (V, Q) 是 F 上的正交空间, B 是相应的对称双线性形式. 在张量代数 $T = T(V)$ 中, 定义 $I = I(V)$ 为所有形如

$$x \otimes x - Q(x) \cdot 1, \quad x \in V$$

的元素生成的双边理想. 记商代数

$$C = C(V, Q) = T(V)/I(V).$$

对任意 $x \in T$, 记 $\overline{x} = x + I \in C$. 因为 T 由 V 中的元素生成, 所以 C 由 $\overline{x}$ $(x \in V)$ 生成, 且有

$$\overline{x}^2 = Q(x) \cdot \overline{1}, \quad \forall x \in V.$$

下面的命题指出 $C(V, Q)$ 也具有某种**泛性质**.

命题 6.3.1 给定 F 上的正交空间 (V, Q). 对 F 上的任一结合代数 A, 如果存在线性映射 $\varphi \colon V \to A$, 满足

$$\varphi(x)^2 = Q(x) \cdot 1_A, \quad \forall x \in V,$$

则存在唯一的代数同态 $\varPhi \colon C(V, Q) \to A$, 使下图可交换:

$$\begin{array}{ccc} V & \xrightarrow{\nu|_V} & C \\ & \searrow{\scriptstyle\varphi} & \downarrow{\scriptstyle\varPhi} \\ & & A \end{array}$$

其中 $\nu|_V$ 是自然同态 $\nu \colon T \to C$, $x \mapsto \overline{x}$ 在 V 上的限制.

证明 由张量代数 T 的泛性质知, φ 可以唯一延拓成 $T(V) \to A$ 的代数同态 $\widehat{\varphi}$, 使得 $\widehat{\varphi}|_V = \varphi$. 对任意 $x \in V$, 有

$$\widehat{\varphi}(x \otimes x - Q(x) \cdot 1) = \varphi(x)^2 - Q(x) \cdot 1_A = 0.$$

这说明 $I \subseteq \operatorname{Ker} \widehat{\varphi}$. 因此可以定义 $C \to A$ 的代数同态 $\varPhi$:

$$\varPhi \colon \overline{x} \mapsto \widehat{\varphi}(x), \quad \forall\, \overline{x} \in C.$$

当 $x \in V$ 时, $\varPhi(\overline{x}) = \widehat{\varphi}(x) = \varphi(x)$, 可见 $\varPhi$ 确实是 φ 的延拓, 即有下面的交换图:

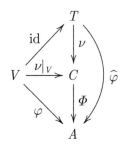

其中 id 是嵌入映射 $V = T_0 \hookrightarrow T$. 又因为 C 由 $\mathrm{Im}\,\nu = \{\,\overline{x} \mid x \in V\,\}$ 生成, 而 $\Phi(\overline{x}) = \widehat{\varphi}(x)$, 所以 Φ 被唯一确定. $\qquad\square$

定义 6.3.2 给定域 F 上的正交空间 (V, Q). F 上带单位元素的结合代数 C 称为 V 的 **Clifford 代数**, 如果

(1) 存在线性映射 $\varepsilon\colon V \to C$, 满足

$$\varepsilon^2(v) = Q(v) \cdot 1_C, \quad \forall v \in V; \tag{6.6}$$

(2) 对任一 F 上带单位元素的结合代数 A, 若存在线性映射 $\varphi\colon V \to A$, 满足 (6.6) 式, 则 φ 可唯一地被延拓成 $\widehat{\varphi}\colon C \to A$, 使下图可交换:

根据命题 6.3.1, 商代数 $C(V, Q)$ 就是正交空间 V 的一个 Clifford 代数, 其中 $\varepsilon = \nu|_V$ 是自然同态 $T(V) \to C(V)$ 在 V 上的限制. 进一步, 有

命题 6.3.3 给定域 F 上的正交空间 (V, Q), 则 V 的 Clifford 代数在同构意义下是唯一的.

证明 设 C_1, C_2 是 V 的两个 Clifford 代数, 则存在线性映射 ε_i:

$V \to C_i$ $(i = 1, 2)$ 满足 (6.6) 式. 于是有 ε_i 的唯一延拓 $\widehat{\varepsilon}_i$, 使得下面两个图交换:

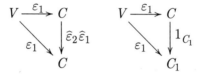

这意味着有

$$\varepsilon_2 = \varepsilon_1 \widehat{\varepsilon}_2, \quad \varepsilon_1 = \varepsilon_2 \widehat{\varepsilon}_1,$$

进而得出 $\varepsilon_1 = \varepsilon_1 \widehat{\varepsilon}_2 \widehat{\varepsilon}_1$. 显然还有 $\varepsilon_1 = \varepsilon_1 1_{C_1}$, 即有下面两个交换图:

由 Clifford 代数定义中对延拓唯一性的要求, 得到 $\widehat{\varepsilon}_2 \widehat{\varepsilon}_1 = 1_{C_1}$. 同理可证 $\widehat{\varepsilon}_1 \widehat{\varepsilon}_2 = 1_{C_2}$. 故 $\widehat{\varepsilon}_1$ 和 $\widehat{\varepsilon}_2$ 是互逆的同构映射, 即证得 $C_1 \cong C_2$. □

上述定理说明: V 的 Clifford 代数在同构意义下具有**唯一性**. 我们下面的讨论将集中于商代数 $C = C(V, Q) = T(V)/I$. 这时对任意 $x, y \in V$, 有 $(x+y) \otimes (x+y) - Q(x+y) \cdot 1 \in I$, 而

$$(x + y) \otimes (x + y) - Q(x+y) \cdot 1 = x \otimes x + y \otimes x + x \otimes y + y \otimes y$$
$$- Q(x) \cdot 1 - B(x, y) \cdot 1 - Q(y) \cdot 1,$$

进而得到 $x \otimes y + y \otimes x - B(x, y) \cdot 1 \in I$. 因此, 在 $C(V)$ 中有关系式

$$\overline{x}\,\overline{y} + \overline{y}\,\overline{x} = B(x, y) \cdot \overline{1}, \quad \forall x, y \in V. \tag{6.7}$$

注 6.3.4 $V = T_1$ 作为 T 的子空间, 其中元素的次数为 1. 而理想 I 是由 2 次元素生成的, 所以 $V \cap I = \varnothing$. 这意味着自然同态 $\nu|_V$ 是单射. 换言之, 对任意非零向量 $x \in V$, $\overline{x} \in C$ 是非零元素.

命题 6.3.5 (1) 对 $u, v \in V$, $u \perp v \Longleftrightarrow$ 在 C 中成立 $\overline{u}\,\overline{v} = -\overline{v}\,\overline{u}$;
(2) 对 V 中的非零向量 v, $\overline{v}$ 在 C 中可逆 $\Longleftrightarrow v$ 是非奇异向量;
(3) 对非奇异向量 $u \in V$, 对称 σ_u 满足

$$\overline{x^{\sigma_u}} = -\overline{u}^{-1}\overline{x}\,\overline{u}, \quad \forall x \in V.$$

证明 (1) $u \perp v \Longleftrightarrow B(u,v) = 0$. 由 (6.7) 式即知这等价于在 C 中有

$$\overline{u}\,\overline{v} + \overline{v}\,\overline{u} = 0.$$

(2) v 非奇异则 $Q(v) \neq 0$. 由 $\overline{v}^2 = Q(v) \cdot \overline{1}$ 即得 $\overline{v}^{-1} = Q(v)^{-1}\overline{v}$. 反之, 设 $\overline{x} \in C$ 满足 $\overline{x}\,\overline{v} = \overline{1}$, 则

$$\overline{x}\,\overline{v}^2 = \overline{x}Q(v) \cdot \overline{1} = Q(v)\overline{x} \neq 0.$$

所以得到 $Q(v) \neq 0$, v 非奇异.

(3) 根据对称 σ_u 的定义, 对任意 $x \in V$, 有 $x^{\sigma_u} = x - Q(u)^{-1}B(x,u)u$. 于是在 C 中有

$$\overline{x^{\sigma_u}} = \overline{x} - Q(u)^{-1}B(x,u)\overline{u} \xlongequal{(6.7)\ \text{式}} \overline{x} - Q(u)^{-1}(\overline{x}\,\overline{u} + \overline{u}\,\overline{x})\overline{u}$$
$$= -Q(u)^{-1}\overline{u}\,\overline{x}\,\overline{u} = -Q(u)^{-1}\overline{u}(\overline{u}\,\overline{u}^{-1})\overline{x}\,\overline{u} = -\overline{u}^{-1}\overline{x}\,\overline{u}.$$

命题证毕. □

命题 6.3.6 设 $v_1, \cdots, v_n$ 是 V 的一个正交基, 则

$$\{\,\overline{v}_1^{e_1}\overline{v}_2^{e_2}\cdots\overline{v}_n^{e_n} \mid e_i = 0 \text{ 或 } 1\,\}$$

是 $C(V)$ 的生成元集合. 因此有 $\dim_F C \leqslant 2^n$.

证明 显然 C 中的元素总可以表示成若干 $\overline{v}_i$ 乘积的线性组合. 在一个单项式中, 当 $i > j$ 时, 因为 $v_i \perp v_j$, 故由命题 6.3.5 (1) 有 $\overline{v}_i\overline{v}_j = -\overline{v}_j\overline{v}_i$. 因此每个单项式总可写成 $\overline{v}_1^{e_1}\overline{v}_2^{e_2}\cdots\overline{v}_n^{e_n}$ 的形式. 再由 $\overline{v}_i^2 = Q(v_i) \cdot \overline{1}$ 得到每个 $\overline{v}_i$ 的指数 $e_i = 0$ 或者 1. □

下面要证明 $\dim_F C = 2^n$. 为此要引入 $\mathbb{Z}_2$ **分次代数** ($\mathbb{Z}_2$-graded algebra) 的概念. 域 F 上的一个代数 A 称为 $\mathbb{Z}_2$ 分次的, 如果存在 A 的子空间 A_0, A_1, 使得 $A = A_0 \oplus A_1$, $1_A \in A_0$, 且对 $i, j \in \mathbb{Z}_2$, $A_i A_j \subseteq A_{i+j}$, 其脚标中的 $i+j$ 为模 2 加法. 称 A_0 中的元素是 0 次齐次的, 称 A_1 中的元素是 1 次齐次的. 特别地, A_0 是 A 的子代数.

正交空间 (V, Q) 的 Clifford 代数就是一个 $\mathbb{Z}_2$ 分次代数. 记

$$T_+ = \bigoplus_{r \text{ 偶}} T_r, \quad T_- = \bigoplus_{r \text{ 奇}} T_r,$$

则 $T = T_+ \oplus T_-$. 令

$$C_0 = \nu(T_+) = (T_+ + I)/I \cong T_+/(T_+ \cap I),$$

$$C_1 = \nu(T_-) = (T_- + I)/I \cong T_-/(T_- \cap I),$$

则 $C = C_0 + C_1$. 进一步, 有

命题 6.3.7 设 (V, Q) 是 F 上的正交空间, $C = C(V)$ 是其 Clifford 代数, 则作为 F 上的线性空间, $C = C_0 \oplus C_1$. 进一步, C 是一个 $\mathbb{Z}_2$ 分次代数.

证明 首先证明 $C = C_0 \oplus C_1$. 只需证明 $C_0 \cap C_1 = 0$. 记 $I_0 = T_+ \cap I$, $I_1 = T_- \cap I$, 则作为 T 的子空间有 $I_0 \cap I_1 = 0$. 而 $I = I_0 + I_1$, 进而有 $I = I_0 \oplus I_1$. 记 $D_0 = T_+/I_0$, $D_1 = T_-/I_1$, 则 $D_i \cong C_i$ ($i = 0, 1$). 任意 $x \in T$ 可唯一表示成 $x = x_+ + x_-$, $x_+ \in T_+$, $x_- \in T_-$. 定义 θ: $T \to D_0 \oplus D_1$ (外直和):

$$x = x_+ + x_- \mapsto (x_+ + I_0, \ x_- + I_1).$$

直接验证知 θ 是一个满同态, 且 $I \subseteq \operatorname{Ker} \theta$, 故 θ 诱导出一个满同态

$$\widehat{\theta}: \ C = T/I \to D_0 \oplus D_1.$$

如果 $\overline{x} \in \operatorname{Ker} \widehat{\theta}$, 则 $\overline{x}_+ \in I_0$, $\overline{x}_- \in I_1$, 从而 $x \in I$. 这说明 $\widehat{\theta}$ 是单同态, 从而是同构. 作为 F 上的线性空间, 显然有

$$\dim C = \dim D_0 + \dim D_1 = \dim C_0 + \dim C_1.$$

再由 $C = C_0 + C_1$ 即得 $C_0 \cap C_1 = 0$.

由 C_i 的定义可知 $C_i C_j \subseteq C_{i+j}$ $(i, j = 0, 1)$. 所以 C 是 $\mathbb{Z}_2$ 分次代数.   □

在 Clifford 代数的分解 $C = C_0 \oplus C_1$ 中, C_0 是 C 的一个子代数, 称为**偶子代数** (even subalgebra).

给定两个 $\mathbb{Z}_2$ 分次代数 $A = A_0 \oplus A_1$ 和 $B = B_0 \oplus B_1$, 如下定义它们的 $\mathbb{Z}_2$ **分次张量积** $A \widehat{\otimes} B$: 首先, 作为 F 上的线性空间, 有

$$
\begin{aligned}
A \widehat{\otimes} B &= A \otimes B = (A_0 \oplus A_1) \otimes (B_0 \oplus B_1) \\
&= [(A_0 \otimes B_0) \oplus (A_1 \otimes B_1)] \oplus [(A_1 \otimes B_0) \oplus (A_0 \otimes B_1)].
\end{aligned}
$$

而 $A \widehat{\otimes} B$ 中的乘法定义与通常的张量积不同. 设元素 $a \otimes b$, 其中 $a \in A$, 而 $b \in B_i$ 是 i 次齐次元素; 元素 $a' \otimes b'$, 其中 $b' \in B$, 而 $a' \in A_j$ 是 j 次齐次元素. 定义它们的乘法为

$$(a \otimes b)(a' \otimes b') = (-1)^{ij} aa' \otimes bb'.$$

再将此定义线性延拓到 $A \widehat{\otimes} B$ 的全体元素上去. 可以证明 $A \widehat{\otimes} B$ 关于这个乘法仍然构成一个 $\mathbb{Z}_2$ 分次代数:

$$
\begin{aligned}
(A \widehat{\otimes} B)_0 &= (A_0 \otimes B_0) \oplus (A_1 \otimes B_1), \\
(A \widehat{\otimes} B)_1 &= (A_1 \otimes B_0) \oplus (A_0 \otimes B_1).
\end{aligned}
$$

将 A, B 分别与 $A \widehat{\otimes} F$ 和 $F \widehat{\otimes} B$ 等同, 则 A 和 B 都成为 $A \widehat{\otimes} B$ 的子代数. 有关内容可参见文献 [19] 的 XVI §6, 那里 $\mathbb{Z}_2$ 分次代数被称为超代数 (super algebra), $A \widehat{\otimes} B$ 被称为超张量积 (super tensor product).

引理 6.3.8 设 (V, Q) 是域 F 上的 1 维非退化正交空间, $V = \langle u \rangle$, 则 Clifford 代数 $C = C(V)$ 的维数为 2. 当 $Q(u)$ 是 F 中的非平方元素时, C 是一个域; 当 $Q(u)$ 是 F 中的平方元素时, $C \cong F \oplus F$.

证明 因为 Q 非退化, 所以 $Q(u) \neq 0$. 考虑 F 上的一元多项式环 $F[t]$, 其中 t 是未定元. 令理想 $I = (t^2 - Q(u))$, $A = F[t]/I$, 则 $\bar{1} = 1 + I$

和 $\bar{t} = t + I$ 构成 A 的一个基, 且有 $\bar{t}^2 = Q(u)\bar{1}$. 于是线性映射 f: $V \to A$, $f(u) = \bar{t}$ 满足 $f(x)^2 = Q(x) \cdot \bar{1}$, $\forall x \in V$. 由 Clifford 代数 C 的泛性质知, f 可唯一延拓成同态 $\hat{f}$: $C \to A$. 显然有 $\hat{f}(\bar{u}) = f(u) = \bar{t}$, 故 $\hat{f}$ 是满同态. 由 $\dim_F A = 2$ 即得 $\dim_F C = 2$. 这也说明 $\hat{f}$ 是同构映射.

如果 $Q(u)$ 不是 F 中的平方元素, $t^2 - Q(u)$ 在 $F[t]$ 中不可约, 故 $C \cong A$ 是一个域. 若 $Q(u) = a^2$ 是 F 中的平方元素, 则

$$I = (t+a) \cap (t-a)$$

是两个互素理想之交. 于是得到

$$A = F[t]/I \cong F[t]/(t-a) \oplus F[t]/(t+a) \cong F \oplus F.$$

引理得证. □

定理 6.3.9 设 (V, Q) 是 F 上的 n 维非退化正交空间, $C = C(V)$ 是其 Clifford 代数, 则 $\dim_F C = 2^n$.

证明 对 n 作数学归纳法. 当 $n = 1$ 时, 由引理 6.3.8 知定理成立. 当 $n > 1$ 时, 取非迷向向量 $u \in V$, 记 $W = \langle u \rangle^\perp$, 则有正交分解

$$V = \langle u \rangle \perp W.$$

任意 $v \in V$ 可唯一表示成 $v = x + w$, $x \in \langle u \rangle$, $w \in W$. 这时有

$$Q(v) = Q(x+w) = Q(x) + Q(w).$$

定义映射 ε: $V \to C(\langle u \rangle)\hat{\otimes}C(W)$, $v \mapsto \bar{x} \otimes \bar{1} + \bar{1} \otimes \bar{w}$. 注意在 Clifford 代数中 $F \subset C_0$, $V \subset C_1$. 于是有

$$\begin{aligned}(v^\varepsilon)^2 &= (\bar{x}\otimes\bar{1}+\bar{1}\otimes\bar{w})(\bar{x}\otimes\bar{1}+\bar{1}\otimes\bar{w})\\ &= (\bar{x}\otimes\bar{1})(\bar{x}\otimes\bar{1})+(\bar{x}\otimes\bar{1})(\bar{1}\otimes\bar{w})+(\bar{1}\otimes\bar{w})(\bar{x}\otimes\bar{1})+(\bar{1}\otimes\bar{w})(\bar{1}\otimes\bar{w})\\ &= \bar{x}^2\otimes\bar{1}+\bar{x}\otimes\bar{w}-\bar{x}\otimes\bar{w}+\bar{1}\otimes\bar{w}^2\\ &= (Q(x)+Q(w))(\bar{1}\otimes\bar{1})\\ &= Q(v)(\bar{1}\otimes\bar{1}).\end{aligned}$$

由 $C = C(V)$ 的泛性质知, ε 可唯一延拓为 $\widehat{\varepsilon}$: $C \to C(\langle u \rangle) \widehat{\otimes} C(W)$, 使得下图可交换:

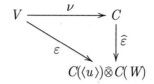

其中 ν: $v \mapsto \overline{v}$ 是自然同态. 注意

$$\overline{u}^{\widehat{\varepsilon}} = u^{\varepsilon} = \overline{u} \otimes \overline{1}, \quad \overline{w}^{\widehat{\varepsilon}} = w^{\varepsilon} = \overline{1} \otimes \overline{w}, \ \forall w \in W.$$

因为 $C(\langle u \rangle) \widehat{\otimes} C(W)$ 由 $\overline{u} \otimes 1$ 和 $1 \otimes \overline{w}$ 生成, 所以 $\widehat{\varepsilon}$ 是满同态. 由归纳假设知 $\dim_F C(\langle u \rangle) = 2$, $\dim_F C(W) = 2^{n-1}$, 故得

$$\dim_F C(V) \geqslant 2 \cdot 2^{n-1} = 2^n.$$

再由命题 6.3.6 即完成归纳证明. $\qquad\qquad\qquad\qquad\qquad\qquad\qquad \square$

命题 6.3.10 设 $\overline{x} \in C_0(V)$ 满足 $\overline{x}\,\overline{v} = \overline{v}\,\overline{x}$, $\forall v \in V$, 则 $\overline{x} \in F \cdot \overline{1}$.

证明 设 $v_1, \cdots, v_n$ 是 (V, Q) 的一个正交基, 则 $\overline{v}_1^{e_1} \cdots \overline{v}_n^{e_n}$ ($e_i = 0$ 或者 1) 是 $C(V)$ 的基. 对于 $\overline{x} \in C_0(V)$, 将其表示成基向量的线性组合, 则只有 $\sum\limits_{i=1}^{n} e_i$ 为偶数的基向量的系数不等于 0. 设 $\overline{x} = a\overline{v}_1^{e_1} \cdots \overline{v}_n^{e_n} + \cdots$, $a \in F$. 如果 e_i 不全为 0, 设 $e_j = 1$, 则

$$\overline{v}_j \overline{x} = \overline{v}_j (a\overline{v}_1^{e_1} \cdots \overline{v}_n^{e_n} + \cdots)$$
$$= (-a\overline{v}_1^{e_1} \cdots \overline{v}_n^{e_n} \pm \cdots)\overline{v}_j,$$

因为 $\overline{v}_j$ 与奇数个 $\overline{v}_i^{e_i}$ 互换了位置. 另一方面, 有

$$\overline{x}\,\overline{v}_j = (a\overline{v}_1^{e_1} \cdots \overline{v}_n^{e_n} + \cdots)\overline{v}_j.$$

注意 $v_j \in V$ 是非迷向向量, 由命题 6.3.5 (2) 知, $\overline{v}_j$ 在 $C(V)$ 中可逆. 这说明

$$-a\overline{v}_1^{e_1} \cdots \overline{v}_n^{e_n} \pm \cdots = a\overline{v}_1^{e_1} \cdots \overline{v}_n^{e_n} + \cdots,$$

得到 $a=0$. 这就证明了将 $\bar{x}$ 表示成基向量的线性组合时, 只有 $\bar{v}_1^0 \cdots \bar{v}_n^0 = \bar{1}$ 的系数不等于 0, 即 $\bar{x} \in F \cdot \bar{1}$. □

对于域 F 上的结合代数 A, 线性映射 $\alpha: A \to A$ 称为 A 的一个**反自同构** (anti-automorphism), 如果 α 是 F-自同构, 且对任意 $x, y \in A$, $(xy)^\alpha = y^\alpha x^\alpha$. 下述命题对任意特征的域都成立.

命题 6.3.11 给定 F 上的正交空间 (V, Q), $C = C(V)$ 是其 Clifford 代数, 则唯一存在反自同构 $\alpha: C \to C$, 满足 $\alpha|_V = 1_V$.

证明 记 C^{op} 为 C 的**反代数** (opposite algebra), 即作为集合和 F 上的线性空间, 均有 $C^{op} = C$. 在 C^{op} 中定义乘法: $x \circ y = yx$, $\forall x, y \in C^{op}$, 其中 yx 是 C 中的乘法. 对任意 F-代数 A, 如果存在 $\varphi: V \to A$, 满足 $\varphi(v)^2 = Q(v) \cdot 1_A$, 则显然 A^{op} 也满足这个条件. 故唯一存在 φ 的延拓 $\widehat{\varphi}: C \to A^{op}$, 使得下图可交换:

但是 $\widehat{\varphi}$ 也是唯一的 $C^{op} \to A$ 的同态, 使得下图可交换:

这说明 C^{op} 也是 V 的 Clifford 代数. 由命题 6.3.3 知, 存在代数同构 $\alpha: C \to C^{op}$. 显然 α 满足 $\alpha|_V = 1_V$, 即得 $\alpha: C \to C$ 是一个反自同构. □

我们知道, 任一置换都可以写成若干对换的乘积, 其表示法本身并不唯一, 但对换个数的 "奇偶性" 是唯一的. 类似地, 正交群 $O(V)$ 中的元素表示成若干对称的乘积, 其表示法也具有某种唯一性. Clifford

代数为研究这种唯一性提供了工具.

命题 6.3.12 设 char $F \neq 2$, (V, Q) 是 F 上的非退化正交空间. 如果对非迷向向量 $u_1, \cdots, u_r \in V$, 相应的对称 σ_{u_i} 满足 $\sigma_{u_1} \cdots \sigma_{u_r} = 1_V$, 则 $\prod\limits_{i=1}^{r} Q(u_i) \in F^{\times 2}$ 必为平方元素.

证明 因为对称的行列式为 -1, 所以 r 是偶数. 对任意 $v \in V$, 由命题 6.3.5 (3) 知, 在 Clifford 代数 $C(V, Q)$ 中有

$$\overline{v} = \overline{v^{1_V}} = \overline{v^{\sigma_{u_1} \cdots \sigma_{u_r}}} = (-1)^r \, \overline{u}_r^{-1} \cdots \overline{u}_1^{-1} \overline{v} \, \overline{u}_1 \cdots \overline{u}_r$$
$$= (\overline{u}_1 \cdots \overline{u}_r)^{-1} \overline{v} \, (\overline{u}_1 \cdots \overline{u}_r),$$

于是得到 $(\overline{u}_1 \cdots \overline{u}_r) \overline{v} = \overline{v} \, (\overline{u}_1 \cdots \overline{u}_r)$, $\forall v \in V$. 因为 $\overline{u}_1 \cdots \overline{u}_r \in C_0(V, Q)$, 由命题 6.3.10 知, 存在 $a \in F^{\times}$, 使得

$$\overline{u}_1 \cdots \overline{u}_r = a \cdot \overline{1}.$$

注意 $\overline{u}_1 \cdots \overline{u}_r \overline{u}_r \cdots \overline{u}_1 = Q(u_r) \overline{u}_1 \cdots \overline{u}_{r-1} \overline{u}_{r-1} \cdots \overline{u}_1$, 依次类推, 可得

$$\overline{u}_1 \cdots \overline{u}_r \overline{u}_r \cdots \overline{u}_1 = \prod_{i=1}^{r} Q(u_i) \cdot \overline{1}.$$

另一方面, 利用命题 6.3.11 中的反自同构 $\alpha \colon C \to C$, 可得

$$\overline{u}_1 \cdots \overline{u}_r \overline{u}_r \cdots \overline{u}_1 = \overline{u}_1 \cdots \overline{u}_r \alpha(\overline{u}_r) \cdots \alpha(\overline{u}_1)$$
$$= \overline{u}_1 \cdots \overline{u}_r \alpha(\overline{u}_1 \cdots \overline{u}_r)$$
$$= a \cdot \alpha(a \cdot \overline{1}) = a^2 \cdot \overline{1},$$

于是得出

$$\prod_{i=1}^{r} Q(u_i) = a^2 \in F^{\times 2}. \qquad \square$$

这个命题的意义在于: $O(V)$ 中任一元素表示成若干对称之积, 其表达式具有某种唯一性. 设 $\tau \in O(V)$ 有两个表达式

$$\tau = \sigma_{u_1} \sigma_{u_2} \cdots \sigma_{u_s} = \sigma_{v_1} \sigma_{v_2} \cdots \sigma_{v_t},$$

其中 u_i $(i = 1, \cdots, s)$, v_j $(j = 1, \cdots, t)$ 是非迷向向量. 注意到对称是对合, 因此有

$$\sigma_{u_1} \sigma_{u_2} \cdots \sigma_{u_s} \sigma_{v_t} \cdots \sigma_{v_2} \sigma_{v_1} = 1_V.$$

根据命题 6.3.12,

$$\prod_{i=1}^{s} Q(u_i) \prod_{i=1}^{t} Q(v_i) \in F^{\times 2}$$

是平方元素, 因此 $\prod\limits_{i=1}^{s} Q(u_i)$ 与 $\prod\limits_{i=1}^{t} Q(v_i)$ 属于 F^2 在 $F^{\times}$ 中的同一陪集. 于是, 对任意 $\sigma = \sigma_{v_1} \cdots \sigma_{v_t} \in O(V)$, 定义映射 $\theta : O(V) \to F^{\times}/F^{\times 2}$:

$$\theta(\sigma) = \prod_{i=1}^{t} Q(v_i) F^{\times 2}.$$

显然 θ 是良定的 (well-defined), 且为群同态, 称为 $O(V)$ 的**旋量范数** (spinor norm).

将 θ 限制到 $SO(V)$ 上, 考虑映射的核

$$\mho(V) = \operatorname{Ker} \theta = \{\, \tau \in SO(V) \mid \theta(\tau) = F^{\times 2} \,\}.$$

由于 θ 的值域是交换群 $F^{\times}/F^{\times 2}$, 我们得到下述正规群列:

$$\Omega \lhd \mho \lhd SO(V) \lhd O(V).$$

定理 6.3.13 如果正交空间 (V, Q) 包含迷向向量, 则

$$SO(V)/\mho(V) \cong F^{\times}/F^{\times 2}.$$

证明 如果 $F = F^2$ 是完全域, 定理显然成立. 当 $F \neq F^2$ 时, 由命题 3.3.6 知, 这时 Q 是万有的. 故存在非迷向向量 $u, v \in V$, 满足 $Q(u) \in F^{\times} \backslash F^{\times 2}$ 是非平方元素, $Q(v) \in F^{\times 2}$ 是平方元素. 相应的对称 σ_u, σ_v 的乘积 $\sigma_u \sigma_v \in SO(V)$ 是一个旋转. 而 $\theta(\sigma_u \sigma_v) = Q(u)Q(v)F^{\times 2} \neq F^{\times 2}$, 因此 θ 是满同态. $\qquad\square$

当 F 是有限域时, 根据定理 3.3.10 (1), 只要非退化正交空间 V 的维数 $\geqslant 3$, V 就包含迷向向量, 从而定理的结论成立. 下面我们来证明, 多数情形下有

$$\mho(V) = \Omega(V).$$

引理 6.3.14 设 (u,v) 是双曲对, $H = \langle u,v \rangle$ 是双曲平面, H 上的旋转 ρ_a: $u \mapsto au$, $v \mapsto a^{-1}v$, $a \in F^{\times}$, 则 ρ_a 是两个对称之积:

$$\rho_a = \sigma_{u-av}\sigma_{u-v}.$$

引理的证明留给读者作为练习.

定理 6.3.15 设 (V,Q) 非退化, 其 Witt 指数 $m(V) > 0$, 则

$$\mho(V) = \Omega(V).$$

进一步, 有

$$SO(V)/\Omega(V) \cong F^{\times}/F^{\times 2}.$$

证明 取定 V 中的一个双曲对 (u,v), 记 $H = \langle u,v \rangle$. 对任意非迷向向量 $y \in V$, 设 $Q(y) = a \neq 0$, 则 $Q(u + av) = a = Q(y)$. 根据 Witt 定理, 存在 $\sigma \in O(V)$, 使得 $(u + av)^{\sigma} = y$, 因此对称 $\sigma_y = \sigma^{-1}\sigma_{u+av}\sigma$.

对任意 $\tau \in \mho$, 设 $\tau = \sigma_{v_1} \cdots \sigma_{v_r}$, 其中 $r = 2k$ 是偶数, $Q(v_i) = a_i$. 因为 $\tau \in \mathrm{Ker}\,\theta$, 所以

$$\theta(\tau) = \prod_{i=1}^{2k} Q(v_i)F^{\times 2} = \prod_{i=1}^{2k} a_i F^{\times 2} = F^{\times 2}.$$

另一方面, 存在 $\sigma_i \in O(V)$ $(i = 1, \cdots, r)$, 满足 $\sigma_i^{-1}\sigma_{u+a_iv}\sigma_i = \sigma_{v_i}$, 所以

$$\tau = (\sigma_1^{-1}\sigma_{u+a_1v}\sigma_1) \cdots (\sigma_r^{-1}\sigma_{u+a_rv}\sigma_r).$$

因为 $O(V)/\Omega(V)$ 是交换群, 所以 τ 与 $\rho = \sigma_{u+a_1v} \cdots \sigma_{u+a_rv}$ 属于 Ω 在 $O(V)$ 中的同一个陪集. 于是, 要证明 $\tau \in \Omega$, 只需证明 $\rho \in \Omega$. 注意到 $Q(v_i) = Q(u + a_iv)$, 故得

$$\theta(\rho) = \prod_{i=1}^{r} Q(u + a_iv)F^{\times 2} = \prod_{i=1}^{r} Q(v_i)F^{\times 2} = F^{\times 2},$$

即 $\rho \in \mho(V)$. 显然 $\rho|_{H^\perp} = 1_{H^\perp}$, 所以 ρ 实际上是 H 上的一个旋转. 由命题 6.1.17 知, 存在 $a \in F^\times$, 满足 $\rho = \rho_a$. 再由引理 6.3.14 有 $\rho_a = \sigma_{u-av}\sigma_{u-v}$. 注意到 $\theta(\rho_a) = Q(u-av)Q(u-v)F^{\times 2} = aF^{\times 2}$, 而 $\rho \in \mho$, 所以 $a = b^{-2}$ 是平方元素. 于是得出

$$\rho = \rho_a = \sigma_{u-av}\sigma_{u-v} = \rho_b^{-1}\sigma_{u-v}\rho_b\sigma_{u-v} \in \Omega(V).$$

这就证明了 $\mho = \Omega$. 再由定理 6.3.13 即得

$$SO(V)/\Omega(V) \cong F^\times/F^{\times 2}. \qquad \Box$$

定理 6.3.15 回答了上一节最后提出的第一个问题: 当 V 包含迷向向量时, $SO(V)/\Omega(V) \cong F^\times/F^{\times 2}$. 为回答第二个问题, 我们需要先给出双线性形式 B 的判别式的概念.

设 B 是域 F 上的一个双线性形式, 在 V 的某个基下的矩阵为 $\widehat{B}$. 根据第三章 §3.1 的讨论, B 在另一个基下的矩阵为 $A'\widehat{B}A$, 其中 A 是两个基之间的过渡矩阵, 从而是可逆的. 行列式 $\det\widehat{B}$ 与 $\det(A'\widehat{B}A) = (\det\widehat{B}) \cdot (\det A)^2$ 相差 $F^\times$ 中的一个平方元素. 定义 B 的**判别式** (discriminant) 为

$$\operatorname{discr}(B) = \begin{cases} 0, & \det\widehat{B} = 0, \\ (\det\widehat{B})F^{\times 2}, & \text{否则}. \end{cases}$$

显然, 判别式 $\operatorname{discr}(B)$ 与基的选取无关.

定理 6.3.16　设 (V, Q) 是域 F 上的非退化正交空间, B 是相应的对称双线性形式, 其 Witt 指数 $m(V) > 0$. 如果 $\dim V = n$ 是偶数, 则 $-1_V \in \Omega(V) \Longleftrightarrow B$ 的判别式 $\operatorname{discr}(B) = F^{\times 2}$.

证明　这时 $\Omega = \mho = \operatorname{Ker}\theta$. 设 $v_1, \cdots, v_n$ 是 V 的一个正交基, 则 B 在这个基下的矩阵为对角形. 因为 n 是偶数, 所以 B 的判别式为

$$\operatorname{discr}(B) = \prod_{i=1}^{n} B(v_i, v_i) \cdot F^{\times 2} = 2^n \prod_{i=1}^{n} Q(v_i) \cdot F^{\times 2} = \prod_{i=1}^{n} Q(v_i) \cdot F^{\times 2}.$$

另一方面, 令 $\sigma = \sigma_{v_1} \cdots \sigma_{v_n}$. 因为 $v_i^\sigma = -v_i$ $(i = 1, \cdots, n)$, 所以 $\sigma = -1_V$, 进而得到

$$\theta(-1_V) = \theta(\sigma) = \prod_{i=1}^{n} Q(v_i) \cdot F^{\times 2} = \mathrm{discr}(B).$$

定理得证.   □

§6.4   有限域上的正交群 (char $F \neq 2$)

本节我们总假定 $F = F_q$ 是有限域, q 是一个奇素数的方幂. 事实上, 这里得到的许多结果对于 char $F = 2$ 的情形也是成立的.

首先要考察正交群与对称双线性形式 B 之间的关系. 任给 $\alpha \in F^\times$, 定义 α 对 B 的**数乘** (scaling) αB:

$$(\alpha B)(u, v) = \alpha \cdot B(u, v), \quad \forall u, v \in V.$$

显然 αB 仍然是一个对称双线性形式.

对任意 $g \in O(V, B)$, 有

$$(\alpha B)(u^g, v^g) = \alpha \cdot B(u^g, v^g) = \alpha \cdot B(u, v) = (\alpha B)(u, v).$$

可见 $g \in O(V, \alpha B)$. 反之也成立. 因此 $O(V, \alpha B) = O(V, B)$, 即 B 的数乘不改变相应的正交群.

当 $n = 2m + 1$ 为奇数时, 有两类不等价的双线性形式 B_1 和 B_2, 其度量矩阵分别为

$$B_1 = \begin{pmatrix} 1 & & & \\ & \ddots & & \\ & & \ddots & \\ & & & 1 \end{pmatrix}, \quad B_2 = \begin{pmatrix} 1 & & & \\ & \ddots & & \\ & & 1 & \\ & & & \alpha \end{pmatrix},$$

其中 α 是非平方元素. 对 B_1 作数乘, 得到

$$\alpha B_1 = \begin{pmatrix} \alpha & & & \\ & \ddots & & \\ & & \ddots & \\ & & & \alpha \end{pmatrix}.$$

根据定理 3.3.9 的证明可知

$$\begin{pmatrix} \alpha & \\ & \alpha \end{pmatrix} \sim \begin{pmatrix} 1 & \\ & 1 \end{pmatrix}.$$

注意矩阵是 $n = 2m + 1$ 阶的, 所以

$$\alpha B_1 \sim \begin{pmatrix} 1 & & & \\ & \ddots & & \\ & & 1 & \\ & & & \alpha \end{pmatrix} = B_2.$$

换言之, 数乘可以把 B_1 和 B_2 互换, 进而得到奇数维正交群与对称双线性形式 B 的选取无关, 故可将其统一记做 $O_{2m+1}(V)$ 或者 $O_{2m+1}(F)$.

当 $n = 2m$ 为偶数时, 按照把 V 分解成若干双曲平面的正交和的情形, 有两类正交空间:

plus 型 : $V = V_1 \perp \cdots \perp V_m$, V_i $(i = 1, \cdots, m)$ 是双曲平面;
minus 型 : $V = V_1 \perp \cdots \perp V_{m-1} \perp W$,

其中 $\dim W = 2$, W 不含迷向向量. 显然, 这两类正交空间的正交群是不同的, 分别记为

$$O_{2m}^+(V) = O_{2m}^+(F), \quad O_{2m}^-(V) = O_{2m}^-(F).$$

但是, 对于两类互不等价的对称形式 B_1, B_2, 正交空间 (V, B_i) 是 plus 型的还是 minus 型的, 取决于有限域 F 包含的元素个数 q.

如果在 plus 型正交空间中令 $W = V_m$, 则只需讨论 2 维正交空间 W 对应于哪个对称形式. 这时设 W 有正交基 $\varepsilon_1, \varepsilon_2, W = \langle \varepsilon_1 \rangle \perp \langle \varepsilon_2 \rangle$, 两种对称双线性形式分别为

$$B_1 : B_1(\varepsilon_1, \varepsilon_1) = B_1(\varepsilon_2, \varepsilon_2) = 1;$$
$$B_2 : B_2(\varepsilon_1, \varepsilon_1) = 1, \ B_2(\varepsilon_2, \varepsilon_2) = \alpha,$$

其中 $\alpha \in F^\times$ 是非平方元素.

首先假定 $-1 = \lambda^2$ 是 F_q 中的平方元素, 这等价于 $q \equiv 1 \pmod 4$. 这时有

$$B_1(\varepsilon_1 + \lambda \varepsilon_2, \varepsilon_1 + \lambda \varepsilon_2) = 1 + \lambda^2 = 0,$$

即 (V, B_1) 包含迷向向量, 因而是 plus 型的. 另一方面, 对任意 $\mu \in F^\times$, 总有

$$B_2(\varepsilon_1 + \mu \varepsilon_2, \varepsilon_1 + \mu \varepsilon_2) = 1 + \mu^2 \alpha \neq 0,$$

否则就会得出

$$\alpha = -\frac{1}{\mu^2} = \left(\frac{\lambda}{\mu} \right)^2,$$

矛盾. 因此 (V, B_2) 不含迷向向量, 是 minus 型的. 总之, 如果 -1 是 $F = F_q$ 中的平方元素, 则 (V, B_1) 是 plus 型的正交空间, (V, B_2) 是 minus 型的正交空间.

当 -1 不是 F_q 中的平方元素时, 这等价于 $q \equiv 3 \pmod 4$. 设 $-\alpha = \lambda^2$, 则

$$B_2(\varepsilon_1 + \lambda^{-1} \varepsilon_2, \varepsilon_1 + \lambda^{-1} \varepsilon_2) = 1 + \frac{\alpha}{\lambda^2} = 0.$$

而对任意 $\mu \in F^\times$, 有

$$B_1(\varepsilon_1 + \mu \varepsilon_2, \varepsilon_1 + \mu \varepsilon_2) = 1 + \mu^2 \neq 0,$$

故这时 (V, B_1) 是 minus 型正交空间, (V, B_2) 是 plus 型的正交空间.

下面我们讨论有限域上正交群的阶. 设 $V = H_1 \perp H_2 \perp \cdots \perp W$, 其中 H_i 是双曲平面, $\dim(W) \leqslant 2$. 记 $H_1 = \langle \varepsilon_1, \varepsilon_2 \rangle$, 满足 $B(\varepsilon_i, \varepsilon_i) = 0$, $B(\varepsilon_1, \varepsilon_2) = 1$. 设 $n = \dim(V) = 2m$ 或者 $2m + 1$, 记

$$x_n = \big| \{ V \text{ 中的迷向向量} \} \big|.$$

当 $n \geqslant 3$ 时, V 中必有迷向向量, 从而有双曲平面. 我们首先计算有多少个有序双曲对能够构成 H_1.

因为 $V = H_1 \perp H_1^\perp$, 所以任意向量 $v \in V$ 可以写成 $v = \lambda \varepsilon_1 + \mu \varepsilon_2 + w$, 其中 $w \in H_1^\perp$. 这时 $B(v, v) = 2\lambda\mu + B(w, w)$. 考虑 v 何时可以成为迷向向量.

(1) $\lambda\mu = 0$, 进而必有 $B(w, w) = 0$. 这时有 $2q - 1$ 对 (λ, μ) 使得 $\lambda\mu = 0$. 因为 $\dim(H_1^\perp) = n - 2$, 所以满足 $B(w, w) = 0$ 的 w 共有 $x_{n-2} + 1$ 个 (包括零向量). 因此总共得到 $(2q - 1)(x_{n-2} + 1)$ 种取法. 但要求 $v \neq 0$, 故应去掉 $\lambda = \mu = 0$ 且 $w = 0$ 的情形, 因此总共有 $(2q - 1)(x_{n-2} + 1) - 1$ 种取法.

(2) $B(w, w) \neq 0$, 共有 $q^{n-2} - x_{n-2} - 1$ 个 w 满足条件. 对于每个固定的 w, 取定 $\lambda \in F, \lambda \neq 0$, 唯一存在 $\mu \in F$, 使得 $\lambda\mu = -\frac{1}{2} B(w, w)$. 因此总共有 $(q - 1)(q^{n-2} - x_{n-2} - 1)$ 种取法.

把两种情形合起来, 即得递推公式

$$
\begin{aligned}
x_n &= (2q - 1)(x_{n-2} + 1) - 1 + (q - 1)(q^{n-2} - x_{n-2} - 1) \\
&= q x_{n-2} + (q - 1)(q^{n-2} + 1).
\end{aligned}
\tag{6.8}
$$

下面用数学归纳法证明 x_n 的一般公式.

当 $n = 2m + 1$ 为奇数时, 我们要证明

$$x_n = q^{n-1} - 1. \tag{6.9}$$

先看 $n = 1$ 的情形. 这时 $V = \langle \varepsilon_1 \rangle$ 非退化, 故 $B(\varepsilon_1, \varepsilon_1) \neq 0$, V 中没有迷向向量, $x_1 = 0$, (6.9) 式成立. 当 $n \geqslant 3$ 时, 由归纳假设有

$x_{n-2} = q^{n-3} - 1$, 再由递推公式 (6.8) 得到

$$x_n = q(q^{n-3} - 1) + (q-1)(q^{n-2} + 1) = q^{n-1} - 1.$$

(6.9) 式得证.

当 $n = 2m$ 为偶数时, 需区分 plus 型和 minus 型正交空间. 若 V 是 plus 型正交空间, 往证

$$x_n = x_{2m} = (q^m - 1)(q^{m-1} + 1). \tag{6.10}$$

这时的归纳起点为 $n = 2$, $V = \langle \varepsilon_1, \varepsilon_2 \rangle$ 为双曲平面. 对任意 $v = \lambda \varepsilon_1 + \mu \varepsilon_2 \in V$, 如果 $B(v, v) = B(\lambda \varepsilon_1 + \mu \varepsilon_2, \lambda \varepsilon_1 + \mu \varepsilon_2) = 2\lambda\mu = 0$, 且 λ, μ 不全为 0, 则它们中恰有一个为 0, 故有 $x_2 = 2(q-1)$, (6.10)式成立. 当 $n \geqslant 4$ 时, 由归纳假设有 $x_{n-2} = (q^{m-1} - 1)(q^{m-2} + 1)$, 故由递推公式 (6.8) 得到

$$
\begin{aligned}
x_n = x_{2m} &= q(q^{m-1} - 1)(q^{m-2} + 1) + (q-1)(q^{2m-2} + 1) \\
&= q^{2m-1} + q^m - q^{m-1} - 1 = (q^m - 1)(q^{m-1} + 1).
\end{aligned}
$$

(6.10) 式得证.

当 V 为 minus 型正交空间时, 往证

$$x_n = x_{2m} = (q^m + 1)(q^{m-1} - 1). \tag{6.11}$$

当 $n = 2$ 时, V 中不包含迷向向量, 因此 $x_2 = 0$, (6.11) 式成立. 当 $n \geqslant 4$ 时, 由归纳假设有 $x_{n-2} = (q^{m-1} + 1)(q^{m-2} - 1)$, 故由递推公式 (6.8) 得到

$$
\begin{aligned}
x_n = x_{2m} &= q(q^{m-1} + 1)(q^{m-2} - 1) + (q-1)(q^{2m-2} + 1) \\
&= q^{2m-1} - q^m + q^{m-1} - 1 = (q^m + 1)(q^{m-1} - 1).
\end{aligned}
$$

(6.11) 式得证.

现在我们知道了非退化正交空间 V 中共有 x_n 个迷向向量, 并且得到了 x_n 的计算公式. 下面要进一步研究: 取定了这样一个向量 ε_1, 有多少 ε_2 可以与之构成一个双曲对?

设 $\varepsilon_1 \in V$ 为迷向向量, 则 $\varepsilon_1 \neq 0$. 记 y_n 为 V 中满足 $B(\varepsilon_1, v) = 1$ 的迷向向量 v 的个数. 仍然把 v 写成 $v = \lambda\varepsilon_1 + \mu\varepsilon_2 + w, w \in \langle \varepsilon_1, \varepsilon_2 \rangle^\perp$. 注意 $B(\varepsilon_1, v) = 1$, 故得 $\mu = 1$, 因而 $v = \lambda\varepsilon_1 + \varepsilon_2 + w$. 现在, 如果 $B(v, v) = 2\lambda + B(w, w) = 0$, 类似于计算 x_n 的方法, 分别考虑如下两种情形:

(1) $B(w, w) = 0$, 这意味着 $\lambda = 0$, 故共有 $x_{n-2} + 1$ 种取法 (包含 $w = 0$ 的情形);

(2) $B(w, w) \neq 0$, 则唯一存在 $\lambda \in F$, 使得 $\lambda = -\frac{1}{2}B(w, w)$, 故共有 $q^{n-2} - x_{n-2} - 1$ 种取法.

把两种情形合起来, 即得能与 ε_1 构成双曲对的迷向向量数目

$$y_n = x_{n-2} + 1 + q^{n-2} - x_{n-2} - 1 = q^{n-2}.$$

结合已经求出的 x_n 的公式 (6.9), (6.10) 和 (6.11), 最终得到 V 中有序双曲对的数目为

$$\begin{cases} q^{n-2}(q^{n-1} - 1), & n = 2m + 1, \\ q^{2m-2}(q^m - 1)(q^{m-1} + 1), & n = 2m, V \text{ 为 plus 型的}, \\ q^{2m-2}(q^m + 1)(q^{m-1} - 1), & n = 2m, V \text{ 为 minus 型的}. \end{cases} \quad (6.12)$$

由 Witt 定理知, $O(V)$ 在 V 的全体有序双曲对构成的集合上传递. 对固定的双曲对 (u, v), 记 $H = \langle u, v \rangle$, 则有正交分解 $V = H \perp H^\perp$. 对任意 $g \in O(V)$, 如果 g 保持 (u, v) 不动, 则有 $g|_H = 1_H$. 所以 $g = 1_H \perp g', g' \in O(H^\perp)$. 这说明, $O(V)$ 中保持双曲对 (u, v) 不变的稳定化子 $O(V)_{(u,v)} \cong O(H^\perp)$. 据此, 可以归纳地求出 $O(V)$ 的阶.

首先看 $n = 2m + 1$ 的情形. 当 $n = 1$ 时, $V = \langle \varepsilon \rangle$ 非退化, 故 $B(\varepsilon, \varepsilon) \neq 0$. 所以 $O_1(V)$ 中的元素只能是数乘. 对于 $\lambda \in F^\times$, 有

$$B(\lambda\varepsilon, \lambda\varepsilon) = \lambda^2 B(\varepsilon, \varepsilon) = B(\varepsilon, \varepsilon),$$

故得 $\lambda^2 = 1$, 从而 $O_1(q) \cong \mathbb{Z}_2$. 因此, 当 $n = 2m + 1$ 时, 归纳地运用

(6.12) 式, 即得

$$
\begin{aligned}
|O_{2m+1}(q)| &= q^{n-2}(q^{n-1}-1)|O_{2m-1}(q)| \\
&= q^{2m-1}(q^{2m}-1) \cdot q^{2m-3}(q^{2m-2}-1)\cdots q(q^2-1)|O_1(q)| \\
&= 2q^{m^2}\prod_{i=1}^{m}(q^{2i}-1).
\end{aligned}
$$

当 $n = 2m$, V 为 plus 型正交空间时, 由命题 6.1.17 有 $|O_2^+(q)| = 2(q-1)$. 归纳地运用 (6.12) 式, 即得

$$
\begin{aligned}
|O_{2m}^+(q)| &= q^{2m-2}(q^m-1)(q^{m-1}+1)|O_{2m-2}^+(q)| \\
&= q^{2m-2}(q^m-1)(q^{m-1}+1)\cdots q^2(q^2-1)(q+1)|O_2^+(q)| \\
&= 2q^{m(m-1)}(q^m-1)\prod_{i=1}^{m-1}(q^{2i}-1).
\end{aligned}
$$

当 $n = 2m$, V 为 minus 型正交空间时, 由命题 6.1.20 有 $|O_2^-(q)| = 2(q+1)$. 归纳地运用 (6.12) 式, 即得

$$
\begin{aligned}
|O_{2m}^-(q)| &= q^{2m-2}(q^m+1)(q^{m-1}-1)|O_{2m-2}^-(q)| \\
&= q^{2m-2}(q^m+1)(q^{m-1}-1)\cdots q^2(q^2+1)(q-1)|O_2^-(q)| \\
&= 2q^{m(m-1)}(q^m+1)\prod_{i=1}^{m-1}(q^{2i}-1).
\end{aligned}
$$

令 $\epsilon = \pm$, 则上面两个公式可以统一写成

$$
|O_{2m}^\epsilon(q)| = 2q^{m(m-1)}(q^m-\epsilon 1)\prod_{i=1}^{m-1}(q^{2i}-1).
$$

当 char $F \neq 2$ 时, 总有 $|O(V) : SO(V)| = 2$, 故得

$$
|SO_{2m}^\epsilon(q)| = q^{m(m-1)}(q^m-\epsilon 1)\prod_{i=1}^{m-1}(q^{2i}-1).
$$

再考虑 $\Omega(V)$ 和 $P\Omega(V)$ 的阶. 首先, 由定理 6.3.15 总有

$$|SO(V) : \Omega(V)| = |F^\times : F^{\times 2}| = 2.$$

进一步, 当 $n = 2m + 1$ 为奇数时, $-1_V \notin \Omega(V)$, 所以有 $|\Omega(V)| = |P\Omega(V)|$. 于是得到

$$|\Omega_{2m+1}(q)| = |P\Omega_{2m+1}(q)| = \frac{1}{2}q^{m^2}\prod_{i=1}^{m}(q^{2i} - 1).$$

当 $n = 2m$ 为偶数时, 根据定理 6.3.16, $-1_V \in \Omega(V)$ 当且仅当对称双线性形式 B 的判别式 $\operatorname{discr}(B) = F^{\times 2}$.

命题 6.4.1 设 q 为奇素数方幂, (V, B) 是域 $F = F_q$ 上的 $2m$ 维非退化正交空间.

(1) 如果 (V, B) 是 plus 型的, 则 $\operatorname{discr}(B) = F^{\times 2}$ 的充要条件是 $m(q-1)/2$ 为偶数;

(2) 如果 (V, B) 是 minus 型的, 则 $\operatorname{discr}(B) = F^{\times 2}$ 的充要条件是 $m(q-1)/2$ 为奇数.

证明 (1) 这时 $V = \langle e_1, f_1 \rangle \perp \cdots \perp \langle e_m, f_m \rangle$, 其中 (e_i, f_i) $(i = 1, \cdots, m)$ 是双曲对, 于是判别式

$$\operatorname{discr}(B) = (-1)^m F^{\times 2}.$$

如果 $(-1)^m$ 是平方元素, 则或者 m 是偶数, 或者 -1 本身是平方元素, 而后者意味着 $4 \mid (q-1)$, 即 $(q-1)/2$ 为偶数. 反之, 如果 $m(q-1)/2$ 为偶数, 则或者 m 为偶数, 或者 $4 \mid (q-1)$.

(2) 这时 $V = \langle e_1, f_1 \rangle \perp \cdots \perp \langle e_{m-1}, f_{m-1} \rangle \perp W$, 其中 W 是 2 维的, 不含奇异向量. 根据 180 页对于正交空间的型与 q 之间关系的讨论, 当 $4 \mid (q-1)$ 时, 对称形式 B 限制在 W 上应该是 B_2 型的, 故得

$$\operatorname{discr}(B) = (-1)^{m-1}\alpha F^{\times 2}.$$

而这时 $-1 \in F^{\times 2}$ 是平方元素, 所以 $\operatorname{discr}(B) \neq F^{\times 2}$.

当 $q \equiv 3 \pmod 4$ 时, -1 不是平方元素, 而 $B|_W$ 是 B_1 型的, 因此

$$\mathrm{discr}(B) = (-1)^{m-1} F^{\times 2}.$$

显然, 这时 $\mathrm{discr}(B) = F^{\times 2}$ 当且仅当 m 是奇数. □

综合上述讨论的结果, 我们得到

$$|\Omega_{2m}^{\epsilon}(q)| = \frac{1}{2} q^{m(m-1)}(q^m - \epsilon 1) \prod_{i=1}^{m-1}(q^{2i}-1),$$

$$|P\Omega_{2m}^{\epsilon}(q)| = \frac{1}{(4,\, q^m - \epsilon 1)} q^{m(m-1)}(q^m - \epsilon 1) \prod_{i=1}^{m-1}(q^{2i}-1).$$

最后我们指出正交群与其他典型群之间的一些同构关系. 根据推论 6.2.21, $P\Omega_3(q) \cong PSL_2(q)$. 事实上, 有限域上 6 维以下的正交群均未给出新的群例, 因为还有下述典型群之间的同构:

$$P\Omega_4^+(q) \cong PSL_2(q) \times PSL_2(q), \quad P\Omega_4^-(q) \cong PSL_2(q^2),$$
$$P\Omega_5(q) \cong PSp_4(q), \quad P\Omega_6^+(q) \cong PSL_4(q), \quad P\Omega_6^-(q) \cong PSU_4(q^2).$$

下面的习题描述了 $O_6^+(q)$ 与 $GL_4(q)$ 之间的关系, 由此出发可以进一步证明 $P\Omega_6^+(q)$ 同构于 $PSL_4(q)$.

习题 6.4.2 设 $F = F_q$, $\mathrm{char}\, F \neq 2$. 令 V 为全体 4 阶反对称矩阵构成的集合. 证明:

(1) V 关于矩阵的加法和数量乘法构成 F 上的一个 6 维线性空间;

(2) 对任意 $A \in GL_4(q)$, 定义映射 η_A: $X \mapsto A'XA$, $\forall X \in V$, 则 η_A 是 V 上的一个可逆线性变换, 进而 φ: $A \mapsto \eta_A$ 是 $GL_4(q) \to GL_6(q)$ 的群同态;

(3) 对任意 $X = (x_{ij}) \in V$, 定义映射

$$Q: V \to F_q,$$
$$X \mapsto x_{12}x_{34} - x_{13}x_{24} + x_{14}x_{23},$$

则 (V, Q) 构成 F 上的 6 维非退化正交空间, 其 Witt 指数 $m(V) = 3$;

(4) 如果 $A \in GL_4(q)$ 为对角阵或者初等矩阵, 则有

$$Q\left(X^{\eta_A}\right) = \det A \cdot Q(X);$$

(5) $SL_4(q)/\langle -E \rangle$ 同构于 $O_6^+(q)$ 的一个子群.

§6.5 欧氏空间的正交群

本节讨论实数域 $\mathbb{R}$ 上 n 维欧氏空间 $V = \mathbb{R}^n$ 的正交群. 现在对任意向量 $x = (x_1, \cdots, x_n)$, $y = (y_1, \cdots, y_n) \in V$, 其内积 $B(x, y) = \sum_{i=1}^n x_i y_i$. 向量 x 的长度 $\|x\| = \sqrt{B(x, x)}$, 相应的二次型 $Q(x) = \|x\|^2 = B(x, x)$. 定义向量 x, y 之间的距离为 $d(x, y) = \|x - y\| \geqslant 0$. V 中包含 $n - 1$ 维单位球面

$$\mathbb{S}^{n-1} = \{ x \in V \mid \|x\| = 1 \}.$$

显然, 正交群 $O(V)$ 保持 V 上的距离.

当 $n = 2$ 时, 特殊正交群 $SO(V) = SO(2)$ 由欧氏平面上的全体旋转 ρ_θ 构成, 其矩阵形式为

$$\rho_\theta = \begin{pmatrix} \cos\theta & \sin\theta \\ -\sin\theta & \cos\theta \end{pmatrix}, \quad \theta \in \mathbb{R}.$$

命题 6.5.1 $SO(2)$ 在单位圆周 $\mathbb{S}^1$ 上作用传递.

证明 命题的几何意义是显然的. 用代数表达式, 任意 $u, v \in \mathbb{S}^1$ 可表示成 $u = (\cos\alpha, \sin\alpha)$, $v = (\cos\beta, \sin\beta)$, 而旋转 $\rho_{\beta-\alpha}$ 就把 u 变到 v. □

命题 6.5.2 当 $n \geqslant 3$ 时, $SO(V)$ 在 $n - 1$ 维单位球面 $\mathbb{S}^{n-1}$ 上作用传递.

证明 任取 $u \neq v \in \mathbb{S}^{n-1}$. 如果 $u = -v$, 取 $w \in V$, 满足 $w \perp u$. 记 $W = \langle u, w \rangle$ 是一个欧氏平面. 令 $\sigma = -1_W \perp 1_{W^\perp}$ 为 180° 旋转, 故 $\sigma \in SO(V)$, 且 $u^\sigma = -u = v$.

如果 $u \neq -v$, 则 $W = \langle u, v \rangle$ 是欧氏平面. 令 $\mathbb{S}^1 = W \cap \mathbb{S}^{n-1}$ 为 W 与单位球面交出的单位圆周. 由命题 6.5.1 知, 存在 $\rho \in SO(W)$, 满足 $u^\rho = v$. 令 $\sigma = \rho \perp 1_{W^\perp} \in SO(V)$, 则 $u^\sigma = v$. $\qquad \square$

设 $u_1, v_1, u_2, v_2 \in V$. 称 (u_1, v_1) 和 (u_2, v_2) 是**等距点对**, 如果

$$d(u_1, v_1) = d(u_2, v_2).$$

命题 6.5.3 设 $n \geqslant 3$, 则 $SO(V)$ 在单位球面 $\mathbb{S} = \mathbb{S}^{n-1}$ 上等距点对构成的集合上作用传递.

证明 设 (u_1, v_1) 和 (u_2, v_2) 是 $\mathbb{S}$ 上的等距点对. 首先, 存在 $\sigma \in SO(V)$, 使得 $u_1^\sigma = u_2$. 因为

$$d(u_2, v_1^\sigma) = d(u_1^\sigma, v_1^\sigma) = d(u_1, v_1) = d(u_2, v_2),$$

所以 (u_2, v_1^σ) 和 (u_2, v_2) 也是等距点对. 如果能够找到 $\tau \in SO(V)$, 满足 $u_2^\tau = u_2$, 且 $v_1^{\sigma\tau} = v_2$, 则命题结论成立.

因为

$$2 - 2B(u_2, v_2) = d(u_2, v_2)^2 = d(u_2, v_1^\sigma)^2 = 2 - 2B(u_2, v_1^\sigma),$$

所以 $B(u_2, v_2) = B(u_2, v_1^\sigma)$. 如果 $B(u_2, v_2) = 0$, 则令 $w_1 = v_1^\sigma$, $w_2 = v_2$; 否则, 令

$$w_1' = u_2 - \frac{v_1^\sigma}{B(u_2, v_1^\sigma)}, \qquad w_2' = u_2 - \frac{v_2}{B(u_2, v_2)}, \qquad (6.13)$$

再将其单位化 $w_1 = w_1'/\|w_1'\|$, $w_2 = w_2'/\|w_2'\|$. 无论哪种情形, 总有 $w_1, w_2 \in \mathbb{S}$, 且 $w_1 \perp u_2$, $w_2 \perp u_2$. 记 $U = \langle u_2, w_1, w_2 \rangle$, $W = \langle w_1, w_2 \rangle$, 则 $U = \langle u_2 \rangle \perp W$. 根据命题 6.5.1, 存在 $\tau_1 \in SO(W)$, 满足 $w_1^{\tau_1} = w_2$.

令 $\tau_2 = \tau_1 \perp 1_{\langle u_2 \rangle} \in SO(U)$, 则在 $B(u_2, v_2) = B(u_2, v_1^\sigma) = 0$ 的情形, 有

$$v_1^{\sigma \tau_2} = w_1^{\tau_2} = w_2, \quad u_2^{\tau_2} = u_2.$$

在 $B(u_2, v_2) = B(u_2, v_1^\sigma) \neq 0$ 的情形, 注意 $u_2, v_1^\sigma, v_2 \in \mathbb{S}$, 其长度都等于 1. 而

$$\begin{aligned}
\|w_1'\| &= B(u_2, u_2) - 2\frac{B(u_2, v_1^\sigma)}{B(u_2, v_1^\sigma)} + \frac{B(v_1^\sigma, v_1^\sigma)}{B(u_2, v_1^\sigma)^2} \\
&= -1 + \frac{1}{B(u_2, v_1^\sigma)^2}, \\
\|w_2'\| &= B(u_2, u_2) - 2\frac{B(u_2, v_2)}{B(u_2, v_2)} + \frac{B(v_2, v_2)}{B(u_2, v_2)^2} \\
&= -1 + \frac{1}{B(u_2, v_2)^2},
\end{aligned}$$

即得 $\|w_1'\| = \|w_2'\|$. 再由 $w_1^{\tau_2} = w_2$ 有 $(w_1')^{\tau_2} = w_2'$. 根据 (6.13) 式, 有

$$\begin{aligned}
(v_1^\sigma)^{\tau_2} &= B(u_2, v_1^\sigma)(u_2 - w_1')^{\tau_2} = B(u_2, v_1^\sigma)(u_2 - w_2') \\
&= B(u_2, v_2)(u_2 - w_2') = v_2,
\end{aligned}$$

且仍然有 $u_2^{\tau_2} = u_2$. 令 $\tau = \tau_2 \perp 1_{W^\perp}$, 则 $\tau \in SO(V)$, 且满足 $v_1^{\sigma\tau} = v_2$. 命题得证. $\qquad\square$

定理 6.5.4 当 $n = 3$ 时, $SO(3)$ 是单群.

证明 设 H_1, H_2 是 V 中的任意两个平面 (现在也是 V 中的超平面). H_i ($i = 1, 2$) 都是 2 维欧氏空间, 等价. 故由 Witt 定理知, 存在 $\tau \in O(V)$, 使得 $H_1^\tau = H_2$. 如果 τ 是反射, 令 $\langle u_1 \rangle = H_1^\perp$, 则对称 σ_{u_1} 保持 H_1 中的向量不动, 从而有 $H_1^{\sigma_{u_1}\tau} = H_2$, 而 $\sigma_{u_1}\tau \in SO(V)$. 故不失一般性, 可假定 $\tau \in SO(V)$. 再设 $\langle u_2 \rangle = H_2^\perp$, $\rho_i = -1_{H_i} \perp 1_{\langle u_i \rangle}$ ($i = 1, 2$) 是 180° 旋转, 则有 $\rho_1^\tau = \rho_2$. 换言之, 所有的 180° 旋转在 $SO(V)$ 中共轭.

设 $1 \neq N \lhd SO(V)$, $1_V \neq \sigma \in N$. 根据 Euler 定理 (推论 6.1.10), σ 有一条旋转轴 $\langle u \rangle$. 不妨设 $\|u\| = 1$. 把 $\langle u \rangle^\perp$ 看做 "赤道平面", 则赤

道 $E = \langle u \rangle^{\perp} \cap \mathbb{S}^2 = \mathbb{S}^1$. 在 E 上取一点 y, 则 σ 将 y 沿赤道转一个角度 θ, 映到 $y^{\sigma} \in E$ (参见图 6.1). 记 $\delta = \|y - y^{\sigma}\| > 0$, 则 $\delta = 2\sin(\theta/2)$. 取正整数 k, 使得 $a = 2\sin(\pi/(2k))$ 满足 $0 < a \leqslant \delta$. 令 $b = a/\delta$, 则 $0 < b \leqslant 1$. 令 $z = \sqrt{1 - b^2}\, u + by \in \mathbb{S}^2$, 记 $z_1 = z^{\sigma}$, 则

$$\|z - z_1\| = b\|y - y^{\sigma}\| = b\delta = a.$$

在赤道上 y 和 y^{σ} 之间取一点 $y_1 \in E$, 满足 $\|y - y_1\| = a$. 由命题 6.5.3 知, 存在 $\tau \in SO(V)$, 使得 $z^{\tau} = y$, $z_1^{\tau} = y_1$, 于是 $\sigma_1 = \tau^{-1}\sigma\tau \in N$, 且有

$$y^{\sigma_1} = y^{\tau^{-1}\sigma\tau} = z^{\sigma\tau} = z_1^{\tau} = y_1.$$

显然, σ_1 是以 $\langle u \rangle$ 为轴、以 π/k 为角度的旋转. 因此 $\rho = \sigma_1^k \in N$, 且 $y^{\rho} = -y$. 这意味着

$$y^{\rho^2} = y, \quad u^{\rho^2} = u,$$

即得 $\rho^2|_{\langle u, y \rangle} = 1_{\langle u, y \rangle}$. 注意 $y \perp u$. 取 $w \in \langle u, y \rangle^{\perp}$, 则 u, y, w 构成 V 的正交基, 必有 $w^{\rho^2} = aw$, $a \in F^{\times}$. 再由 $\rho^2 \in SO(V)$ 得到 $a = 1$, 即 $\rho^2 = 1_V$. 这说明 ρ 是一个 180° 旋转, 即 N 中包含 180° 旋转, 从而包含所有的 180° 旋转. 根据命题 6.1.14, $SO(V)$ 可以由 180° 旋转生成, 所以 $N = SO(V)$. □

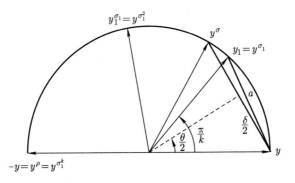

图 6.1　赤道平面

定理 6.5.5　*如果 $n \geqslant 5$, 则 $PSO(V)$ 是单群.*

证明　当 n 为奇数时, $PSO(V) = SO(V)$; 而当 n 为偶数时, $PSO(V) = SO(V)/Z$, $Z = \{\pm 1_V\}$. 假设 $Z < N \lhd SO(V)$, 往证

$$N = SO(V).$$

取 $\sigma \in N, \sigma \neq \pm 1_V$, 则 σ 不能保持所有的直线不变. 否则, 对任意 $u \in \mathbb{S}^{n-1}$, 必有 $u^\sigma = \pm u$, 进而得出 $\sigma = \pm 1_V$. 进一步, σ 不能保持所有的 2 维子空间不变, 因为每条直线都是两个平面之交. 取平面 P, 满足 $P^\sigma \neq P$, 令 $\tau = -1_P \perp 1_{P^\perp}$ 为 $180°$ 旋转, 则

$$\sigma^{-1}\tau\sigma = -1_{P^\sigma} \perp 1_{(P^\sigma)^\perp} \neq \tau.$$

故得 $1_V \neq \rho = \sigma^{-1}\tau\sigma\tau^{-1} \in N$. 对任意 $x \in (P + P^\sigma)^\perp$, 有 $x^\rho = x$. 因为 $n \geqslant 5$, $\dim(P + P^\sigma) \leqslant 4$, 所以存在非零向量 $u \in (P + P^\sigma)^\perp$. 于是有 $u^\rho = u$. 这说明 $\rho \neq -1_V$, 即 $\rho \notin Z$. 因此, 存在直线 $L = \langle v \rangle$, 满足 $L^\rho \neq L$. 假设 $v^\rho = w \notin L$. 令 $\eta = \sigma_u\sigma_v$, 则

$$\eta^{-1}\rho^{-1}\eta\rho = \eta^{-1}\rho^{-1}\sigma_u\sigma_v\rho = \eta^{-1}(\rho^{-1}\sigma_u\rho)(\rho^{-1}\sigma_v\rho)$$
$$= \eta^{-1}\sigma_{u^\rho}\sigma_{v^\rho} = \eta^{-1}\sigma_u\sigma_w = \sigma_v\sigma_w \in N.$$

再令 $\alpha = \sigma_v\sigma_w$, 则 $\alpha|_{\langle v,w \rangle^\perp} = 1_{\langle v,w \rangle^\perp}$. 令 W 为包含 v, w 的 3 维子空间, 则 $\alpha|_{W^\perp} = 1_{W^\perp}$. 设 $\alpha = \beta \perp 1_{W^\perp}$, $\beta \in SO(W)$. 记

$$M = \langle \beta^\gamma \mid \gamma \in SO(W) \rangle,$$

则 $1 \neq M \lhd SO(W)$. 由定理 6.5.4 有 $M = SO(W)$. 另一方面, 用 $\gamma \perp 1_{W^\perp}$ 共轭作用到 α 上, 得到 $\beta^\gamma \perp 1_{W^\perp} \in N$. 这意味着对任意 $\gamma \in SO(W)$, 总有 $\gamma \perp 1_{W^\perp} \in N$. 特别地, N 中包含 $180°$ 旋转, 从而必有 $N = SO(V)$. □

在本节的最后我们要用四元数来描述 $SO_3(\mathbb{R})$ 中的旋转, 进而给出 $SO_4(\mathbb{R})$ 的结构. 设 $\mathbb{H}$ 是实数域 $\mathbb{R}$ 上的 4 维线性空间, 有一个基

$1, i, j, k$. 在基向量之间定义一个乘法: 1 是乘法单位元素, 即

$$1i = i1 = i, \quad 1j = j1 = j, \quad 1k = k1 = k;$$

而 i, j, k 满足

$$i^2 = j^2 = k^2 = ijk = -1,$$
$$ij = -ji = k, \quad jk = -kj = i, \quad ki = -ik = j.$$

再把这个乘法线性地扩展到 $\mathbb{H}$ 中的全体元素, 则 $\mathbb{H}$ 就成为实数域上一个带单位元素的结合代数, 称为**四元数代数** (quaternion algebra). 把实数域 $\mathbb{R}$ 与由基向量 1 生成的子空间等同看待, 则 $\mathbb{H}$ 中任意元素可唯一表示成

$$q = a + bi + cj + dk, \quad a, b, c, d \in \mathbb{R}$$

的形式. 再设 $r = w + xi + yj + zk$, 定义对称双线性形式 $B: \mathbb{H} \times \mathbb{H} \to \mathbb{R}$:

$$B(q, r) = aw + bx + cy + dz.$$

定义范数映射 $N: \mathbb{H} \to \mathbb{R}$:

$$N(q) = B(q, q) = a^2 + b^2 + c^2 + d^2,$$

则 N 是 $\mathbb{H} = \mathbb{R}^4$ 上的一个二次型, $(\mathbb{H}, N)$ 构成实数域 $\mathbb{R}$ 上的 4 维欧氏空间. 显然, 这时 $1, i, j, k$ 构成 $\mathbb{H}$ 的一个标准正交基.

对于 $q = a + bi + cj + dk \in \mathbb{H}$, 记 $\overline{q}$ 为 q 的共轭, 定义为

$$\overline{q} = a - bi - cj - dk,$$

则有 $N(q) = q\overline{q}$. 显然, 范数映射满足

$$N(xy) = N(x)N(y), \quad \forall x, y \in \mathbb{H}.$$

习题 6.5.6 设 $q, r \in \mathbb{H}$. 证明: $\overline{qr} = \overline{r}\,\overline{q}$.

对 $q \in \mathbb{H}$, 若 $N(q) = 1$, 就称其为**单位四元数**. 全体单位四元数构成 $\mathbb{H}$ 的一个乘法子群 $U = \{ q \in \mathbb{H} \mid N(q) = 1 \}$. 记

$$\mathbb{H}_p = \{ bi + cj + dk \mid b, c, d \in \mathbb{R} \},$$

其中的元素称为**纯虚四元数** (pure imaginary quaternion). 显然, $(\mathbb{H}_p, N)$ 构成一个 3 维欧氏空间.

对于 $\mathbb{H}_p = \mathbb{R}^3$ 中的任意两个纯虚四元数 $x = x_1 i + x_2 j + x_3 k$ 和 $y = y_1 i + y_2 j + y_3 k$, 显然 $x + y \in \mathbb{H}_p$. 但

$$\begin{aligned} xy = &- (x_1 y_1 + x_2 y_2 + x_3 y_3) \\ &+ (x_2 y_3 - x_3 y_2)i - (x_1 y_3 - x_3 y_1)j + (x_1 y_2 - x_2 y_1)k, \end{aligned}$$

若将 x, y 与向量 (x_1, x_2, x_3), (y_1, y_2, y_3) 等同, 则上式的第一项恰为向量之间的 "点乘":

$$x \cdot y = x_1 y_1 + x_2 y_2 + x_3 y_3,$$

而后面的三项恰为向量之间的 "叉乘":

$$x \times y = \begin{vmatrix} i & j & k \\ x_1 & x_2 & x_3 \\ y_1 & y_2 & y_3 \end{vmatrix}.$$

因此得到

$$xy = -x \cdot y + x \times y, \quad \forall x, y \in \mathbb{H}_p. \tag{6.14}$$

特别地, 这时有 $N(x) = x\bar{x} = -xx$. 所以 $\mathbb{H}_p$ 中的单位四元数 x 必满足 $x^2 = -1$, 即 x 是 "-1 的平方根".

习题 6.5.7 设 $u, v, w \in \mathbb{H}_p$. 证明:

(1) $u \times v = -v \times u$;

(2) $u \times (v \times w) = v(u \cdot w) - w(u \cdot v)$;

(3) (Jacobi 等式) $u \times (v \times w) + w \times (u \times v) + v \times (w \times u) = 0$.

设 $t = t_0 + t_1 i + t_2 j + t_3 k \in U$. 将 t 写成 $t = t_0 + t_I$, 其中 $t_I = t_1 i + t_2 j + t_3 k \in \mathbb{H}_p$, 则

$$1 = N(t) = t_0^2 + t_1^2 + t_2^2 + t_3^2 = t_0^2 + N(t_I).$$

因此, 存在 $\mathbb{H}_p$ 中的单位四元数 u 和 $\theta \in \mathbb{R}$, 使得

$$t = \cos\theta + u\sin\theta.$$

而 $t^{-1} = \bar{t} = \cos\theta - u\sin\theta$. 不仅如此, 对任意 $q \in \mathbb{H}$, 有

$$N(tq) = N(t)N(q) = N(q) = N(q)N(t) = N(qt).$$

这说明, 映射 $q \mapsto tq$ 和 $q \mapsto qt$ 都是 $\mathbb{H} = \mathbb{R}^4$ 上的等距. 进一步, 有

定理 6.5.8   设 $t = \cos\theta + u\sin\theta$, 其中 $u \in \mathbb{H}_p$, $N(u) = 1$. 对任意 $q \in \mathbb{H}_p$, 映射 $\rho_t: q \mapsto tqt^{-1}$ 是 $\mathbb{H}_p = \mathbb{R}^3$ 中以 $\langle u \rangle$ 为轴、以 2θ 为角度的一个旋转.

证明   注意到 u 满足 $u^2 = -1$, 因此

$$
\begin{aligned}
tut^{-1} &= (\cos\theta + u\sin\theta)u(\cos\theta - u\sin\theta) \\
&= (u\cos\theta + u^2\sin\theta)(\cos\theta - u\sin\theta) \\
&= (u\cos\theta - \sin\theta)(\cos\theta - u\sin\theta) \\
&= u(\cos^2\theta + \sin^2\theta) - \sin\theta\cos\theta - u^2\sin\theta\cos\theta \\
&= u - \sin\theta\cos\theta + \sin\theta\cos\theta = u,
\end{aligned}
$$

即 t 在 $\mathbb{H}_p$ 中元素上的共轭作用保持 $\langle u \rangle$ 不动.

取 $\mathbb{H}_p$ 中与 u 正交的单位向量 v: $u \cdot v = 0$. 再令 $w = u \times v$, 则 w 是单位向量, 与 u, v 都正交. 故 u, v, w 构成 $\mathbb{H}_p = \mathbb{R}^3$ 的一个标准正交基. 由 (6.14) 式有 $uv = w$. 同理有 $vw = u$, $wu = v$, $uv = -vu$. 进一

步, 有

$$
\begin{aligned}
tvt^{-1} &= (\cos\theta + u\sin\theta)v(\cos\theta - u\sin\theta) \\
&= (v\cos\theta + uv\sin\theta)(\cos\theta - u\sin\theta) \\
&= v\cos^2\theta + uv\sin\theta\cos\theta - vu\sin\theta\cos\theta - uvu\sin^2\theta \\
&= v\cos^2\theta + 2uv\sin\theta\cos\theta + u^2v\sin^2\theta \\
&= v(\cos^2\theta - \sin^2\theta) + 2w\sin\theta\cos\theta \\
&= v\cos 2\theta + w\sin 2\theta.
\end{aligned}
$$

同理可得 $twt^{-1} = -v\sin 2\theta + w\cos 2\theta$. 定理得证. $\qquad\square$

上述定理说明 $\rho_t \in SO_3(\mathbb{R})$. 反之, 3 维欧氏空间 $\mathbb{H}_p$ 上的任一旋转 σ 由其轴 $\langle u \rangle$ 和旋转的角度 θ 唯一确定. 如果取 u 为单位向量, 令

$$
t = \cos\frac{\theta}{2} + u\sin\frac{\theta}{2},
$$

则 $\sigma = \rho_t$. 换言之, $\rho\colon t \mapsto \rho_t$ 是 $U \to SO_3(\mathbb{R})$ 的一个满射. 进一步, 对 $s \in U$, 有

$$
\rho_s\rho_t(q) = s(tqt^{-1})s^{-1} = (st)q(st)^{-1} = \rho_{st}(q), \quad \forall q \in \mathbb{H}_p.
$$

这说明 ρ 是一个群同态. 考虑其同态核 $\mathrm{Ker}\,\rho$: 假定 $\sigma \in SO_3(\mathbb{R})$ 被 (u, θ) 确定, 其中 u 是单位向量, 则 $(u, \theta + 2\pi)$ 给出同一个旋转. 这时对应的单位四元数为

$$
\begin{aligned}
s &= \cos\left(\frac{\theta + 2\pi}{2}\right) + u\sin\left(\frac{\theta + 2\pi}{2}\right) \\
&= \cos\left(\frac{\theta}{2} + \pi\right) + u\sin\left(\frac{\theta}{2} + \pi\right) \\
&= -\cos\frac{\theta}{2} - u\sin\frac{\theta}{2} \\
&= -t.
\end{aligned}
$$

这就证明了 $\mathrm{Ker}\,\rho = \{\pm 1\}$, 进而得到

$$
U/\{\pm 1\} \cong SO_3(\mathbb{R}).
$$

注 6.5.9 从几何上看, $U = \{ a+bi+cj+dk \mid a^2+b^2+c^2+d^2 = 1 \}$ 是 3 维球面 $\mathbb{S}^3$, t 与 $-t$ 代表的两个点称为**对趾点** (antipodal points).

也可以用纯代数的计算证明同态 $t \mapsto \rho_t$ 的核为 $\{\pm 1\}$.

习题 6.5.10 设 $t \in U$ 是一个单位四元数. 证明: 如果 $tit^{-1} = i$, $tjt^{-1} = j$, $tkt^{-1} = k$, 则 $t = \pm 1$.

下面要给 $\mathbb{H}$ 另一个描述 (参见文献 [3] 的 §1.9 和文献 [18] 的 §2.4). 设 $M_2(\mathbb{C})$ 是复数域 $\mathbb{C}$ 上全体 2 阶方阵构成的环, 它的一个子集合

$$\mathcal{H} = \left\{ \begin{pmatrix} \alpha & \beta \\ -\overline{\beta} & \overline{\alpha} \end{pmatrix} \,\middle|\, \alpha, \beta \in \mathbb{C} \right\}$$

构成 $M_2(\mathbb{C})$ 的一个子环. 令

$$\mathbf{1} = \begin{pmatrix} 1 & 0 \\ 0 & 1 \end{pmatrix}, \quad \boldsymbol{i} = \begin{pmatrix} \mathrm{i} & 0 \\ 0 & -\mathrm{i} \end{pmatrix}, \quad \boldsymbol{j} = \begin{pmatrix} 0 & 1 \\ -1 & 0 \end{pmatrix}, \quad \boldsymbol{k} = \begin{pmatrix} 0 & \mathrm{i} \\ \mathrm{i} & 0 \end{pmatrix},$$

其中 $\mathrm{i} = \sqrt{-1}$. 直接验证可得

$$\boldsymbol{i}^2 = \boldsymbol{j}^2 = \boldsymbol{k}^2 = \boldsymbol{ijk} = -\mathbf{1},$$
$$\boldsymbol{ij} = -\boldsymbol{ji} = \boldsymbol{k}, \quad \boldsymbol{jk} = -\boldsymbol{kj} = \boldsymbol{i}, \quad \boldsymbol{ki} = -\boldsymbol{ik} = \boldsymbol{j}.$$

而 $\mathcal{H}$ 中的任意元素

$$X = \begin{pmatrix} a + b\mathrm{i} & c + d\mathrm{i} \\ -c + d\mathrm{i} & a - b\mathrm{i} \end{pmatrix}, \quad a, b, c, d \in \mathbb{R}$$

可唯一表示成 $X = a\mathbf{1} + b\boldsymbol{i} + c\boldsymbol{j} + d\boldsymbol{k}$. $\mathcal{H}$ 关于矩阵的加法、乘法以及数量乘法构成 $\mathbb{R}$ 上一个带单位元素的结合代数. 可以证明, 映射 $\eta: \mathcal{H} \to \mathbb{H}$, $X \mapsto a + bi + cj + dk$ 是一个代数同构, 并且满足 $\det X = N(\eta(X))$. 由引理 5.3.4 知, $X \in SU_2(\mathbb{C}) \iff \eta(X) \in U$ 是单位四元数. 这说明 $SU_2(\mathbb{C}) \cong U$. 于是我们得到

定理 6.5.11 $SU_2(\mathbb{C})/\{\pm 1\} \cong SO_3(\mathbb{R})$.

下面考察 $SO_4(\mathbb{R})$.

命题 6.5.12 设 $u \in U$ 是一个单位四元数. 定义映射

$$\sigma_u: \mathbb{H} \to \mathbb{H},$$

$$q \mapsto -u\bar{q}u, \quad \forall q \in \mathbb{H},$$

则 σ_u 是 4 维欧氏空间 $\mathbb{H} = \mathbb{R}^4$ 上关于超平面 $\langle u \rangle^\perp$ 的对称.

证明 假定 $u = a + bi + cj + dk$, 则 $iu = -b + ai - dj + ck$. 于是

$$B(u, iu) = -ab + ab - cd + cd = 0,$$

即 $u \perp iu$. 同理可证 $B(u, ju) = B(u, ku) = 0$. 再由 iu, ju, ku 线性无关即得 $\langle u \rangle^\perp = \langle iu, ju, ku \rangle$.

对任意 $q \in \mathbb{H}$, 有

$$(qu)^{\sigma_u} = -u(\overline{qu})u = -u(\bar{u}\bar{q})u = -\bar{q}u.$$

特别地, 取 $q = 1$, 就得到 $u^{\sigma_u} = -u$. 而当 $q = i$ 时, 有

$$(iu)^{\sigma_u} = -\bar{i}iu = iu.$$

同理可证 $(ju)^{\sigma_u} = ju, (ku)^{\sigma_u} = ku$. 因此 σ_u 保持超平面 $\langle iu, ju, ku \rangle = \langle u \rangle^\perp$ 中所有向量不动, 所以 σ_u 是关于 $\langle u \rangle^\perp$ 的对称. $\qquad\square$

命题 6.5.13 对任意 $u, v \in U$, 定义映射 $\eta_{u,v}: \mathbb{H} \to \mathbb{H}$:

$$\eta_{u,v}(q) = uqv^{-1}, \quad \forall q \in \mathbb{H},$$

则 $\eta_{u,v}$ 是 $\mathbb{H}$ 上的一个旋转, 映射 $\theta: (u,v) \mapsto \eta_{u,v}$ 是 $U \times U \to SO_4(\mathbb{R})$ 的满同态.

证明 设 $u = a + bi + cj + dk \in U$. 对任意 $q \in \mathbb{H}$, 左乘变换 $q \mapsto uq$ 和右乘变换 $q \mapsto qu$ 是 $\mathbb{H}$ 上的等距. 进一步, 左乘变换在基 $1, i, j, k$ 下

的矩阵为

$$u(1,i,j,k) = (1,i,j,k)\begin{pmatrix} a & -b & -c & -d \\ b & a & -d & c \\ c & d & a & -b \\ d & -c & b & a \end{pmatrix},$$

其行列式为 $(a^2+b^2+c^2+d^2)^2 = 1$. 同理, 右乘变换在基 $1,i,j,k$ 下的矩阵为

$$(1,i,j,k)u = (1,i,j,k)\begin{pmatrix} a & -b & -c & -d \\ b & a & d & -c \\ c & -d & a & b \\ d & c & -b & a \end{pmatrix},$$

其行列式也为 1. 因此 $\det \eta_{u,v} = 1$. 这说明 $\eta_{u,v} \in SO_4(\mathbb{R})$.

　　如果 $w,x \in U$, 则对任意 $q \in \mathbb{H}$, 有

$$\eta_{u,v}\eta_{w,x}(q) = u(wqx^{-1})v^{-1} = (uw)q(vx)^{-1} = \eta_{uw,vx}(q),$$

即 $\theta\colon (u,v) \mapsto \eta_{u,v}$ 是群同态.

　　根据 Cartan-Dieudonné 定理 (定理 6.1.5), 任意 $\sigma \in SO_4(\mathbb{R})$ 可以表示成偶数个对称之积. 由命题 6.5.12 知, 存在单位四元数 $u_i \in U$, 使得 $\sigma = \sigma_{u_1} \cdots \sigma_{u_{2r}}$, 其中

$$\sigma_{u_i}\colon q \mapsto -u_i \bar{q} u_i, \quad \forall q \in \mathbb{H}.$$

于是

$$q^{\sigma_{u_1}\sigma_{u_2}} = (-u_1\bar{q}u_1)^{\sigma_{u_2}} = u_2\overline{(u_1\bar{q}u_1)}u_2 = u_2\bar{u}_1 q \bar{u}_1 u_2.$$

依此类推, 得出

$$q^{\sigma} = q^{\sigma_{u_1}\cdots\sigma_{u_{2r}}} = u_{2r}\bar{u}_{2r-1}\cdots u_2\bar{u}_1 q \bar{u}_1 u_2 \cdots \bar{u}_{2r-1}u_{2r}, \quad \forall q \in \mathbb{H}.$$

令 $u = u_{2r}\bar{u}_{2r-1}\cdots u_2\bar{u}_1$, $v = (\bar{u}_1 u_2 \cdots \bar{u}_{2r-1}u_{2r})^{-1}$, 则 u,v 均为单位四元数, $\sigma = \eta_{u,v}$. 这就证明了 $\theta\colon (u,v) \mapsto \eta_{u,v}$ 是满同态. □

定理 6.5.14 $PSO_4(\mathbb{R}) \cong SO_3(\mathbb{R}) \times SO_3(\mathbb{R})$.

证明 考虑 4 维欧氏空间 $\mathbb{H} = \mathbb{R}^4$. $SO_4(\mathbb{R})$ 的中心 $Z = \{\pm 1_{\mathbb{H}}\}$. 由命题 6.5.13 知, $\theta: (u,v) \mapsto \eta_{u,v}$ 是 $U \times U \to SO_4(\mathbb{R})$ 的满同态. 如果 $\eta_{u,v} = 1_{\mathbb{H}}$, 则对任意 $q \in \mathbb{H}$, 有 $uqv^{-1} = q$. 特别地, $u1v^{-1} = uv^{-1} = 1$, 即得 $v = u$. 根据定理 6.5.8 之后对 $\mathrm{Ker}\,\rho$ 的讨论, 等距 $q \mapsto uqu^{-1}$ 是恒等变换当且仅当 $u = \pm 1$. 同理可知, 如果 $\eta_{u,v} = -1_{\mathbb{H}}$, 则 $v = -u$, 且 $u = \pm 1$. 记 $\nu: SO_4(\mathbb{R}) \to PSO_4(\mathbb{R})$ 为自然同态, 我们得到 $U \times U \to PSO_4(\mathbb{R})$ 的一个满同态 $\varphi = \nu\theta$:

$$\varphi: (u,v) \mapsto \nu(\eta_{u,v}), \quad \forall (u,v) \in U \times U.$$

而 $\mathrm{Ker}\,\varphi = \{\pm 1\} \times \{\pm 1\}$. 这意味着

$$PSO_4(\mathbb{R}) \cong U/\{\pm 1\} \times U/\{\pm 1\}.$$

而由对 $\mathrm{Ker}\,\rho$ 的讨论知 $U/\{\pm 1\} \cong SO_3(\mathbb{R})$. 定理得证. $\qquad\square$

第七章　正交群 (char $F = 2$)

§7.1　特征 2 域上的二次型与正交空间

设 V 是域 F 上的线性空间, char $F = 2$. 一个 V 上的**二次型** (quadratic form) Q 是 $V \to F$ 的一个映射, 满足

(1) $Q(\lambda v) = \lambda^2 Q(v), \forall v \in V, \lambda \in F$;

(2) $B(u, v) = Q(u + v) + Q(u) + Q(v)$ 是一个对称双线性形式, 称为**与 Q 相关的** (associated to Q) 双线性形式.

在 char $F \neq 2$ 的情形, 条件 (2) 为 $B(u, v) = Q(u+v) - Q(u) - Q(v)$. 但现在 $-1 = +1$. 进一步, 现在对任意 $v \in V$, 有

$$B(v, v) = Q(v + v) + Q(v) + Q(v) = Q(2v) + 2Q(v) = 0,$$

即 B 是交错的, (V, B) 是一个辛空间. 特别地, 现在任意非零向量 $v \in V$ 都是迷向向量.

当 char $F \neq 2$ 时, 可以通过定义 $Q(v) = \dfrac{1}{2} B(v, v)$ 从一个对称双线性形式 B 得到二次型 Q. 但现在 $B(v, v) \equiv 0$, 故无法从 B 出发定义 Q.

设 (V, Q) 是 F 上的 n 维正交空间, B 是与二次型 Q 相关的双线性形式. 在第三章中, 我们已经定义了 V 的**根**和二次型 Q 的**根**分别为

$$\operatorname{rad} V = \{\, v \in V \mid B(u, v) = 0, \ \forall u \in V \,\},$$
$$\operatorname{rad} Q = \{\, v \in \operatorname{rad} V \mid Q(v) = 0 \,\} \subseteq \operatorname{rad} V.$$

记 $F^2 = \{\, \lambda^2 \mid \lambda \in F \,\}$. 注意到现在 char $F = 2$, 于是有

$$(\lambda + \mu)^2 = \lambda^2 + 2\lambda\mu + \mu^2 = \lambda^2 + \mu^2,$$

即 F^2 对于加法是封闭的. 显然 F^2 对于乘法也是封闭的, 因此 F^2 是 F 的一个子域, 进而可以将 F 视为 F^2 上的一个线性空间. 在第三章 §3.1 中, 我们证明了

命题 7.1.1 $\dim(\operatorname{rad} V) - \dim(\operatorname{rad} Q) \leqslant |F : F^2|$.

特别地, 如果 F 是特征为 2 的完全域, 则有 $F^2 = F$. 于是有

推论 7.1.2 如果 F 是特征为 2 的完全域, 则

$$\dim(\operatorname{rad} V) - \dim(\operatorname{rad} Q) \leqslant 1.$$

定义 7.1.3 设 $\operatorname{char} F = 2$. 称 F 上的正交空间 (V, Q) 为**非退化的**, 如果 $\operatorname{rad} Q = 0$. 称 (V, Q) 为**无亏的** (non-defective), 如果 $\operatorname{rad} V = 0$.

给定非退化正交空间 (V, Q), B 是相应的双线性形式. 定义 (V, Q) 上的**一般正交群** (general orthogonal group) 为

$$O(V, Q) = \{ g \in GL(V) \mid Q(v^g) = Q(v), \ \forall v \in V \}.$$

注意这时 B 是一个交错形式. 对任意 $g \in O(V, Q)$, $u, v \in V$, 有

$$\begin{aligned} B(u^g, v^g) &= Q(u^g + v^g) + Q(u^g) + Q(v^g) \\ &= Q((u+v)^g) + Q(u) + Q(v) = B(u, v), \end{aligned}$$

即 g 也保持双线性形式 B. 特别地, 如果 V 是无亏的, 则 $g \in Sp(V, B)$. 于是, 我们得到包含关系 $O(V, Q) \leqslant Sp(V, B)$.

当 $\operatorname{char} F \neq 2$ 时, 正交群中任一元素 g 的行列式 $\det g = \pm 1$; 而当 $\operatorname{char} F = 2$ 时, 元素的行列式只能为 1, 故**特殊正交群** $SO(V, Q)$ 需另行定义 (参见定义 7.3.6).

称 V 中一个有序向量对 (u, v) 为**双曲对**, 如果 u, v 是奇异向量, 且 $B(u, v) = 1$. 它们生成的子空间 $\langle u, v \rangle$ 称为一个**双曲平面**.

命题 7.1.4 如果 $u \in V \setminus \operatorname{rad} V$ 是奇异向量, 则存在 $v \in V$, 使得 (u, v) 为双曲对.

证明　因为 $u \notin \operatorname{rad} V$, 所以存在 $w \in V$, 满足 $B(u, w) \neq 0$. 不妨设 $B(u, w) = 1$. 令 $v = Q(w)u + w$, 则 $Q(v) = Q(w)B(u, w) + Q(w) = 0$, 而

$$B(u, v) = B(u, Q(w)u + w) = Q(w)B(u, u) + B(u, w) = 1,$$

即 (u, v) 是双曲对. □

命题 7.1.5　设 $\dim V \geqslant 2$, (V, Q) 非退化、无亏, 且包含奇异向量, 则 V 中存在由奇异向量构成的基.

证明　设 $u \in V$ 是一个奇异向量. 由命题 7.1.4 知, 存在奇异向量 $v \in V$, 使得 (u, v) 为双曲对. 记 $H = \langle u, v \rangle$, 则 H 无亏, 从而有 $V = H \perp H^{\perp}$. 如果 $H^{\perp} = 0$, 命题结论成立. 否则, 令 $w_3, \cdots, w_n$ 为 $H^{\perp}$ 的一个基, $W_i = \langle u, v + w_i \rangle$ $(i = 3, \cdots, n)$, 则 $B|_{W_i}$ 在基 $u, v + w_i$ 下的矩阵为 $\begin{pmatrix} 0 & 1 \\ 1 & 0 \end{pmatrix}$, 故得 $\operatorname{rad} W_i = 0$, 进而得到 $(W_i, Q|_{W_i})$ 非退化. 再由命题 7.1.4 知, 存在 $x_i \in W_i$, 使得 (u, x_i) 为双曲对. 因为 $w_i \in \langle u, v, x_i \rangle$ $(i = 3, \cdots, n)$, 所以 $V = \langle u, v, x_3, \cdots, x_n \rangle$. 而 $u, v, x_3, \cdots, x_n$ 就是一个由奇异向量构成的基. □

命题 7.1.6　设 F 是一个完全域, F 上的正交空间 (V, Q) 非退化.
(1) 若 $\dim V \geqslant 2$, 且 V 的亏数 > 0, 则 V 包含非零奇异向量;
(2) 若 $\dim V \geqslant 3$, 且 V 是无亏的, 则 V 包含非零奇异向量.

证明　(1) 这时 $\dim \operatorname{rad} V = 1$, 故存在 $x \in V \setminus \operatorname{rad} V$ 和非零的 $y \in \operatorname{rad} V$. 因为 Q 非退化, 所以 $Q(y) \neq 0$. 而 $Q(x)/Q(y) \in F = F^2$, 故存在 $a \in F$, 满足 $Q(x) = a^2 Q(y)$. 令 $u = x + ay \notin \operatorname{rad} V$, 则

$$Q(u) = Q(x + ay) = Q(x) + a^2 Q(y) + B(x, ay) = 0.$$

(2) 取 $0 \neq x \in V$. 如果 $Q(x) = 0$, 命题结论成立. 否则, $\dim \langle x \rangle^{\perp} \geqslant 2$. 取 $y \in \langle x \rangle^{\perp} \setminus \langle x \rangle$. 同样存在 $a \in F$, 满足 $Q(y)/Q(x) = a^2$. 令 $u = ax + y \neq 0$, 即得 $Q(u) = Q(ax + y) = 0$. □

推论 7.1.7 在上述命题条件下, V 中包含双曲平面.

命题 7.1.8 设 F 是一个完全域, (V, Q) 是 F 上无亏的非退化正交空间, $\dim V = 2$, 且不含奇异向量, 则存在 V 的基 v_1, v_2 和 $F[x]$ 中的不可约多项式 $x^2 + x + b$, 满足

$$Q(a_1 v_1 + a_2 v_2) = a_1^2 + a_1 a_2 + b a_2^2, \quad \forall a_1, a_2 \in F.$$

反之, 如果 $x^2 + x + b \in F[x]$ 不可约, v_1, v_2 是 V 的一个基, 定义映射 $Q: V \to F$:

$$Q(a_1 v_1 + a_2 v_2) = a_1^2 + a_1 a_2 + b a_2^2, \quad \forall a_1, a_2 \in F,$$

则 Q 是非退化的二次型, (V, Q) 是无亏的, 且不含奇异向量.

证明 因为 $\operatorname{rad} V = 0$, 所以存在 $w_1, w_2 \in V$, 满足 $B(w_1, w_2) = 1$. 于是

$$Q(a_1 w_1 + a_2 w_2) = a_1^2 Q(w_1) + a_1 a_2 + a_2^2 Q(w_2), \quad \forall a_1, a_2 \in F.$$

因为 V 不含奇异向量, 所以 $Q(w_1) \neq 0$. 设 $Q(w_1) = c^2 \in F^2 = F$. 令 $v_1 = c^{-1} w_1$, $v_2 = c w_2$, $b = c^2 Q(w_2)$, 则 v_1, v_2 构成 V 的一个基, 且对任意 $a_1, a_2 \in F$, 有

$$\begin{aligned}
Q(a_1 v_1 + a_2 v_2) &= Q(a_1 c^{-1} w_1 + a_2 c w_2) \\
&= a_1^2 c^{-2} Q(w_1) + a_1 a_2 + a_2^2 c^2 Q(w_2) \\
&= a_1^2 + a_1 a_2 + a_2^2 b.
\end{aligned}$$

又对任意 $a \in F$, 向量 $a v_1 + v_2 \neq 0$, 从而非奇异. 因此 $Q(a v_1 + v_2) = a^2 + a + b \neq 0$, 即证得 $x^2 + x + b$ 不可约.

反之, 对任意 $a, a_1, a_2, b_1, b_2 \in F$, 有

$$Q\left(a(a_1 v_1 + a_2 v_2)\right) = a^2 a_1^2 + a^2 a_1 a_2 + a^2 b a_2^2 = a^2 Q(a_1 v_1 + a_2 v_2),$$

$$\begin{aligned}
&Q((a_1 v_1 + a_2 v_2) + (b_1 v_1 + b_2 v_2)) \\
&= (a_1 + b_1)^2 + (a_1 + b_1)(a_2 + b_2) + b(a_2 + b_2)^2 \\
&= Q(a_1 v_1 + a_2 v_2) + Q(b_1 v_1 + b_2 v_2) + (a_1 b_2 + a_2 b_1).
\end{aligned}$$

可见, 与 Q 对应的双线性形式为 $B(a_1v_1 + a_2v_2) = a_1b_2 + a_2b_1$, 它显然是对称的. 如果 $u = a_1v_1 + a_2v_2 \in \operatorname{rad} V$, 则

$$B(u, v_1) = 0 = B(u, v_2) \Longrightarrow a_1 = a_2 = 0.$$

这说明 V 是无亏的, 从而 $\operatorname{rad} Q \subseteq \operatorname{rad} V = 0$, Q 非退化. 进一步, 若 $u \neq 0$, 则 a_1, a_2 不全为 0. 当 $a_2 = 0$ 时, $Q(u) = Q(a_1v_1) = a_1^2 \neq 0$; 当 $a_2 \neq 0$ 时, 如果 $Q(u) = a_1^2 + a_1a_2 + ba_2^2 = 0$, 就得出

$$\left(\frac{a_1}{a_2}\right)^2 + \frac{a_1}{a_2} + b = 0,$$

与 $x^2 + x + b$ 不可约矛盾. 这就证明了 (V, Q) 中没有奇异向量.　□

注 7.1.9　上述命题反之部分的证明并不需要 F 是完全域的假设.

命题 7.1.10　设 (V, Q) 是域 F 上无亏的正交空间, $\dim V \geqslant 2$, 且当 $\dim V = 2$ 时进一步假设 $|F| \geqslant 4$, 则 V 有一个由非奇异向量组成的基.

证明　如果 V 不包含奇异向量, 结论显然成立. 如果 V 包含奇异向量, 对 $\dim V$ 作数学归纳法. 当 $\dim V = 2$ 时, 由命题 7.1.4 知, 存在双曲对 (u, v), 使得 $V = \langle u, v \rangle$. 由命题条件知 $|F| \geqslant 4$, 故存在 $a \in F \setminus \{0, 1\}$. 于是 $w_1 = u + v, w_2 = u + av$ 是非奇异向量, 构成 V 的一个基, 命题结论成立. 当 $\dim V > 2$ 时, 由命题 7.1.4 知, V 中包含双曲平面 $H = \langle u, v \rangle$, 且有正交分解 $V = H \perp H^\perp$, $H^\perp \neq 0$. 下面区分两种情形:

(1) $H^\perp$ 不是 F_2 上的双曲平面. 这时由归纳假设知, 存在 $H^\perp$ 的基 $w_3, \cdots, w_n$, 其中 w_i $(i = 3, \cdots, n)$ 非奇异. 令 $w_1 = u + w_3, w_2 = v + w_3$. 直接验证可知 $w_1, \cdots, w_n$ 是 V 的一个由非奇异向量组成的基.

(2) $H^\perp$ 是 F_2 上的双曲平面 $\langle x, y \rangle$, (x, y) 是双曲对. 令

$$w_1 = u + v + x, \quad w_2 = u + v + y, \quad w_3 = u + v, \quad w_4 = v + x + y.$$

直接验证可知 $w_1, \cdots, w_4$ 是 V 的一个由非奇异向量组成的基.　□

定理 7.1.11 设 F 是完全域, F 上的正交空间 (V, Q) 非退化, 则 V 有一个基 $v_1, \cdots, v_n$ 满足下述条件:

(1) 当 $n = 2m + 1$ 时,

$$Q\left(\sum_{i=1}^{n} a_i v_i\right) = a_1 a_{m+1} + a_2 a_{m+2} + \cdots + a_m a_{2m} + a_{2m+1}^2.$$

(2) 当 $n = 2m$ 时, 下述二者之一成立:

(a) $Q\left(\sum_{i=1}^{2m} a_i v_i\right) = \sum_{i=1}^{m} a_i a_{m+i}$;

(b) $Q\left(\sum_{i=1}^{2m} a_i v_i\right) = \sum_{i=1}^{m-1} a_i a_{m+i-1} + a_{2m-1}^2 + a_{2m-1} a_{2m} + b a_{2m}^2$, 其

中 b 满足 $x^2 + x + b \in F[x]$ 不可约.

证明 因为 F 是完全域, 所以 $\dim \operatorname{rad} V \leqslant 1$. 反复应用推论 7.1.7, 可得 $V = H_1 \perp \cdots \perp H_m \perp W$, 其中 H_i $(i = 1, \cdots, m)$ 为双曲平面, $\dim W \leqslant 2$. 设 (v_i, v_{m+i}) $(i = 1, \cdots, m)$ 是双曲对. 如果 $W = 0$, 即得条件 2(a). 当 $\dim W = 1$ 时, $W = \operatorname{rad} V = \langle v_{2m+1} \rangle$. 由 $F^2 = F$ 知, 不妨设 $Q(v_{2m+1}) = 1$, 进而得到条件 (1). 如果 $\dim W = 2$, W 中没有奇异向量, 则由命题 7.1.8 知, W 有基 v_{2m-1}, v_{2m} 满足条件 2(b). $\qquad \square$

§7.2 Clifford 代 数

与 $\operatorname{char} F \neq 2$ 的情形相同, 可以构造正交空间 (V, Q) 的 Clifford 代数 (参见 §6.3). 令

$$T = T(V) = \bigoplus_{r=0}^{\infty} T_r(V)$$

为 V 的张量代数, 其中 $T_0 = F$ 是 T 的子代数, $T_1 = V$ 是 T 的一个子空间. 令 $I = I(V)$ 是由所有 $x \otimes x + Q(x) \cdot 1$ 生成的双边理想. 定义

$C(V) = T(V)/I(V)$, 称为 V 的 **Clifford 代数**. 在 char $F = 2$ 的情形, $C(V)$ 同样具有**泛性质**和**唯一性** (参见命题 6.3.1 和命题 6.3.3).

对任意 $x, y \in V$, 现在仍然有 $(x + y) \otimes (x + y) + Q(x + y) \in I$, 进而得到

$$x \otimes y + y \otimes x + B(x, y) \cdot 1 \in I,$$

故得 $C(V)$ 中的关系式

$$\overline{x}\,\overline{y} + \overline{y}\,\overline{x} = B(x, y) \cdot \overline{1}, \quad \forall x, y \in V. \tag{7.1}$$

设超平面 $H \subset V$, 非平凡等距 $\tau \in O(V)$. 命题 6.1.2 指出: 如果 τ 保持 H 中的每个向量都不动, 则必存在非奇异向量 $u \in V$, 使得对任意 $x \in V$, 有 $x^\tau = x - Q(u)^{-1}B(x, u)u$. 于是, 当 char $F \neq 2$ 时, 不存在正交平延 (推论 6.1.3). 而在 char $F = 2$ 的情形, $-1 = +1$, 故这时 τ 满足

$$\tau: x \mapsto x + Q(u)^{-1}B(x, u)u, \quad \forall x \in V, \tag{7.2}$$

称为 $O(V)$ 中的**正交平延**, 记做 $\tau = \tau_u$.

命题 7.2.1 设 $u \in V$ 是一个非奇异向量. 正交平延 τ_u 具有下述性质:

(1) $\tau_u^2 = 1_V$;

(2) 对任意 $\sigma \in O(V)$, 有 $\sigma^{-1}\tau_u\sigma = \tau_{u^\sigma}$;

(3) 对任意 $a \in F^\times$, 有 $\tau_{au} = \tau_u$;

(4) 如果非奇异向量 $v \perp u$, 则 $\tau_u\tau_v = \tau_v\tau_u$.

命题的证明留给读者作为习题.

有了正交平延的定义后, 可以得到下述与 char $F \neq 2$ 情形相平行的结论.

命题 7.2.2 设 char $F = 2$, (V, Q) 是域 F 上的正交空间, $C = C(V)$ 是 V 的 Clifford 代数.

(1) 对任意 $u, v \in V$, $u \perp v \iff$ 在 C 中有 $\overline{u}\overline{v} = \overline{v}\overline{u}$;

(2) 对任意非零向量 $v \in V$, $\overline{v} \in C$ 可逆 $\iff v$ 非奇异;

(3) 设 $u \in V$ 是非奇异向量, 则正交平延 τ_u 满足

$$\overline{x^{\tau_u}} = \overline{u}^{-1} \overline{x} \, \overline{u}, \quad \forall x \in V;$$

(4) 设 $v_1, \cdots, v_n$ 是 V 的一个基, 则 $C(V)$ 由

$$\Sigma = \{ \overline{v}_1^{e_1} \cdots \overline{v}_n^{e_n} \mid e_i = 0 \text{ 或者 } 1, i = 1, \cdots, n \}$$

生成, 从而有 $\dim_F C(V) \leqslant 2^n$.

证明 (1), (2) 的证明与 $\operatorname{char} F \neq 2$ 的情形完全相同 (参见命题 6.3.5 的证明).

(3) 对任意 $x \in V$, 有 τ_u: $x \mapsto x + Q(u)^{-1} B(x, u) u$, 因此在 $C(V)$ 中有

$$\overline{x^{\tau_u}} = \overline{x} + Q(u)^{-1} B(x, u) \overline{u} \xrightarrow{(7.1) \text{ 式}} \overline{x} + Q(u)^{-1} (\overline{x}\,\overline{u} + \overline{u}\,\overline{x}) \overline{u}$$
$$= Q(u)^{-1} \overline{u}\,\overline{x}\,\overline{u} = Q(u)^{-1} \overline{u} (\overline{u}\,\overline{u}^{-1}) \overline{x}\,\overline{u} = \overline{u}^{-1} \overline{x}\,\overline{u}.$$

(4) 任一 $\overline{x} \in C(V)$ 总可表示成若干 $\overline{v}_i$ 乘积的线性组合. 在一个乘积

$$\overline{v}_{i_1}^{e_1} \cdots \overline{v}_{i_r}^{e_r} \tag{7.3}$$

中, 因为 $\overline{x}^2 = Q(x) \cdot \overline{1}$, 所以总有 $e_i = 0$ 或者 1. 如果 $i_1 > i_2$, 则因为

$$\overline{v}_{i_1} \overline{v}_{i_2} = \overline{v}_{i_2} \overline{v}_{i_1} + B(v_{i_1}, v_{i_2}) \cdot \overline{1},$$

所以

$$\overline{v}_{i_1}^{e_1} \overline{v}_{i_2}^{e_2} \cdots \overline{v}_{i_r}^{e_r} = \overline{v}_{i_2}^{e_2} \overline{v}_{i_1}^{e_1} \cdots \overline{v}_{i_r}^{e_r} + B(v_{i_1}, v_{i_2}) \overline{v}_{i_3}^{e_3} \cdots \overline{v}_{i_r}^{e_r},$$

最终可将乘积 (7.3) 表示成若干单项式的线性组合, 其中每个单项式都属于 Σ. $\qquad \square$

为了证明当 $\dim V = n$ 时 $\dim_F C(V) = 2^n$, 我们需要讨论 $n \leqslant 2$ 时的 Clifford 代数. 下述引理的证明与引理 6.3.8 的证明相同, 留给读者作为练习.

引理 7.2.3　设 $V = \langle v \rangle$ 是域 F 上非退化的 1 维正交空间, $Q(v) = a \in F$, 则当 a 是非平方元素时, $C(V) \cong F(\sqrt{a})$ 是一个域; 当 $a = b^2$ 是平方元素时, $C(V) \cong F[t]/((x+b)^2)$. 无论何种情形, 总有

$$\dim C(V) = 2.$$

当 $n = 2$ 时, 我们要引入 Huppert 代数的概念.

定义 7.2.4　设域 F 的特征为 2. 给定 $a, b \in F$, 令 $H(a,b)$ 为 F 上的一个 4 维线性空间, $1, i, j, k$ 是 $H(a,b)$ 的一个基. 定义基向量之间的乘法表:

	1	i	j	k
1	1	i	j	k
i	i	a	k	aj
j	j	$1+k$	b	$bi+j$
k	k	$i+aj$	bi	$ab+k$

将这个乘法线性扩展成 $H(a,b)$ 上的一个乘法, 则 $H(a,b)$ 成为 F 上一个非交换的结合代数, 称为 **Huppert 代数** (参见文献 [16]).

命题 7.2.5　设 (V, Q) 是域 F 上无亏的 2 维非退化正交空间, 则其 Clifford 代数 $C(V)$ 是一个 Huppert 代数. 特别地, $\dim C(V) = 4$.

证明　设 $V = \langle u, v \rangle$. 因为 u, v 都是迷向向量, 故 $B(u,v) \neq 0$. 不妨设 $B(u,v) = 1$, $Q(u) = a$, $Q(v) = b$. 令 $A = H(a,b)$ 是相应的 Huppert 代数, 则线性映射 $\varphi: V \to A$, $\varphi(u) = i$, $\varphi(v) = j$ 满足 $\varphi(x)^2 = Q(x) \cdot 1$, $\forall x \in V$. 因此存在唯一的延拓 $\hat{\varphi}: C(V) \to A$. 由 Huppert 代数的定义知, A 由 i, j 生成, 所以 $\hat{\varphi}$ 是满同态. 再由 $\dim C(V) \leqslant 4$ 即得 $\hat{\varphi}$ 是一个同构, $\dim C(V) = 4$. □

域 F 上的代数 A 称为**中心的** (central), 如果其中心

$$Z(A) = \{ a \cdot 1_A \mid a \in F \} \cong F.$$

A 称为是**单的** (simple), 如果 A 不包含非平凡理想.

命题 7.2.6 对任意 $a,b \in F$, Huppert 代数 $H(a,b)$ 是一个中心单代数.

证明 记 $A = H(a,b)$. 采用 Lie 括号

$$[x,y] = xy + yx, \quad \forall x,y \in A.$$

对任一 $x = c_0 + c_1 i + c_2 j + c_3 k$ $(c_i \in F, i = 0, \cdots, 3)$, 直接计算可得

$$[x,i] = c_2 + c_3 i, \quad [x,j] = c_1 + c_3 j, \quad [[x,i],j] = c_3.$$

如果 $x \in Z(A)$, 则 $[x,i] = [x,j] = 0$. 于是得到 $c_1 = c_2 = c_3 = 0$, 即 $x = c_0 \in F$. 这说明 A 是中心的.

设 $I \neq A$ 是 A 的一个非平凡理想, $x = c_0 + c_1 i + c_2 j + c_3 k \in I$, 则 $xi + ix = [x,i] \in I$, 进而得到 $c_3 = [[x,i],j] \in I$. 由 $I \neq A$ 推出 $c_3 = 0$. 而这意味着 $c_2 = [x,i] \in I$, $c_1 = [x,j] \in I$, 所以 $c_1 = c_2 = 0$. 于是有 $x = c_0 \in I$. 同理得到必有 $c_0 = 0$, 即 $I = (0)$, A 是单代数. $\square$

命题 7.2.7 设 (V,Q) 是域 F 上的 n 维正交空间, 则

$$\dim C(V) = 2^n.$$

证明 对 n 作数学归纳法. 当 $n = 1$ 时, 由引理 7.2.3 知结论成立. 当 $n > 1$ 时, 区分两种情形:

情形 1 V 的亏数 > 0. 这时存在非零向量 $u \in \operatorname{rad} V$. 取 $\langle u \rangle$ 的一个补空间 W, 则 $V = \langle u \rangle \perp W$. 任意 $v \in V$ 可唯一表示成 $v = x + w$, $x \in \langle u \rangle$, $w \in W$, 且 $Q(v) = Q(x+w) = Q(x) + Q(w)$. 定义映射 ε: $V \to C(\langle u \rangle) \otimes C(W)$, $v \mapsto \overline{x} \otimes \overline{1} + \overline{1} \otimes \overline{w}$, 于是有

$$
\begin{aligned}
(v^\varepsilon)^2 &= (\overline{x} \otimes \overline{1} + \overline{1} \otimes \overline{w})(\overline{x} \otimes \overline{1} + \overline{1} \otimes \overline{w}) \\
&= (\overline{x} \otimes \overline{1})(\overline{x} \otimes \overline{1}) + (\overline{x} \otimes \overline{1})(\overline{1} \otimes \overline{w}) + (\overline{1} \otimes \overline{w})(\overline{x} \otimes \overline{1}) + (\overline{1} \otimes \overline{w})(\overline{1} \otimes \overline{w}) \\
&= \overline{x}^2 \otimes \overline{1} + \overline{x} \otimes \overline{w} + \overline{x} \otimes \overline{w} + \overline{1} \otimes \overline{w}^2 \\
&= Q(x) \cdot \overline{1} \otimes \overline{1} + \overline{1} \otimes Q(w) \cdot \overline{1} \\
&= (Q(x) + Q(w))(\overline{1} \otimes \overline{1}) \\
&= Q(v)(\overline{1} \otimes \overline{1}).
\end{aligned}
$$

由 $C=C(V)$ 的泛性质知, ε 可唯一延拓为 $\widehat{\varepsilon}\colon C\to C(\langle u\rangle)\otimes C(W)$, 使得下图可交换:

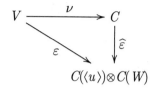

其中 $\nu\colon v\mapsto\overline{v}$ 是自然同态. 注意 $\overline{u^{\widehat{\varepsilon}}}=u^{\varepsilon}=\overline{u}\otimes\overline{1}$, $\overline{w^{\widehat{\varepsilon}}}=w^{\varepsilon}=\overline{1}\otimes\overline{w}$, $\forall w\in W$. 因为 $C(\langle u\rangle)\otimes C(W)$ 由 $\overline{u}\otimes\overline{1}$ 和 $\overline{1}\otimes\overline{w}$ 生成, 所以 $\widehat{\varepsilon}$ 是满同态. 已知 $\dim C(\langle u\rangle)=2$, 而由归纳假设知 $\dim C(W)=2^{n-1}$, 故得 $\dim C(V)\geqslant 2\cdot 2^{n-1}=2^n$.

情形 2 (V,Q) 是无亏的. 这时 V 中包含双曲对 (u,v). 令 $H=\langle u,v\rangle$, 则 $V=H\perp H^{\perp}$. 任意 $v\in V$ 可唯一表示成 $v=h+w$, $h\in H$, $w\in H^{\perp}$, 且 $Q(v)=Q(x+w)=Q(x)+Q(w)$. 定义映射 $\varepsilon\colon V\to C(H)\otimes C(H^{\perp})$, $v\mapsto\overline{h}\otimes\overline{1}+\overline{1}\otimes\overline{w}$. 与情形 1 一样, ε 满足 $(v^{\varepsilon})^2=Q(v)(\overline{1}\otimes\overline{1})$, 因此可唯一延拓为 $\widehat{\varepsilon}\colon C\to C(H)\otimes C(H^{\perp})$, 且 $\widehat{\varepsilon}$ 是满同态. 由命题 7.2.5 及归纳假设知 $\dim C(H)=4$, $\dim C(H^{\perp})=2^{n-2}$, 故得 $\dim C(V)\geqslant 4\cdot 2^{n-2}=2^n$. 命题得证. $\qquad\square$

推论 7.2.8 如果 $v_1,\cdots,v_n$ 是 (V,Q) 的一个基, 则

$$\{\,\overline{v}_1^{e_1}\cdots\overline{v}_n^{e_n}\mid e_i=0\ \text{或者}\ 1,\ i=1,\cdots,n\,\}$$

是 $C(V)$ 的一个基.

注 7.2.9 与 char $F\neq 2$ 的情形一样, V 的 Clifford 代数 $C(V)=C_0(V)\oplus C_1(V)$ 是一个 $\mathbb{Z}_2$ **分次代数**. 但由于 char $F=2$, 故这时任意两个 $\mathbb{Z}_2$ 分次代数 A 和 B 的 $\mathbb{Z}_2$ **分次张量积** $A\widehat{\otimes}B$ 就简化成普通的张量积 $A\otimes B$. 由命题 7.2.7 的证明可以看出, 如果 $V=V_1\perp V_2$, 就有

$$C(V)=C(V_1)\otimes C(V_2).$$

下面我们指出关于中心单代数的几个结果, 其证明可以参见文献 [20] 的 §12.4.

命题 7.2.10 (1) 设 B, C 是域 F 上的中心单代数, 则它们的张量积 $A = B \otimes C$ 也是中心单代数.

(2) 设 B 是 F 上的中心单代数, C 是 F 上的单代数, 则它们的张量积 $A = B \otimes C$ 是单代数.

(3) 设 A 是 F 上的代数, $B, C \subset A$ 是子代数, 其中 B 是中心单代数, C 包含在 B 的中心化子里. 如果 $\dim A = \dim B \cdot \dim C$, 则

$$A \cong B \otimes C.$$

(4) 设 $A = B \otimes C$, 则 $Z(A) = Z(B) \otimes Z(C)$.

命题 7.2.11 设 (V, Q) 是无亏的 $n \geqslant 2$ 维正交空间, 则其 Clifford 代数 $C(V)$ 是中心单代数.

证明 对维数 n 作数学归纳法. 当 $n = 2$ 时, 由命题 7.2.5 和命题 7.2.6 即得. 当 $n \geqslant 4$ 时, 取 V 中的一个双曲平面 H, 则 $V = H \perp H^{\perp}$. 于是 $C(V) = C(H) \otimes C(H^{\perp})$. 由归纳假设知, $C(H)$ 和 $C(H^{\perp})$ 都是中心单代数, 再由命题 7.2.10 (1) 即得 $C(V)$ 是中心单的. $\qquad\square$

设 (V, Q) 是 n 维非退化正交空间. 取定一个非奇异向量 $u_1 \in V$, $Q(u_1) \neq 0$. 对任意 $u, v \in V$, 由 (7.1) 式知, 在 $C(V)$ 中有

$$(\overline{u_1}\, \overline{u})(\overline{u_1}\, \overline{v}) = \overline{u_1}(\overline{u}\,\overline{u_1})\overline{v} = \overline{u_1}\left(\overline{u_1}\,\overline{u} + B(u, u_1) \cdot \overline{1}\right)\overline{v}$$
$$= \overline{u_1}^2 \overline{u}\,\overline{v} + B(u, u_1)\overline{u_1}\,\overline{v} = Q(u_1)\overline{u}\,\overline{v} + B(u, u_1)\overline{u_1}\,\overline{v},$$

进而得到

$$\overline{u}\,\overline{v} = \frac{1}{Q(u_1)}\left(\overline{u_1}\,\overline{u} + B(u, u_1) \cdot \overline{1}\right)\overline{u_1}\,\overline{v}.$$

$C(V)$ 的**偶子代数** $C_0(V)$ 是由所有 $\overline{u}\,\overline{v}$ $(u, v \in V)$ 生成的, 而上式说明 $C_0(V)$ 也可以由所有形如 $\overline{u_1}\,\overline{v}$ $(v \in V)$ 的元素生成. 令 C' 是由 $\{\overline{u_1}\,\overline{v} \mid v \in \langle u_1\rangle^{\perp}\}$ 生成的 $C_0(V)$ 的一个子代数. 注意到现在 B 是交

错形式, 故 $u_1 \in \langle u_1 \rangle^{\perp}$. 设 $u_1, w_1, \cdots, w_{n-2}$ 是 $\langle u_1 \rangle^{\perp}$ 的一个基. 令 $W = \langle w_1, \cdots, w_{n-2} \rangle$, 则 $\langle u_1 \rangle^{\perp} = \langle u_1 \rangle \perp W$. 而作为域 F 上的代数, C' 可由 $\overline{u}_1 \overline{w}_1, \cdots, \overline{u}_1 \overline{w}_{n-2}$ 生成.

定义 W 上的二次型 Q_1:

$$Q_1(w) = Q(u_1)Q(w), \quad \forall w \in W.$$

令映射 $\varphi \colon W \to C'$, $w_i \mapsto \overline{u}_1 \overline{w}_i$ $(i = 1, \cdots, n-2)$. 因为 $u_1 \perp w_i$, 所以

$$\varphi(w_i)^2 = (\overline{u}_1 \overline{w}_i)^2 = \overline{u}_1^2 \overline{w}_i^2 = Q(u_1)Q(w_i) \cdot \overline{1}, \quad i = 1, \cdots, n-2.$$

于是, φ 可以延拓成 $C(W, Q_1) \to C'$ 的一个代数同态 $\widehat{\varphi}$, 满足

$$\widehat{\varphi}(\overline{w}_i) = \varphi(w_i) = \overline{u}_1 \overline{w}_i, \quad i = 1, \cdots, n-2.$$

显然 $\widehat{\varphi}$ 是满同态. 另一方面, 在 C' 中有

$$(\overline{u}_1 \overline{w}_i)(\overline{u}_1 \overline{w}_j) = \overline{u}_1^2 \overline{w}_i \overline{w}_j = Q(u_1)\overline{w}_i \overline{w}_j, \quad i, j = 1, \cdots, n-2.$$

这意味着, C' 包含所有的 $\overline{w}_1^{e_1} \cdots \overline{w}_{n-2}^{e_{n-2}}$, 其中 $e_i = 0$ 或者 1 $(i = 1, \cdots, n-2)$, 且 $\sum\limits_i e_i$ 为偶数; 也包含所有的 $\overline{u}_1 \overline{w}_1^{e_1} \cdots \overline{w}_{n-2}^{e_{n-2}}$, 其中 $e_i = 0$ 或者 1 $(i = 1, \cdots, n-2)$, 且 $\sum\limits_i e_i$ 为奇数. 根据推论 7.2.8, 这些元素是线性无关的, 故 $\dim C' \geqslant 2^{n-2}$, 进而得出

$$2^{n-2} = \dim C(W, Q_1) \geqslant \dim C' \geqslant 2^{n-2},$$

即 $\dim C' = 2^{n-2}$. 这意味着 $\widehat{\varphi}$ 是代数同构, 故得 $C' \cong C(W, Q_1)$.

考虑 (V, Q) 无亏的情形. 这时 $\dim V = n = 2m$ 为偶数. 取 V 的一个辛基 $u_1, v_1, \cdots, u_m, v_m$, 其中 $Q(u_1) \neq 0$, 则 $\langle u_1 \rangle^{\perp} = \langle u_1 \rangle \perp W$, 其中 $W = \langle u_2, v_2 \rangle \perp \cdots \perp \langle u_m, v_m \rangle$. 偶子代数 $C_0(V)$ 包含 2^{n-2} 维子代数 $C' \cong C(W, Q_1)$, 其中 $Q_1(w) = Q(u_1)Q(w), \forall w \in W$. 显然 W 仍然是无亏的. 由命题 7.2.11 知, C' 是一个中心单代数.

记 $\mathscr{B} = \{u_1, v_1, \cdots, u_m, v_m\}$ 为 V 的一个辛基. 令

$$\bar{z} = \bar{z}_{\mathscr{B}} = \sum_{i=1}^{m} \bar{u}_i \bar{v}_i \in C_0(V), \quad \alpha = \alpha_{\mathscr{B}} = \sum_{i=1}^{m} Q(u_i)Q(v_i) \in F. \quad (7.4)$$

注意到基向量之间的正交性, 由命题 7.2.2 知, 在 $C(V)$ 中所有 $\bar{u}_i$ 之间可交换, 所有 $\bar{v}_j$ 之间也可交换. 当 $i \neq j$ 时, $\bar{u}_i \bar{v}_j = \bar{v}_j \bar{u}_i$. 而对 $1 \leqslant i \leqslant m$, 由 (7.1) 式可知

$$\bar{u}_i \bar{v}_i = \bar{v}_i \bar{u}_i + B(u_i, v_i) \cdot \bar{1} = \bar{v}_i \bar{u}_i + \bar{1}.$$

从而对任意 $1 \leqslant i, j \leqslant m$, 有

$$\bar{z}\,\bar{u}_i = \bar{u}_i \bar{z} + \bar{u}_i, \quad \bar{z}\,\bar{v}_j = \bar{v}_j \bar{z} + \bar{v}_j. \quad (7.5)$$

作为 F-代数, $C_0(V)$ 可以由 $\{\bar{u}_i \bar{v}_j \mid i, j = 1, \cdots, m\}$ 生成, 而

$$\begin{aligned}
\bar{z}\,\bar{u}_i \bar{v}_j &= (\bar{u}_i \bar{z} + \bar{u}_i)\bar{v}_j = \bar{u}_i \bar{z}\,\bar{v}_j + \bar{u}_i \bar{v}_j \\
&= \bar{u}_i(\bar{v}_j \bar{z} + \bar{v}_j) + \bar{u}_i \bar{v}_j \\
&= \bar{u}_i \bar{v}_j \bar{z}.
\end{aligned}$$

这说明 $\bar{z}$ 属于 $C_0(v)$ 的中心 $Z(C_0(V))$. 显然 $\bar{z} \notin F \cdot \bar{1}$, 所以

$$\dim Z(C_0) \geqslant 2.$$

下面考虑

$$\bar{z}^2 = \left(\sum_{i=1}^{m} \bar{u}_i \bar{v}_i\right)\left(\sum_{j=1}^{m} \bar{u}_j \bar{v}_j\right) = \sum_{i,j} \bar{u}_i \bar{v}_i \bar{u}_j \bar{v}_j.$$

当 $i \neq j$ 时, $\bar{u}_i \bar{v}_i \bar{u}_j \bar{v}_j = \bar{u}_j \bar{v}_j \bar{u}_i \bar{v}_i$, 故在 $\bar{z}^2$ 的展开式中这些项都消去了. 换言之,

$$\begin{aligned}
\bar{z}^2 &= \sum_{i=1}^{m} \bar{u}_i \bar{v}_i \bar{u}_i \bar{v}_i = \sum_{i=1}^{m} \bar{u}_i(\bar{u}_i \bar{v}_i + \bar{1})\bar{v}_i \\
&= \sum_{i=1}^{m} \bar{u}_i^2 \bar{v}_i^2 + \sum_{i=1}^{m} \bar{u}_i \bar{v}_i = \alpha \cdot \bar{1} + \bar{z}. \quad (7.6)
\end{aligned}$$

因为 $\alpha \in F$, 所以 $C_0(v)$ 中由 $\bar{z}$ 生成的子代数 $C'' = F \cdot \bar{1} + F \cdot \bar{z}$ 是 2 维的. 显然 $C'' \subseteq Z(C_0(V))$. 记

$$F^{[2]} = \{\, a^2 + a \mid a \in F \,\}.$$

由 $\operatorname{char} F = 2$ 知 $F^{[2]}$ 是 F 的一个加法子群.

定理 7.2.12 设 (V, Q) 是域 F 上无亏的非退化正交空间, 则

$$Z(C_0(V)) = F \cdot \bar{1} + F \cdot \bar{z}.$$

当 $\alpha \notin F^{[2]}$ 时, $Z(C_0) = F(\bar{z})$ 是 F 的一个二次扩域, $C_0(V)$ 是单代数. 当 $\alpha \in F^{[2]}$ 时, $Z(C_0(V)) \cong F \oplus F$, 而 $C_0(V) \cong C' \oplus C'$, 是两个同构的中心单代数的直和.

证明 因为 $C'' \subset Z(C_0(V))$, 所以 C'' 包含在 C' 的中心化子里. 在之前的讨论中已经证明 $C' \cong C(W, Q_1)$ 是中心单的, 且有 $\dim C_0(V) = \dim C' \cdot \dim C''$. 由命题 7.2.10 (3) 有 $C_0(V) \cong C' \otimes C''$. 注意到 $C'' \subseteq Z(C_0(V))$, 故其中心 $Z(C'') = C''$. 由命题 7.2.10 (4) 即得

$$Z(C_0(V)) \cong Z(C') \otimes Z(C'') \cong F \otimes C'' = C''.$$

由 (7.6) 式有 $\bar{z}^2 + \bar{z} = \alpha \cdot \bar{1}$. 如果 $\alpha \notin F^{[2]}$, 则多项式 $f(x) = x^2 + x + \alpha$ 在 $F[x]$ 中不可约, 而 $f(\bar{z}) = \bar{0} \in C''$. 所以 $C'' \cong F(\bar{z})$ 是 F 的一个二次扩域. 这时 C'' 是单代数, 故由命题 7.2.10 (2) 知, $C_0(V) \cong C' \otimes C''$ 是单代数.

当 $\alpha \in F^{[2]}$ 时, 存在 $b \in F$, 满足 $\alpha = b^2 + b$. 令

$$\bar{u} = b \cdot \bar{1} + \bar{z}, \quad \bar{v} = \bar{u} + \bar{1} = (b+1) \cdot \bar{1} + \bar{z} \in C''.$$

直接验证可得

$$\bar{u}^2 = \bar{u}, \quad \bar{v}^2 = \bar{v}, \quad \bar{u}\bar{v} = \bar{v}\bar{u} = \bar{0}, \quad \bar{u} + \bar{v} = \bar{1}.$$

这说明 $C'' = F \cdot \bar{u} + F \cdot \bar{v} \cong F \oplus F$. 于是

$$C_0(V) \cong C' \otimes C'' \cong C' \otimes (F \oplus F) \cong (C' \otimes F) \oplus (C' \otimes F) = C' \oplus C'.$$

定理得证. □

在 $\bar{z}$ 和 α 的定义 (7.4) 中, 它们直接依赖于辛基 $\mathscr{B}$ 的选取. 如果 V 是无亏的, 则相应的辛空间 (V, B) 是非退化的, 而辛群 $Sp(V, B)$ 在全体辛基上传递. 故 V 的任一辛基均形如 $u_1^\sigma, v_1^\sigma, \cdots, u_m^\sigma, v_m^\sigma, \sigma \in Sp(V, B)$. 下述定理指出 $\bar{z}$ 和 α 具有某种不变性.

定理 7.2.13 给定 $\sigma \in Sp(V, B)$, 记

$$\bar{z}' = \sum_i \overline{u_i^\sigma}\, \overline{v_i^\sigma}, \quad \alpha' = \sum_i Q(u_i^\sigma) Q(v_i^\sigma),$$

则存在 $\delta = \delta(\sigma) \in F$, 使得 $\bar{z}' = \bar{z} + \delta \cdot \bar{1}, \alpha' = \alpha + \delta^2 + \delta$. 特别地, 如果 $\sigma \in O(V, Q)$, 则 $\delta = 0$ 或者 1.

证明 根据 (7.6) 式, $\bar{z}^2 + \bar{z} = \alpha \cdot \bar{1}, \bar{z}'^2 + \bar{z}' = \alpha' \cdot \bar{1}$, 且有

$$Z(C_0(V)) = F \cdot \bar{1} + F \cdot \bar{z} = F \cdot \bar{1} + F \cdot \bar{z}'.$$

因此, 存在 $b, \delta \in F$, 使得 $\bar{z}' = \delta \cdot \bar{1} + b\bar{z}$. 于是

$$\begin{aligned} \alpha' \cdot \bar{1} = \bar{z}'^2 + \bar{z}' &= \delta^2 \cdot \bar{1} + b^2\bar{z}^2 + \delta \cdot \bar{1} + b\bar{z} \\ &= \delta^2 \cdot \bar{1} + b^2\bar{z}^2 + b^2\bar{z} + \delta \cdot \bar{1} + b^2\bar{z} + b\bar{z} \\ &= b^2(\bar{z}^2 + \bar{z}) + (\delta^2 + \delta) \cdot \bar{1} + (b^2 + b)\bar{z} \\ &= (\alpha + \delta^2 + \delta) \cdot \bar{1} + (b^2 + b)\bar{z}. \end{aligned}$$

因为 $\bar{1}, \bar{z}$ 是 $Z(C_0(V))$ 的基, 所以 $\alpha' = \alpha + \delta^2 + \delta$, 而 $b^2 + b = 0$. 因此有 $b = 0$ 或者 1. 如果 $b = 0$, 则 $\bar{z}' = \delta \cdot \bar{1}$, 矛盾. 故得 $b = 1, \bar{z}' = \bar{z} + \delta \cdot \bar{1}$.

如果 $\sigma \in O(V, Q)$, 显然就有 $\alpha' = \alpha$, 于是得到 $\delta^2 + \delta = 0$, 即证 $\delta = 0$ 或者 1. □

$F^{[2]} = \{a^2 + a \mid a \in F\}$ 是 F 的加法子群. 根据定理 7.2.13, 当 (V, Q) 无亏时, 陪集 $\alpha + F^{[2]} \in F/F^{[2]}$ 与辛基 $\mathscr{B}$ 的选取无关, 称为 **Arf 不变量**[1] (Arf invariant). 注意映射 $a \mapsto a^2 + a$ 是加法群 $F \to F^{[2]}$ 的

[1]Cahit Arf (1910.10.11—1997.12.26), 土耳其数学家.

满同态, 其核恰为素域 $F_2 = \{0, 1\} \subseteq F$. 特别地, 当 F 是有限域时,

$$|F : F^{[2]}| = 2.$$

我们在定理 7.1.11 中已经看到, 假定 F 是完全域, 则当 $\dim V = 2m + 1$ 为奇数时, 只有一类正交空间. 而当 $\dim V = 2m$ 为偶数时, 二次型 Q 有两种形式:

$$2\,(\mathrm{a}) : Q\left(\sum_{i=1}^{2m} a_i v_i\right) = \sum_{i=1}^{m} a_i a_{i+m};$$

$$2\,(\mathrm{b}) : Q\left(\sum_{i=1}^{2m} a_i v_i\right) = \sum_{i=1}^{m-1} a_i a_{i+m-1} + a_{2m-1}^2 + a_{2m-1} a_{2m} + b a_{2m}^2,$$

其中 b 满足 $x^2 + x + b \in F[x]$ 不可约.

定理 7.2.14 设 F 是完全域, (V, Q) 是 F 上的 2 (a) 型正交空间, $(V_i, Q_i)\,(i = 1, 2)$ 是 F 上的 2 (b) 型正交空间, 分别对应不可约多项式 $x^2 + x + b_i \in F[x]$, 则下述论断成立:

(1) (V, Q) 与 $(V_i, Q_i)\,(i = 1, 2)$ 不等价;

(2) (V_1, Q_1) 与 (V_2, Q_2) 等价的充分必要条件是 $b_1 \equiv b_2 \pmod{F^{[2]}}$.

证明 根据定理 7.1.11, (V, Q) 有辛基 $v_1, v_{m+1}, \cdots, v_m, v_{2m}$, 所有的 v_i 都是奇异向量, 故相应的 $\alpha = 0$. 对 (V_i, Q_i), 当 $1 \leqslant j \leqslant m - 1$ 时, (v_j, v_{j+m-1}) 是双曲对, 而 $Q_i(v_{2m-1}) = 1$, $Q_i(v_{2m}) = b_i\,(i = 1, 2)$, 故相应的 $\alpha_i = b_i$.

如果 (V, Q) 与 (V_1, Q_1) 等价, 则存在线性映射 $\sigma\colon V \to V_1$, 满足 $Q_1(v^\sigma) = Q(v)$, $\forall v \in V$. 由定理 7.2.13 有 $\alpha_1 \equiv \alpha = 0 \pmod{F^{[2]}}$. 但这意味着 $b_1 = a^2 + a \in F^{[2]}$, 与 $x^2 + x + b_1$ 不可约矛盾. 同样地, (V, Q) 与 (V_2, Q_2) 也不等价.

如果 (V_1, Q_1) 与 (V_2, Q_2) 等价, 则有 $\alpha_1 = \alpha_2$, 进而得到 $b_1 \equiv b_2 \pmod{F^{[2]}}$. 反之, 假定 $b_1 - b_2 = a^2 + a \in F^{[2]}$. 现在 $V_i = H_i \perp W_i\,(i = 1, 2)$, 其中 H_i 是 $m - 1$ 个双曲平面的正交和, 显然是等价

的. $W_i = \langle u_i, v_i \rangle$, 满足 $Q_i(u_i) = 1$, $Q_i(v_i) = b_i$ $(i = 1, 2)$. 定义 σ:
$W_1 \to W_2$, $u_1 \mapsto u_2$, $v_1 \mapsto au_2 + v_2$, 则

$$Q_2(u_1^\sigma) = Q_2(u_2) = 1 = Q_1(u_1),$$
$$Q_2(v_1^\sigma) = Q_2(au_2 + v_2) = a^2 + a + b_2 = b_1 = Q_1(v_1).$$

换言之, σ 是 $W_1 \to W_2$ 的等距, 进而得到 (V_1, Q_1) 与 (V_2, Q_2) 等价. □

推论 7.2.15 设 F 是有限域, (V, Q) 是 F 上的正交空间, $\dim V = 2m$ 为偶数, 则 V 上恰有两个二次型的等价类.

证明 这时 F 是完全域, 且 $|F : F^{[2]}| = 2$. 当 $\dim V = 2m$ 为偶数时, 由定理 7.2.14 知, 只需证明 2 (b) 型二次型在等价意义下唯一. 事实上, 如果 $b_1, b_2 \in F$ 满足 $x^2 + x + b_i$ 不可约, 则必有 $b_i \notin F^{[2]}$ $(i = 1, 2)$. 但这意味着 b_1 和 b_2 属于 $F^{[2]}$ 的同一陪集. □

当 F 是特征为 2 的有限域时, 类似于 $\mathrm{char}\, F \neq 2$ 的情形, 我们称 2 (a) 型二次型对应的正交空间为 **plus** 型的, 其 **Witt 指数**等于 m; 称 2 (b) 型二次型对应的正交空间为 **minus** 型的, 其 **Witt 指数**等于 $m-1$. 相应的正交群分别记做 $O_{2m}^+(V)$ 和 $O_{2m}^-(V)$.

与 $\mathrm{char}\, F \neq 2$ 的情形相同 (参见注 6.3.4), 自然同态 $\nu: T(V) \to C(V) = T(V)/I(V)$ 限制到 V 上是单射, 从而 $v \mapsto \bar{v}$ $(\forall v \in V)$ 是 1-1 对应. 如果把 V 与 $\nu(V) \subset C(V)$ 等同 (即把 $v \in V$ 与 $\bar{v} \in C(V)$ 等同), 就可以把 V 上的线性变换 σ 看做 $V \to C(V)$ 的一个线性映射:

$$\sigma: v \mapsto \overline{v^\sigma} \in C(V), \quad \forall x \in V.$$

进一步, 有

命题 7.2.16 设 σ 是 (V, Q) 上的一个等距, 则唯一存在其 Clifford 代数 $C(V)$ 的自同构 $\hat{\sigma}$, 满足 $\hat{\sigma}|_V = \sigma$.

证明 对任意 $v \in V$, σ 满足

$$\left(\overline{v^\sigma}\right)^2 = Q(v^\sigma) \cdot \bar{1} = Q(v) \cdot \bar{1}.$$

由 Clifford 代数满足的泛性质知, 唯一存在 σ 的延拓 $\hat{\sigma}: C(V) \to C(V)$. 因为 $\hat{\sigma}$ 的像集合包含 $\{\bar{v} \mid v \in V\}$, 是 $C(V)$ 的生成元集合, 故 $\hat{\sigma}$ 是满同态, 进而是 $C(V)$ 上的一个自同构. $\qquad\square$

注意上述命题的证明并不依赖于 char $F = 2$ 的条件.

§7.3 拟行列式与正交平延

本节中总假定 char $F = 2$, (V, Q) 是 F 上的非退化正交空间, B 是相应的双线性形式. 这时 (V, B) 是辛空间, 正交群 $O(V) \leqslant Sp(V) \leqslant SL(V)$.

当 char $F \neq 2$ 时, 对称双线性形式 B 非退化等价于二次型 Q 非奇异. 当 char $F = 2$ 时, 我们仍然要求 Q 非奇异, 即 $\operatorname{rad} Q = 0$. 这时如果 F 是完全域, 则由推论 7.1.2 有 $\dim \operatorname{rad} V = 0$ 或者 1. 如果 $\dim \operatorname{rad} V = 0$, 则 B 是一个非退化的交错形式, 进而 $\dim V = 2m$ 为偶数; 如果 $\dim \operatorname{rad} V = 1$, 可以证明这时有 $O(V, Q) \cong Sp(V/\operatorname{rad} V)$.

定理 7.3.1 记 $V_0 = \operatorname{rad} V$, 设 $V = V_0 \oplus V_1$, 则

(1) 对任意 $g \in O(V)$, 有 $g|_{V_0} = 1_{V_0}$, $g|_{V_1} = g_0 + g_1$, 其中 $g_0 : V_1 \to V_0$, $g_1 \in Sp(V_1)$;

(2) 对任意 $h \in Sp(V_1)$, 存在 $g \in O(V)$, 使得 $g_1 = h$ 的充分必要条件是

$$Q(v^h) + Q(v) \in Q(V_0), \quad \forall v \in V_1;$$

(3) 映射 $g \mapsto g_1$ 是 $O(V) \to Sp(V_1)$ 的单同态.

证明 (1) 对于 $g \in O(V) \leqslant Sp(V)$, g 保持 B 不变, 所以 $V_0^g \subseteq V_0$. 这意味着 $v^g + v \in V_0$, $\forall v \in V_0$, 且

$$\begin{aligned} Q(v^g + v) &= Q(v^g) + Q(v) + B(v^g, v) \\ &= Q(v^g) + Q(v) = 2Q(v) = 0. \end{aligned}$$

这说明 $v^g + v \in \operatorname{rad} Q = 0$. 所以 $v^g + v = 0$. 注意到 char $F = 2$, 因此得出 $v^g = v$, $\forall v \in V_0$, 即 $g|_{V_0} = 1_{V_0}$.

对 $v \in V_1$, 记 $v^g = v^{g_0} + v^{g_1}$, 其中 $v^{g_i} \in V_i$ $(i = 0,1)$. 不难验证 $g_i : V_1 \to V_i$ $(i = 0,1)$ 是线性映射.

对于 $u, v \in V_1$, 注意到 $u^{g_0}, v^{g_0} \in V_0 = \mathrm{rad}\, V$, 因此有

$$B(u^{g_1}, v^{g_1}) = B(u^{g+g_0}, v^{g+g_0}) = B(u^g + u^{g_0}, v^g + v^{g_0})$$
$$= B(u^g, v^g) = B(u, v).$$

即 g_1 保持 B 不变, 因而 $g_1 \in Sp(V_1)$.

(2) **必要性** 给定 $h \in Sp(V_1)$, 假设存在 $g \in O(V)$, 满足 $g_1 = h$. 因为 $B(v^{g_0}, v^{g_1}) = 0$, $\forall v \in V_1$, 所以

$$Q(v) = Q(v^g) = Q(v^{g_0} + v^{g_1}) = Q(v^{g_0}) + Q(v^{g_1}) = Q(v^{g_0}) + Q(v^h).$$

故得 $Q(v^h) + Q(v) = Q(v^{g_0}) \in Q(V_0)$.

充分性 设 $Q(v^h) + Q(v) \in Q(V_0)$, $\forall v \in V_1$. 对于给定的 $v \in V_1$, 存在 $v_0 \in V_0$, 使得 $Q(v^h) + Q(v) = Q(v_0)$. 如果存在 $w_0 \in V_0$ 也满足 $Q(v^h) + Q(v) = Q(w_0)$, 则

$$0 = Q(w_0) - Q(v_0) = Q(w_0 - v_0).$$

由 $\mathrm{rad}\, Q = 0$ 即得 $w_0 = v_0$, 可见这样的 v_0 是唯一的. 于是可以定义 $g_0 : V_1 \to V_0$, $v^{g_0} = v_0$.

验证 g_0 是线性映射: 对任意 $u, v \in V_1$, $\lambda, \mu \in F$, 设 $u^{g_0} = u_0$, $v^{g_0} = v_0$, 则

$$Q((\lambda u + \mu v)^h) + Q(\lambda u + \mu v)$$
$$= \lambda^2 Q(u^h) + \mu^2 Q(v^h) + \lambda\mu B(u^h, v^h) + \lambda^2 Q(u) + \mu^2 Q(v) + \lambda\mu B(u, v)$$
$$= \lambda^2 [Q(u^h) + Q(u)] + \mu^2 [Q(v^h) + Q(v)] = \lambda^2 Q(u_0) + \mu^2 Q(v_0)$$
$$= Q(\lambda u_0 + \mu v_0).$$

这就证明了 $(\lambda u + \mu v)^{g_0} = \lambda u^{g_0} + \mu v^{g_0}$.

现在可以定义 $g : V \to V$, $g|_{V_0} = 1_{V_0}$, $g|_{V_1} = g_0 + h$. 对任意 $v \in V$, 将其表示成 $v = v_0 + v_1$ $(v_i \in V_i, i = 0,1)$, 于是有 $v^g = v_0 + v_1^{g_0} + v_1^h$,

进而有

$$Q(v^g) = Q(v_0 + v_1^{g_0} + v_1^h) = Q(v_0) + Q(v_1^{g_0}) + Q(v_1^h)$$

(因为 $v_0, v_1^{g_0} \in V_0 = \operatorname{rad} V$), 其中 $v_1^{g_0}$ 是 V_0 中唯一的元素, 满足条件

$$Q(v_1^h) + Q(v_1) = Q(v_1^{g_0}).$$

因此

$$
\begin{aligned}
Q(v^g) &= Q(v_0) + Q(v_1^h) + Q(v_1) + Q(v_1^h) \\
&= Q(v_0) + Q(v_1) = Q(v_0 + v_1) = Q(v),
\end{aligned}
$$

即 g 保持二次型 Q 不变.

将 $\varepsilon_0 \in V_0$ 扩充成 V 的一个基 $\varepsilon_0, \varepsilon_1, \cdots, \varepsilon_n$. 设 $\varepsilon_i^{g_0} = a_i \varepsilon_0$ ($i = 1, \cdots, n$), h 在 V_1 的基 $\varepsilon_1, \cdots, \varepsilon_n$ 下的矩阵为 H, 则 g 在基 $\varepsilon_0, \varepsilon_1, \cdots, \varepsilon_n$ 下的矩阵形如

$$
\begin{pmatrix}
1 & a_1 & \cdots & a_n \\
0 & & & \\
\vdots & & H & \\
0 & & &
\end{pmatrix}.
$$

因此 g 可逆. 至此证得 $g \in O(V)$, 且 $g_1 = h$.

(3) 设 $g, g' \in O(V)$, $g|_{V_1} = g_0 + g_1$, $g'|_{V_1} = g_0' + g_1'$, 则对 $v \in V_1$, 有

$$v^{gg'} = (v^{g_0} + v^{g_1})^{g'} = v^{g_0} + v^{g_1 g'} = v^{g_0} + v^{g_1 g_0'} + v^{g_1 g_1'}.$$

故得

$$(gg')|_{V_1} = (g_0 + g_1 g_0') + g_1 g_1'.$$

所以 $g \mapsto g_1$ 是 $O(V) \to Sp(V_1)$ 的群同态. 往证这是一个单同态.

设 $g_1 = 1_{V_1}$. 对任意 $w \in V$, 将其写成 $w = w_0 + w_1$ ($w_i \in V_i, i = 0, 1$), 则 $w_1^g = w_1^{g_0} + w_1$. 又因为 $B(w_1^{g_0}, w_1) = 0$, 所以有

$$Q(w_1) = Q(w_1^g) = Q(w_1^{g_0} + w_1) = Q(w_1^{g_0}) + Q(w_1),$$

从而有 $Q(w_1^{g_0}) = 0$, 故得 $w_1^{g_0} = 0$. 由 w 的任意性推出 $g_0 \equiv 0$, 于是 $g|_{V_1} = g_0 + g_1 = 1_{V_1}$, 且 $g|_{V_0} = 1_{V_0}$. 因此 $g = 1_V$ 是单位映射. 这说明 $g \mapsto g_1$ 是一个单同态. 同时也证明了: (2) 中给定 $h \in Sp(V_1)$, 如果存在 $g \in O(V)$, 满足 $g_1 = h$, 则这个 g 是唯一的. □

定理 7.3.2 如果 F 是一个特征为 2 的完全域, (V, Q) 是 F 上的 $2m + 1$ 维正交空间, 则 $O(V) \cong Sp(2m, F)$.

证明 这时 $V_0 = \mathrm{rad}\, V = \langle v_0 \rangle$. 设 $Q(v_0) = a \neq 0$. 因为 $F^2 = F$, 所以存在 $b \in F$, 满足 $a = b^2$. 于是 $Q(b^{-1}v_0) = b^{-2}Q(v_0) = 1$. 因此 $Q(V_0) = F^2 = F$. 由定理 7.3.1 (2) 知, 对任意 $v \in V_1$, 当然有 $Q(v^h) + Q(v) \in F = Q(V_0)$. 于是, 定理 7.3.1 (3) 中的映射 $g \mapsto g_1$ 不仅是单同态, 而且是满同态, 即证得 $O(V) \cong Sp(V_1)$. □

下面假设 V 是无亏的, 故 $\dim V = 2m$ 为偶数, (V, B) 是非退化的辛空间. 设 $\mathscr{B} = \{u_1, v_1, \cdots, u_m, v_m\}$ 是一个辛基. 根据上一节的讨论, 令 $\overline{z} = \overline{z}_{\mathscr{B}} = \sum_{i=1}^{m} \overline{u}_i \overline{v}_i \in C_0(V)$, 则偶子代数 $C_0(V)$ 的中心 $Z(C_0(V)) = F \cdot \overline{1} \oplus F \cdot \overline{z}$. 对任意 $\sigma \in Sp(V)$, $\mathscr{B}^\sigma$ 仍然是一个辛基. 由定理 7.2.13 知, $\overline{z}' = \overline{z}_{\mathscr{B}^\sigma}$ 满足 $\overline{z}' = \overline{z} + \delta \cdot \overline{1}$, 其中 $\delta = \delta_{\mathscr{B}}(\sigma) \in F$. 任给辛群中另一个元素 $\tau \in Sp(V)$, 则一方面有

$$\overline{z}_{\mathscr{B}^{\sigma\tau}} = \overline{z}_{\mathscr{B}} + \delta_{\mathscr{B}}(\sigma\tau) \cdot \overline{1},$$

另一方面有

$$\overline{z}_{\mathscr{B}^{\sigma\tau}} = \overline{z}_{\mathscr{B}^\sigma} + \delta_{\mathscr{B}^\sigma}(\tau) \cdot \overline{1} = \overline{z}_{\mathscr{B}} + \delta_{\mathscr{B}}(\sigma) \cdot \overline{1} + \delta_{\mathscr{B}^\sigma}(\tau) \cdot \overline{1}.$$

于是得出 $\delta_{\mathscr{B}}(\sigma\tau) = \delta_{\mathscr{B}}(\sigma) + \delta_{\mathscr{B}^\sigma}(\tau)$. 进一步, 有下述命题:

命题 7.3.3 如果 $\tau \in O(V)$, 则有 $\delta_{\mathscr{B}}(\sigma\tau) = \delta_{\mathscr{B}}(\sigma) + \delta_{\mathscr{B}}(\tau)$.

证明 由命题 7.2.16 知, 存在 $C(V)$ 的自同构 $\widehat{\tau}$, 满足 $\widehat{\tau}|_V = \tau$. 于是

$$(\overline{z}_{\mathscr{B}})^{\widehat{\tau}} = \sum_{i=1}^{m} (\overline{u}_i \overline{v}_i)^{\widehat{\tau}} = \sum_{i=1}^{m} \overline{u_i^\tau} \, \overline{v_i^\tau} = \overline{z}_{\mathscr{B}^\tau}.$$

对任意 $a \in F$, 显然有 $(a \cdot \overline{1})^{\widehat{\tau}} = a \cdot \overline{1}$. 因此

$$(\overline{z}_{\mathscr{B}^\sigma})^{\widehat{\tau}} = \overline{z}_{(\mathscr{B}^\sigma)^\tau} = \overline{z}_{\mathscr{B}^{\sigma\tau}} = \overline{z}_{\mathscr{B}} + \delta_{\mathscr{B}}(\sigma\tau) \cdot \overline{1}.$$

另一方面,

$$(\overline{z}_{\mathscr{B}^\sigma})^{\widehat{\tau}} = (\overline{z}_{\mathscr{B}} + \delta_{\mathscr{B}}(\sigma) \cdot \overline{1})^{\widehat{\tau}} = \overline{z}_{\mathscr{B}^\tau} + \delta_{\mathscr{B}}(\sigma) \cdot \overline{1}$$
$$= \overline{z}_{\mathscr{B}} + \delta_{\mathscr{B}}(\tau) \cdot \overline{1} + \delta_{\mathscr{B}}(\sigma) \cdot \overline{1}.$$

这就证明了 $\delta_{\mathscr{B}}(\sigma\tau) = \delta_{\mathscr{B}}(\sigma) + \delta_{\mathscr{B}}(\tau)$. $\qquad\square$

推论 7.3.4 取定 V 的一个辛基 $\mathscr{B}$, 则映射 $\delta_{\mathscr{B}}$ 在 $O(V)$ 上的限制是 $O(V)$ 到加法群 $F_2 \subseteq F$ 的同态.

证明 由定理 7.2.13 即得证. $\qquad\square$

映射 $\delta = \delta_{\mathscr{B}} \colon O(V) \to F_2$ 称为 Dickson **拟行列式** (quasideterminant).

命题 7.3.5 Dickson 拟行列式 $\delta_{\mathscr{B}}$ 与辛基 $\mathscr{B}$ 的选取无关.

证明 由命题 7.3.3 的证明知, 当 $\tau \in O(V)$ 时, 有

$$\overline{z}_{\mathscr{B}^{\sigma\tau}} = \overline{z}_{\mathscr{B}} + \delta_{\mathscr{B}}(\sigma) \cdot \overline{1} + \delta_{\mathscr{B}}(\tau) \cdot \overline{1}.$$

另一方面,

$$\overline{z}_{(\mathscr{B}^\sigma)^\tau} = \overline{z}_{\mathscr{B}^\sigma} + \delta_{\mathscr{B}^\sigma}(\tau) \cdot \overline{1} = \overline{z}_{\mathscr{B}} + \delta_{\mathscr{B}}(\sigma) \cdot \overline{1} + \delta_{\mathscr{B}^\sigma}(\tau) \cdot \overline{1}.$$

故得 $\delta_{\mathscr{B}^\sigma}(\tau) = \delta_{\mathscr{B}}(\tau)$. $\qquad\square$

Dickson 拟行列式 $\delta_{\mathscr{B}} \colon O(V) \to F_2$ 是一个同态. 下面要通过计算正交平延 τ_u 在 $\delta_{\mathscr{B}}$ 下的像来说明 $\delta_{\mathscr{B}}$ 是满同态. 任意取定 V 的一个辛基 $\mathscr{B} = \{u_1, v_1, \cdots, u_m, v_m\}$, 其中 u_1 非奇异. 正交平延 $\tau = \tau_{u_1}$ 保持超平面 $\langle u_1 \rangle^\perp$ 中的向量都不动, 而

$$v_1^\tau = v_1 + Q(u_1)^{-1} B(v_1, u_1) u_1 = v_1 + Q(u_1)^{-1} u_1,$$

于是有

$$\overline{z}_{\mathscr{B}^\tau} = \sum_{i=1}^m \overline{u_i^\tau}\,\overline{v_i^\tau} = \overline{u}_1(\overline{v}_1 + Q(u_1)^{-1}\overline{u}_1) + \sum_{i=2}^m \overline{u}_i\,\overline{v}_i$$

$$= Q(u_1)^{-1}\overline{u}_1^2 + \sum_{i=1}^m \overline{u}_i\,\overline{v}_i = \overline{1} + \overline{z}_{\mathscr{B}}.$$

这说明 $\delta_{\mathscr{B}}(\tau_{u_1}) = 1$, 进而证明了 $\delta_{\mathscr{B}}$ 是 $O(V) \to F_2$ 的一个满同态.

定义 7.3.6 当 $\operatorname{char} F = 2$ 时, Dickson 拟行列式的核 $\operatorname{Ker}\delta$ 定义为**特殊正交群**, 记做 $SO(V)$. 特别地, $|O(V) : SO(V)| = 2$.

命题 7.3.7 设 W_1 是 V 的一个全奇异子空间, $u_1, \cdots, u_k$ 是 W_1 的一个基, 则存在 V 的另一个全奇异子空间 W_2, 以 $v_1, \cdots, v_k$ 为基, 满足 $W_1 \cap W_2 = 0$, $H_i = \langle u_i, v_i \rangle$ $(i = 1, \cdots, m)$ 是双曲平面, 而

$$W_1 \oplus W_2 = H_1 \perp \cdots \perp H_m.$$

证明 对 k 作数学归纳法. 当 $k = 1$ 时, $W_1 = \langle u_1 \rangle$. 因为 B 非退化, 所以存在 $v \in V$, 满足 $B(u_1, v) = 1$. 令 $v_1 = v + Q(v)u_1$, 则不论 $Q(v)$ 是否为 0, 总有 $Q(v_1) = Q(v) + Q(v)B(v, u_1) = 0$. 令 $W_2 = \langle v_1 \rangle$, 结论成立.

当 $k > 1$ 时, 定义线性函数 $f \in W_1^*$:

$$f(u_1) = 1, \quad f(u_i) = 0 \ (i = 2, \cdots, k).$$

由命题 3.1.7 知, 存在 $v \in V$, 满足 $f(u_i) = B(u_i, v)$ $(i = 2, \cdots, k)$. 同样令 $v_1 = v + Q(v)u_1$, 则 v_1 奇异, (u_1, v_1) 是双曲对, 且 $v_1 \perp u_2$, $\cdots$, $v_1 \perp u_k$. 记 $H_1 = \langle u_1, v_1 \rangle$, $U_1 = \langle u_2, \cdots, u_k \rangle$, 则 U_1 全奇异, 且 $U_1 \subseteq H_1^\perp$. 由归纳假设知, 存在全奇异子空间 $U_2 = \langle v_2, \cdots, v_k \rangle \subseteq H_1^\perp$, 满足 $U_1 \cap U_2 = 0$, $(u_i, v_i)(i = 2, \cdots, k)$ 是双曲对. 记 $H_i = \langle u_i, v_i \rangle$ $(i = 2, \cdots, k)$, 即得 $U_1 \oplus U_2 = H_2 \perp \cdots \perp H_k$. 令

$$W_2 = \langle v_1 \rangle \perp U_2 = \langle v_1, v_2, \cdots, v_k \rangle,$$

则 W_2 全奇异. 因为

$$W_1 + W_2 = \langle u_i, v_i \mid i = 1, \cdots, k \rangle = H_1 \perp H_2 \perp \cdots \perp H_k$$

是 $2k$ 维的, 所以 $W_1 \cap W_2 = 0$, 即证得 $W_1 + W_2 = W_1 \oplus W_2$. □

推论 7.3.8 如果子空间 $W_1 \subset V$ 是全奇异的, 则存在 V 的全奇异子空间 W_2 和无亏的子空间 W_3, 满足

$$\dim W_2 = \dim W_1, \quad V = (W_1 \oplus W_2) \perp W_3.$$

证明 由命题 7.3.7 知存在满足条件的 W_2, 再令 $W_3 = (W_1 \oplus W_2)^\perp$ 即可. □

推论 7.3.9 设 (V, Q) 的 Witt 指数 $m = \dim V / 2$, 则存在 V 的极大全奇异子空间 W_1 和 W_2, 分别以 $u_1, \cdots, u_m$ 和 $v_1, \cdots, v_m$ 为基, 满足 (u_i, v_i) $(i = 1, \cdots, m)$ 是双曲对, 而

$$V = \langle u_1, v_1 \rangle \perp \cdots \perp \langle u_m, v_m \rangle.$$

在上面的推论中, $u_1, \cdots, u_m, v_1, \cdots, v_m$ 构成 V 的一个基. 记 $O(V)_{W_1}$ 为 $O(V)$ 中保持子空间 W_1 不变的稳定化子. 下面的命题给出了对 $O(V)_{W_1}$ 中元素的刻画.

命题 7.3.10 沿用推论 7.3.9 中的假设, 则 $O(V)_{W_1}$ 中的元素在基 $u_1, \cdots, u_m, v_1, \cdots, v_m$ 下的矩阵形如

$$\begin{pmatrix} A & D \\ 0 & A'^{-1} \end{pmatrix},$$

且有 $AD' + DA' = 0$, $A^{-1}D$ 是对称矩阵, 其主对角线元素全为 0.

证明 任取 $\sigma \in O(V)_{W_1}$, 设

$$u_j^\sigma = \sum_{i=1}^m a_{ij} u_i, \quad v_j^\sigma = \sum_{i=1}^m (d_{ij} u_i + c_{ij} v_i), \quad j = 1, \cdots, m.$$

记 $A = (a_{ij})$, $C = (c_{ij})$, $D = (d_{ij})$ 是相应的 m 阶方阵, 则 σ 在基 $u_1, \cdots, u_m, v_1, \cdots, v_m$ 下的矩阵为 $\begin{pmatrix} A & D \\ 0 & C \end{pmatrix}$. 因为 $\sigma \in O(V)$, 所以

$$\begin{aligned}
\delta_{ij} &= B(u_i, v_j) = B(u_i^\sigma, v_j^\sigma) \\
&= B\left(\sum_{k=1}^m a_{ki} u_k, \sum_{\ell=1}^m (d_{\ell j} u_\ell + c_{\ell j} v_\ell) \right) \\
&= \sum_{k,\ell=1}^m (a_{ki} d_{\ell j} B(u_k, u_\ell) + a_{ki} c_{\ell j} B(u_k, v_\ell)) \\
&= \sum_{k,\ell=1}^m a_{ki} c_{\ell j} \delta_{k\ell} = \sum_{k=1}^m a_{ki} c_{kj}.
\end{aligned}$$

这意味着 $A'C = E$ 是单位矩阵. 故得 $C = A'^{-1}$. 同理, 对任意 $1 \leqslant i, j \leqslant m$, 有

$$\begin{aligned}
0 = B(v_i^\sigma, v_j^\sigma) &= B\left(\sum_{k=1}^m (d_{ki} u_k + c_{ki} v_k), \sum_{\ell=1}^m (d_{\ell j} u_\ell + c_{\ell j} v_\ell) \right) \\
&= \sum_{k,\ell=1}^m (d_{ki} c_{\ell j} \delta_{k\ell} + c_{ki} d_{\ell j} \delta_{k\ell}) \\
&= \sum_{k=1}^m (d_{ki} c_{kj} + c_{ki} d_{kj}).
\end{aligned}$$

这意味着 $D'C + C'D = 0$, 即 $D'A'^{-1} + A^{-1}D = 0$. 在等式两端分别左乘 A, 右乘 A', 就得到 $AD' + DA' = 0$, 即证得 AD' 是对称矩阵. 因为

$$(A^{-1}D)' = D'A'^{-1} = A^{-1}(AD')A'^{-1} = A^{-1}(DA')A'^{-1} = A^{-1}D,$$

所以 $A^{-1}D$ 是对称矩阵. 最后, 对任意 $1 \leqslant i \leqslant m$, 有

$$\begin{aligned}
0 = Q(v_i) = Q(v_i^\sigma) &= Q\left(\sum_{j=1}^m (d_{ji} u_j + c_{ji} v_j) \right) \\
&= \sum_{j=1}^m Q(d_{ji} u_j + c_{ji} v_j) = \sum_{j=1}^m d_{ji} c_{ji}.
\end{aligned}$$

而这恰为 $D'C = (A^{-1}D)'$ 的主对角线元素. 命题得证. □

下面的习题指出, 命题 7.3.10 的逆命题也成立.

习题 7.3.11 设 V 及其基 $u_1, \cdots, u_m, v_1, \cdots, v_m$ 满足推论 7.3.9 的条件, 线性变换 $\sigma: V \to V$ 在这个基下的矩阵为 $\begin{pmatrix} A & D \\ 0 & A'^{-1} \end{pmatrix}$, 其中 $AD' + DA' = 0$, $A^{-1}D$ 是对称矩阵, 且其主对角线元素全为 0. 证明: $\sigma \in O(V)$.

推论 7.3.12 在命题 7.3.10 的条件下, 如果 $\sigma|_{W_1} = 1_{W_1}$, 则 σ 在 V 的基 $u_1, \cdots, u_m, v_1, \cdots, v_m$ 下的矩阵为 $\begin{pmatrix} E & D \\ 0 & E \end{pmatrix}$, 其中 D 是对称矩阵, 主对角线元素全为 0. 特别地, $\{ \sigma \in O(V) \mid \sigma|_{W_1} = 1_{W_1} \}$ 构成 $O(V)$ 的一个交换子群.

证明 由命题 7.3.10 有 $A = E$, 故得 $D' + D = 0$, D 是对称矩阵, 且 $D = A^{-1}D$ 的主对角线元素全为 0. □

命题 7.3.13 沿用命题 7.3.10 的条件和记号. 设正交变换 $\sigma_i|_{W_1} = 1_{W_1}$ $(i = 1, 2)$ 在 $u_1, \cdots, u_m, v_1, \cdots, v_m$ 下的矩阵分别为 $\begin{pmatrix} E & D_i \\ 0 & E \end{pmatrix}$. 如果 D_1 和 D_2 有相同的秩, 则 σ_1 和 σ_2 在 $O(V)$ 中共轭.

证明 定义 W_1 上的两个双线性形式 B_i $(i = 1, 2)$, 设其在基 $u_1, \cdots, u_m, v_1, \cdots, v_m$ 下的矩阵分别为 D_1 和 D_2. 因为 D_i $(i = 1, 2)$ 是对称矩阵, 且主对角线元素全为 0, 所以 B_i 既是对称形式, 也是交错形式, (W_1, B_1) 和 (W_1, B_2) 成为辛空间. 显然有

$$\text{rank} B_i = \text{rank} D_i, \quad i = 1, 2.$$

故若 D_1 与 D_2 秩相等, (W_1, B_1) 与 (W_1, B_2) 就等价, 即存在等距 η: $(W_1, B_1) \to (W_1, B_2)$. 这意味着存在 m 阶可逆方阵 M, 使得 $D_1 = M'D_2M$. 定义 V 上的线性变换 τ, 使其在基 $u_1, \cdots, u_m, v_1, \cdots, v_m$ 下

的矩阵为 $\begin{pmatrix} M'^{-1} & 0 \\ 0 & M \end{pmatrix}$. 由习题 7.3.11 有 $\tau \in O(V)$, 并且有

$$\begin{pmatrix} M' & 0 \\ 0 & M^{-1} \end{pmatrix}\begin{pmatrix} E & D_2 \\ 0 & E \end{pmatrix}\begin{pmatrix} M'^{-1} & 0 \\ 0 & M \end{pmatrix}$$

$$= \begin{pmatrix} E & M'D_2M \\ 0 & E \end{pmatrix} = \begin{pmatrix} E & D_1 \\ 0 & E \end{pmatrix},$$

即证得 $\tau^{-1}\sigma_2\tau = \sigma_1$. $\qquad\square$

根据命题 7.2.1 (2), 正交平延的共轭仍然是正交平延. 记全体正交平延生成的子群为

$$\mathcal{T} = \mathcal{T}(V) = \langle \tau_u \mid u \in V \text{ 非奇异} \rangle,$$

则 $\mathcal{T} \lhd O(V)$ 是一个正规子群.

命题 7.3.14 子群 $\mathcal{T}$ 在 V 的全体极大全奇异子空间构成的集合上作用传递.

证明 用反证法. 设 $W_i\ (i = 1, 2)$ 是两个极大全奇异子空间, 对任意 $\tau \in \mathcal{T}$, 总有 $W_1 \neq W_2^\tau$. 选取 τ, 使得 $\dim(W_1 \cap W_2^\tau)$ 最大. 因为 $W_1 + W_2^\tau$ 不是全奇异的, 所以存在 $u = w_1 + w_2$, $w_1 \in W_1$, $w_2 \in W_2^\tau$, 满足 $Q(u) \neq 0$. 注意到

$$B(u, w_2) = B(w_1 + w_2, w_2) = B(w_1, w_2) = Q(w_1 + w_2) = Q(u) \neq 0,$$

所以 $w_1 \notin W_2^\tau$. 令平延 $\tau' = \tau_u \in \mathcal{T}$, 则

$$w_2^{\tau'} = w_2 + Q(u)^{-1}B(w_2, u)u = w_2 + u = w_1.$$

所以 $w_1 \in W_1 \cap W_2^{\tau\tau'}$, 但 $w_1 \notin W_1 \cap W_2^\tau$. 对任意 $v \in W_1 \cap W_2^\tau$, 有

$$B(v, u) = B(v, w_1 + w_2) = 0,$$

因此 $v^{\tau'} = v + Q(u)^{-1} B(v,u)u = v$. 这意味着 $v \in W_1 \cap W_2^{\tau\tau'}$. 于是得到

$$W_1 \cap W_2^{\tau} \subset W_1 \cap W_2^{\tau\tau'},$$

与 $W_1 \cap W_2^{\tau}$ 的选取矛盾. $\qquad\qquad\square$

对任意 $\sigma \in O(V)$, 与 char $F \neq 2$ 的情形一样, σ 的不动点集合为

$$\mathrm{Fix}\,(\sigma) = \mathrm{Ker}\,(\sigma - 1_V) = \mathrm{Im}\,(\sigma - 1_V)^{\perp}.$$

命题 7.3.15 给定 $\sigma \in O(V)$, 设 η 是陪集 $\mathcal{T}\sigma \in O(V)/\mathcal{T}$ 中的等距, 使得依照集合的包含关系 $\mathrm{Fix}\,(\eta)$ 为极大, 则 $\mathrm{Im}\,(\eta + 1_V)$ 是全奇异子空间, 且对任一全奇异子空间 $W \supseteq \mathrm{Im}\,(\eta + 1_V)$, 总有 $W^{\perp} \subseteq \mathrm{Fix}\,(\eta)$.

证明 如果 $\mathrm{Im}\,(\eta + 1_V)$ 不是全奇异的, 就存在

$$u = v^{\eta} + v \in \mathrm{Im}\,(\eta + 1_V),$$

满足 $Q(u) \neq 0$. 于是

$$\begin{aligned}
0 \neq Q(v^{\eta} + v) &= Q(v^{\eta}) + Q(v) + B(v^{\eta}, v) \\
&= B(v^{\eta}, v) = B(v^{\eta}, v) + B(v, v) \\
&= B(v^{\eta} + v, v) = B(u, v).
\end{aligned}$$

令 $\tau = \tau_u \in \mathcal{T}$, 则 $v^{\tau} = v + Q(u)^{-1} B(v,u)u = v + u = v^{\eta}$. 故得 $v^{\eta\tau} = v$, 即 $v \in \mathrm{Fix}\,(\eta\tau)$. 另一方面, $v^{\eta} = u + v \neq v$, 所以 $v \notin \mathrm{Fix}\,(\eta)$. 注意

$$\mathrm{Fix}\,(\eta) = \mathrm{Im}\,(\eta + 1_V)^{\perp} \subseteq \langle v^{\eta} + v \rangle^{\perp} = \langle u \rangle^{\perp} = \mathrm{Fix}\,(\tau).$$

对任意 $x \in \mathrm{Fix}\,(\eta)$, 有 $x^{\eta\tau} = x^{\tau} = x$. 这说明 $\mathrm{Fix}\,(\eta) \subset \mathrm{Fix}\,(\eta\tau)$. 但是 $\eta\tau$ 与 η 在 $O(V)/\mathcal{T}$ 的同一陪集中, 这就与 $\mathrm{Fix}\,(\eta)$ 的极大性矛盾. 因此必有 $\mathrm{Im}\,(\eta + 1_V)$ 全奇异. 如果 $W \supseteq \mathrm{Im}\,(\eta + 1_V)$, 显然有

$$W^{\perp} \subseteq \mathrm{Im}\,(\eta + 1_V)^{\perp} = \mathrm{Fix}\,(\eta). \qquad\qquad\square$$

对于 V 的子空间 U, 记

$$O_U(V) = \{\, \sigma \in O(V) \mid \sigma|_U = 1_U \,\}.$$

显然, $O_U(V) \leqslant O(V)$ 是一个子群.

命题 7.3.16 设 W 是 V 的一个极大全奇异子空间, 则有

$$O(V) = \mathcal{T} \cdot O_{W^\perp}(V).$$

证明 对任意 $\sigma \in O(V)$, 如命题 7.3.15 那样, 选取陪集 $\mathcal{T}\sigma$ 中的 η, 使得 $\mathrm{Fix}\,(\eta)$ 依照集合的包含关系为极大, 从而 $\mathrm{Im}\,(\eta + 1_V)$ 全奇异. 令 W_σ 是包含 $\mathrm{Im}\,(\eta + 1_V)$ 的一个极大全奇异子空间, 则 $W_\sigma^\perp \subseteq \mathrm{Im}\,(\eta+1_V)^\perp = \mathrm{Fix}\,(\eta)$. 因此 $\eta \in O_{W_\sigma^\perp}(V)$. 因为 $\mathcal{T}$ 在 V 的全体极大全奇异子空间构成的集合上作用传递, 所以存在 $\tau \in \mathcal{T}$, 使得 $W^\tau = W_\sigma$. 于是 $(W^\perp)^\tau = W_\sigma^\perp$, 进而有

$$O_{W_\sigma^\perp}(V) = O_{(W^\perp)^\tau}(V) = \tau^{-1} O_{W^\perp}(V)\tau.$$

注意到 $\mathcal{T}$ 在 $O(V)$ 中正规, 故得

$$\mathcal{T} \cdot O_{W_\sigma^\perp}(V) = \mathcal{T}\tau^{-1} O_{W^\perp}(V)\tau = \mathcal{T} \cdot O_{W^\perp}(V).$$

因为 $\eta \in \mathcal{T}\sigma$, 所以 $\sigma \in \mathcal{T}\eta \subseteq \mathcal{T} \cdot O_{W_\sigma^\perp}(V) = \mathcal{T} \cdot O_{W^\perp}(V).$ $\qquad\square$

记 $O'(V)$ 为正交群 $O(V)$ 的换位子群. 因为 $O(V)/SO(V) \cong F_2$ 可交换, 所以 $O'(V) \leqslant SO(V)$.

定理 7.3.17 $O'(V) \leqslant \mathcal{T}(V).$

证明 取 V 的一个极大全奇异子空间 W_1. 由推论 7.3.8 知, 存在极大全奇异子空间 W_2 和无亏的子空间 W_3, 使得 $V = (W_1 \oplus W_2) \perp W_3$. 显然 $W_1^\perp = W_1 \perp W_3$. 由命题 7.3.16 有 $O(V) = \mathcal{T} \cdot O_{W_1^\perp}(V)$, 于是得到

$$O(V)/\mathcal{T} = \mathcal{T} \cdot O_{W_1^\perp}(V)/\mathcal{T} = O_{W_1^\perp}(V)/(\mathcal{T} \cap O_{W_1^\perp}(V)).$$

令 $U = W_1 \oplus W_2 = W_3^\perp$，则 U 具有极大 Witt 指数. 往证 $O_{W_1^\perp}(V) \cong O_{W_1}(U)$. 事实上，对任意 $\sigma \in O_{W_1^\perp}(V)$，有 $\sigma|_{W_3} = 1_{W_3}$，所以 $(W_3^\perp)^\sigma = W_3^\perp = U$. 这说明 $\sigma|_U \in O(U)$. 又因 $\sigma|_{W_1} = 1_{W_1}$，而 $W_1 \subset U$，即得 $\sigma|_U \in O_{W_1}(U)$. 反之，对任意 $\tau \in O_{W_1}(U)$，令 $\sigma = \tau \perp 1_{W_3}$，则显然 $\sigma \in O_{W_1^\perp}(V)$，且 $\sigma|_U = \tau$. 因此得到 $O_{W_1^\perp}(V) \cong O_{W_1}(U)$. 由推论 7.3.12 知，$O_{W_1}(U)$ 是交换群，故得 $O(V)/\mathcal{T}$ 是交换群. 这就证明了

$$O'(V) \leqslant \mathcal{T}. \hspace{3cm} \square$$

定理 7.3.18 设 (V, Q) 是域 F 上的 n 维正交空间，其 Witt 指数为 m. 如果 $(n, m, |F|) \neq (4, 2, 2)$，则 $O(V)$ 可由正交平延生成.

证明 任取 $\sigma \in O(V)$，设 $\eta \in \mathcal{T}\sigma$ 使得 $\mathrm{Fix}(\eta)$ 极大. 取极大全奇异子空间 $W_1 \supseteq \mathrm{Im}(\eta + 1_V)$，进而有 $W_1^\perp \subset \mathrm{Fix}(\eta)$. 由推论 7.3.8 知，可取极大全奇异子空间 W_2 和无亏子空间 W_3，使得 $V = (W_1 \oplus W_2) \perp W_3$. 这时有 $W_1^\perp = W_1 \perp W_3$. 令 $U = W_1 \oplus W_2 = W_3^\perp$，$\gamma = \eta|_U$. 因为 $\eta|_{W_3} = 1_{W_3}$，所以 $\eta = \gamma \perp 1_{W_3}$.

因为 $\gamma|_{W_1} = \eta|_{W_1} = 1_{W_1}$，由推论 7.3.12 知，存在 U 的一个基，使得 γ 在这个基下的矩阵为 $\begin{pmatrix} E & D \\ 0 & E \end{pmatrix}$. 先假定 $|F| > 2$. 这时取 $a \in F$, $a \neq 0, 1$. 令 $\gamma_1, \gamma_2 \in O_{W_1}(U)$，在 U 的同一个基下的矩阵分别为 $\begin{pmatrix} E & aD \\ 0 & E \end{pmatrix}$ 和 $\begin{pmatrix} E & (1+a)D \\ 0 & E \end{pmatrix}$，则 $\gamma = \gamma_1 \gamma_2$. 令 $\eta_i = \gamma_i \perp 1_{W_3}$ $(i = 1, 2)$，则显然 η, $\eta_i \in O_{W_1^\perp}(V)$，且满足 $\eta = \eta_1 \eta_2$. 因为 D, aD 和 $(1+a)D$ 的秩都相等，所以它们在 $O(U)$ 中是共轭的，即存在 $\sigma_1, \sigma_2 \in O(U)$，使得 $\gamma_1^{\sigma_1} = \gamma$, $\gamma_2^{\sigma_2} = \gamma$. 将 σ_i $(i = 1, 2)$ 也延拓到 V 上：令 $\tau_i = \sigma_i \perp 1_{W_3}$ $(i = 1, 2)$，则 $\tau_i \in O(V)$，且有 $\eta = \eta_1^{\tau_1} = \eta_2^{\tau_2}$. 因为 $O(V)/\mathcal{T}$ 是交换群，所以有

$$\mathcal{T}\eta = \mathcal{T}\eta_1 \eta_2 = \mathcal{T}\eta_1^{\tau_1} \eta_2^{\tau_2} = \mathcal{T}\eta^2,$$

进而得出 $\mathcal{T}\eta = \mathcal{T}$. 因此 $\sigma \in \mathcal{T}\eta = \mathcal{T}$.

当 $|F| = 2$ 时, 如果 Witt 指数 $m = 0$, 则 $\mathrm{Fix}\,(\eta) = V$, 即 $\eta = 1_V$.
所以 $\sigma \in \mathcal{T}\eta = \mathcal{T}$. 当 $m = 1$ 时, $\gamma = \eta|_U$ 的矩阵为 $\begin{pmatrix} 1 & d \\ 0 & 1 \end{pmatrix}$, 且 1 阶
方阵 (d) 的主对角线元素为 0. 故得 $\gamma = 1_U$, 从而得到 $\eta = 1_V$, $\sigma \in \mathcal{T}$.
当 $m \geqslant 2$ 时, 由定理条件有 $n > 4$. 这时仍然有 U 的一个适当的基, 使
得 $\gamma = \eta|_U$ 在这个基下的矩阵为 $\begin{pmatrix} E & D \\ 0 & E \end{pmatrix}$, 其中 D 是对称矩阵, 且其
主对角线元素全为 0, 从而是交错的. 与命题 7.3.13 的证明一样, 将 D
视为 W_1 上一个交错形式的矩阵, 则 W_1 成为辛空间. 根据定理 3.2.1,
存在 m 阶可逆矩阵 M, 使得 $M'DM$ 成为标准形

$$
M'DM \;=\; \begin{pmatrix} S & & & \\ & \ddots & & \\ & & S & \\ & & & 0_{n-2r} \end{pmatrix} \left.\vphantom{\begin{pmatrix} S \\ \ddots \\ S \end{pmatrix}}\right\} r \text{个},
$$

其中 $S = \begin{pmatrix} 0 & 1 \\ 1 & 0 \end{pmatrix}$. 显然有

$$
\begin{pmatrix} M' & 0 \\ 0 & M^{-1} \end{pmatrix} \begin{pmatrix} E & D \\ 0 & E \end{pmatrix} \begin{pmatrix} M' & 0 \\ 0 & M^{-1} \end{pmatrix}^{-1} = \begin{pmatrix} E & M'DM \\ 0 & E \end{pmatrix}.
$$

设线性变换 $\alpha \colon U \to U$ 在上述基下的矩阵为 $\begin{pmatrix} M' & 0 \\ 0 & M^{-1} \end{pmatrix}$, 则由习题
7.3.11 有 $\alpha \in O(U)$, 而 $\alpha \perp 1_{W_3} \in O(V)$. 下面仍然要证明 $\eta = \gamma \perp 1_{W_3}$
$\in \mathcal{T}$. 注意到 $\mathcal{T}$ 是正规子群, 故只需证明 $\alpha \gamma \alpha^{-1} \perp 1_{W_3} \in \mathcal{T}$ 即可. 换
言之, 我们可以假定 γ 在 U 的某个基下的矩阵为标准形 $\begin{pmatrix} E & D \\ 0 & E \end{pmatrix}$, 其
中 D 为分块对角阵

$$D = \begin{pmatrix} S & & & \\ & \ddots & & \\ & & S & \\ & & & 0_{n-2r} \end{pmatrix} \quad r\text{个}.$$

进一步, 由于

$$\begin{pmatrix} E & D_1 \\ 0 & E \end{pmatrix}\begin{pmatrix} E & D_2 \\ 0 & E \end{pmatrix} = \begin{pmatrix} E & D_1+D_2 \\ 0 & E \end{pmatrix},$$

故若 D 的主对角线上有 r 个 S, 则 D 可表示成 r 个矩阵 $\begin{pmatrix} E & D_i \\ 0 & E \end{pmatrix}$ 的乘积, 其中每个 D_i 的主对角线上恰有一个 S 块. 故可进一步假定 $D = \begin{pmatrix} S & \\ & 0_{n-2} \end{pmatrix}$. 这意味着, 对 U 的某个基 $u_1,\cdots,u_m, v_1,\cdots,v_m$, 有

$$u_i^\eta = u_i, i=1,\cdots,m; \quad v_i^\eta = v_i, i=3,\cdots,m;$$
$$v_1^\eta = u_2+v_1, \quad v_2^\eta = u_1+v_2.$$

记 $H_1=\langle u_1,v_1\rangle$, $H_2=\langle u_2,v_2\rangle$, $W_4=(H_1+H_2)^\perp$, 则 $V=H_1\perp H_2\perp W_4$. 因为 $n>4$, 所以 $W_4\neq 0$, 且 $\eta|_{W_4}=1_{W_4}$. 显然 W_4 非退化, 故存在 $w\in W_4$, 满足 $Q(w)=1$. 进一步, 有

$$Q(w+u_1)=Q(w+u_2)=Q(w+u_1+u_2)=Q(w)=1,$$

相应的平延 $\tau_1=\tau_{w+u_1}$, $\tau_2=\tau_{w+u_2}$, $\tau_3=\tau_{w+u_1+u_2}, \tau_4=\tau_w\in\mathcal{T}$. 直接计算可得 $\eta=\tau_1\tau_2\tau_3\tau_4\in\mathcal{T}$. 定理证毕. $\square$

命题 6.3.11 指出: (V,Q) 的 Clifford 代数 $C(V)$ 上唯一存在一个反自同构 α, 满足 $\alpha|_V=1_V$. 命题的证明并不依赖于域的特征. 换言之, 命题结论对于 char $F=2$ 的情形仍然成立.

命题 7.3.19　设 $w_1, \cdots, w_k$ 是非奇异向量, 相应的平延 $\tau_i = \tau_{w_i}$ $(i = 1, \cdots, k)$. 如果 $\tau_1 \cdots \tau_k = 1_V$, 则 k 为偶数, 且 $\prod_{i=1}^{k} Q(w_i) \in F^{\times 2}$.

证明　考虑 Dickson 拟行列式映射 $\delta \colon O(V) \to F_2$. 注意到 $\delta(\tau_i) = 1$, 而 $\delta(1_V) = 0$, 所以

$$0 = \delta(1_V) - \delta(\tau_1 \cdots \tau_k) = \sum_{i=1}^{k} \delta(\tau_i) = \underbrace{1 + 1 + \cdots + 1}_{k \text{ 个}},$$

从而得 k 是偶数. 对任意 $v \in V$, 由命题 7.2.2 (3) 知, 在 Clifford 代数 $C(V)$ 中有

$$\overline{v} = \overline{v^{1_V}} = \overline{v^{\tau_1 \cdots \tau_k}} = \overline{w}_k^{-1} \cdots \overline{w}_1^{-1} \overline{v} \, \overline{w}_1 \cdots \overline{w}_k$$
$$= (\overline{w}_1 \cdots \overline{w}_k)^{-1} \overline{v} (\overline{w}_1 \cdots \overline{w}_k).$$

这说明 $\overline{w}_1 \cdots \overline{w}_k \in Z(C(V))$. 又因为 k 是偶数, 故得 $\overline{w}_1 \cdots \overline{w}_k \in Z(C_0(V))$. 由定理 7.2.12 知, 存在 $a, b \in F$, 使得 $\overline{w}_1 \cdots \overline{w}_k = a \cdot \overline{1} + b \cdot \overline{z}$, 其中 $\overline{z} = \overline{z}_{\mathscr{B}} = \sum_{i=1}^{k} \overline{u}_i \overline{v}_i$, $\mathscr{B} = \{u_1, \cdots, u_m, v_1, \cdots, v_m\}$ 是 V 的一个辛基. 但是由 (7.5) 式有 $\overline{z} \, \overline{u}_i = \overline{u}_i \overline{z} + \overline{u}_i$. 这意味着 $\overline{z} \notin Z(C(V))$. 故得 $b = 0$, 进而有 $\overline{w}_1 \cdots \overline{w}_k = a \cdot \overline{1}$. 与命题 6.3.12 的证明相同, 利用 $C(V)$ 的反自同构 α, 我们有

$$\prod_{i=1}^{k} Q(w_i) \cdot \overline{1} = \overline{w}_1 \cdots \overline{w}_k \overline{w}_k \cdots \overline{w}_1 = \overline{w}_1 \cdots \overline{w}_k \alpha(\overline{w}_k) \cdots \alpha(\overline{w}_1)$$
$$= \overline{w}_1 \cdots \overline{w}_k \alpha(\overline{w}_1 \cdots \overline{w}_k) = a \cdot \alpha(a \cdot \overline{1}) = a^2 \cdot \overline{1},$$

即 $\prod_{i=1}^{k} Q(w_i) = a^2 \in F^{\times 2}$. $\qquad\square$

命题 7.3.19 的意义与 $\operatorname{char} F \neq 2$ 时的命题 6.3.12 类似: 如果 $\sigma \in \mathcal{T}$ 可以表示成 k 个平延之积 $\sigma = \tau_{w_1} \cdots \tau_{w_k}$, 则 $\prod_{i=1}^{k} Q(w_i)$ 所属的

$F^{\times 2}$ 的陪集是唯一确定的. 由此即得良定的映射 $\theta\colon \mathcal{T} \to F^\times / F^{\times 2}$:

$$\theta(\sigma) = \prod_{i=1}^{k} Q(w_i) F^{\times 2}.$$

换言之, 这时依旧有**旋量范数**. 下面总假定 $(n, m, |F|) \neq (4, 2, 2)$, 从而有 $O(V) = \mathcal{T}$, 于是旋量范数 θ 成为 $O(V) \to F^\times / F^{\times 2}$ 的同态.

命题 7.3.20 如果 V 包含非零奇异向量, 则旋量范数 θ 是 $SO(V) \to F^\times / F^{\times 2}$ 的满同态.

证明 这时 V 中包含双曲对 (u, v). 对任意 $a \in F^\times$, 令 $w_1 = u + av$, $w_2 = u + v$, $\sigma = \tau_{w_1} \tau_{w_2} \in SO(V)$, 则

$$\theta(\sigma) = Q(w_1) Q(w_2) F^{\times 2} = a F^{\times 2}. \qquad \square$$

命题 7.3.21 设 $w_1, w_2 \in V$ 是非奇异向量, $Q(w_1) = Q(w_2)$, 则 $\tau_{w_1} \tau_{w_2} \in O'(V)$.

证明 因为 $Q(w_1) = Q(w_2)$, 所以有子空间 $\langle w_1 \rangle$ 到 $\langle w_2 \rangle$ 的等距 σ_1. 由 Witt 定理知, σ_1 可延拓成 V 上的等距 $\sigma \in O(V)$, 满足 $w_1^\sigma = w_2$. 于是

$$\tau_{w_1} \tau_{w_2} = \tau_{w_1} \sigma^{-1} \tau_{w_1} \sigma \in O'(V). \qquad \square$$

推论 7.3.22 设 $u_1, \cdots, u_k, v_1, \cdots, v_k \in V$ 是非奇异向量, 且有 $Q(u_i) = Q(v_i)$ $(i = 1, \cdots, k)$, 则 $\tau_{u_1} \cdots \tau_{u_k}$ 与 $\tau_{v_1} \cdots \tau_{v_k}$ 属于 $O'(V)$ 在 $O(V)$ 中的同一陪集.

证明 因为 $O(V)/O'(V)$ 是交换群, 所以在商群中有

$$\tau_{v_k} \cdots \tau_{v_1} \tau_{u_1} \cdots \tau_{u_k} O'(V) = (\tau_{u_1} \tau_{v_1}) O'(V) \cdots (\tau_{u_k} \tau_{v_k}) O'(V).$$

而由命题 7.3.21 知, 上式右端等于 $O'(V)$, 即得

$$\tau_{u_1} \cdots \tau_{u_k} O'(V) = \tau_{v_1} \cdots \tau_{v_k} O'(V). \qquad \square$$

下面我们考察 2 维正交群的结构. 先看双曲平面的情形.

命题 7.3.23 设 $V = \langle u, v \rangle$, 其中 (u, v) 是双曲对.

(1) 对任一平延 $\tau \in O(V)$, 存在 $\beta \in F^\times$, 使得 $\tau = \tau_\beta$ 在基 u, v 下的矩阵形如 $\begin{pmatrix} 0 & \beta \\ \beta^{-1} & 0 \end{pmatrix}$.

(2) $SO(V) = \left\{ \begin{pmatrix} \alpha & 0 \\ 0 & \alpha^{-1} \end{pmatrix} \;\middle|\; \alpha \in F^\times \right\} \cong F^\times$.

(3) $O(V) = SO(V) \rtimes \langle \tau_\beta \rangle$, 其中 τ_β 是任一平延. 特别地, 当 $F = F_q$ 是有限域时, $O(V) = D_{2(q-1)}$ 是 $2(q-1)$ 阶二面体群.

(4) 旋量范数的核 $\operatorname{Ker} \theta = O(2, F^2)$, 其中 $F^2 = \{\, \alpha^2 \mid \alpha \in F \,\}$ 是 F 的子域.

证明 (1) 这时 $Q(u) = Q(v) = 0$, $B(u, v) = 1$. 任取非奇异向量 $x = \lambda u + \mu v, \lambda, \mu \in F, Q(x) = \lambda\mu \neq 0$. 关于 x 的正交平延 τ 满足

$$u \mapsto u + \frac{B(u, x)}{Q(x)} x = \lambda^{-1} \mu v, \quad v \mapsto v + \frac{B(v, x)}{Q(x)} x = \lambda\mu^{-1} u.$$

记 $\beta = \lambda\mu^{-1} \in F^\times$, 则 $\tau = \tau_\beta$ 在基 u, v 下的矩阵为 $\begin{pmatrix} 0 & \beta \\ \beta^{-1} & 0 \end{pmatrix}$.

(2) 已知任意平延 τ 的 Dickson 拟行列式 $\delta(\tau) = 1$, 而 $SO(V) = \operatorname{Ker} \delta$, 其中的元素均为偶数个平延之积. 对平延 $\tau_\gamma = \begin{pmatrix} 0 & \gamma \\ \gamma^{-1} & 0 \end{pmatrix}$, 有

$$\tau_\beta \tau_\gamma = \begin{pmatrix} \beta\gamma^{-1} & 0 \\ 0 & \beta^{-1}\gamma \end{pmatrix}.$$

而令 $\alpha = \beta\gamma^{-1} \in F^\times$, 即得

$$\tau_\beta \tau_\gamma = \rho_\alpha = \begin{pmatrix} \alpha & 0 \\ 0 & \alpha^{-1} \end{pmatrix} \in SO(V).$$

(3) 直接计算可得 $\tau_\beta \rho_\alpha \tau_\beta = \rho_\alpha^{-1}$, 而 $\rho_\alpha \tau_\beta = \begin{pmatrix} 0 & \alpha\beta \\ (\alpha\beta)^{-1} & 0 \end{pmatrix}$ 是平

延. 这就证明了 $O(V) = SO(V) \rtimes \langle \tau_\beta \rangle$.

(4) 由 (1) 的证明知, 关于非奇异向量 $x = \lambda u + \mu v$ 的平延 $\tau = \tau_\beta$ 的旋量范数为

$$\theta(\tau_\beta) = Q(x)F^{\times 2} = \lambda\mu F^{\times 2} = \beta\mu^2 F^{\times 2} = \beta F^{\times 2}.$$

因此 $\tau_\beta \in \mathrm{Ker}\,\theta \Longleftrightarrow \beta \in F^{\times 2}$. 类似地, 假设 $\rho_\alpha = \tau_\beta\tau_\gamma$, 由 (2) 的证明知 $\alpha = \beta\gamma^{-1}$, 从而有

$$\theta(\rho_\alpha) = \beta\gamma F^{\times 2} = \alpha\gamma^2 F^{\times 2} = \alpha F^{\times 2},$$

同样得到 $\rho_\alpha \in \mathrm{Ker}\,\theta \Longleftrightarrow \alpha \in F^{\times 2}$. □

与 char $F \neq 2$ 的情形类似 (命题 6.1.20), 如果 2 维正交空间 V 不含奇异向量, 则有

命题 7.3.24 设 F 是完全域, char $F = 2$, (V, Q) 是 F 上的 2 维非奇异正交空间.

(1) 存在 F 的 2 次扩域 K, 使得 $SO(V) \cong K^\times/F^\times$.

(2) 存在对合 $\sigma \in O(V)$, 使得 $O(V) = SO(V) \rtimes \langle \sigma \rangle$. 特别地, 当 $F = F_q$ 是有限域时, $O(V) = D_{2(q+1)}$ 是 $2(q+1)$ 阶二面体群.

证明 这时 V 的 Witt 指数 $m(V) = 0$. 由命题 7.1.8 知, 存在 V 的基 u, v, 使得对任意 $a, b \in F$, 有

$$Q(au + bv) = a^2 + ab + c_0 b^2,$$

其中 $c_0 \in F$ 满足 $x^2 + x + c_0 \in F[x]$ 是不可约多项式. 设 α 是 $x^2 + x + c_0$ 在 F 的某个扩域中的一个根, 令 $K = F(\alpha)$ 是 F 的一个 2 次扩域. 任意 $\lambda \in K$ 可唯一表示成 $\lambda = a + b\alpha$, $a, b \in F$. 显然 $1 + \alpha$ 是 $x^2 + x + c_0$ 的另一个根, 故 Galois 群 $Gal(K/F) = \langle \sigma : \alpha \mapsto 1 + \alpha \rangle$. 相应的**范数映射** $N: K^\times \to K^\times$ 满足

$$N(\lambda) = \lambda \cdot \lambda^\sigma = (a + b\alpha)(a + b + b\alpha) = a^2 + ab + c_0 b^2 \in F.$$

对任意 $c \in F$, 有 $N(c\lambda) = c^2 N(\lambda)$. 而对任意 $\mu = c + d\alpha \in K$, 映射 C: $V \times V \to F$, $C(\lambda, \mu) = N(\lambda + \mu) + N(\lambda) + N(\mu) = ad + bc$ 是对称双线性的, 且有 $C(\lambda, \lambda) = 2ab = 0$. 这意味着 (K, N) 构成 F 上的一个 2 维正交空间. 定义 $\varphi \colon (V, Q) \to (K, N)$, $au + bv \mapsto a + b\alpha$, 则

$$N((au + bv)^\varphi) = N(a + b\alpha) = a^2 + ab + c_0 b^2 = Q(au + bv).$$

因此 φ 是 (V, Q) 到 (K, N) 的一个等距. 于是下面转为考察正交群 $O(K, N)$ 的结构.

作为 F 上线性空间, 显然 $1, \alpha$ 是 K 的一个基, 且有 $N(1) = 1$, $N(\alpha) = c_0$, $C(1, \alpha) = 1$. 可见 $\mathscr{B} = \{1, \alpha\}$ 是 (K, N) 的一个辛基. 假定 $\lambda = a + b\alpha \in K$ 满足范数 $N(\lambda) = a^2 + ab + c_0 b^2 = 1$. 定义映射 η_λ: $K \to K$, $\xi \mapsto \lambda\xi$, $\forall \xi \in K$, 则有

$$N(\xi^{\eta_\lambda}) = N(\lambda\xi) = N(\lambda)N(\xi) = N(\xi).$$

可见 $\eta_\lambda \in O(K, N)$. 另一方面, 对任意 $\mu = c + d\alpha \in K$, Galois 群的生成元 σ 满足

$$N(\mu^\sigma) = N(c + d + d\alpha) = (c + d)^2 + (c + d)d + c_0 d^2 = N(\mu),$$

即得 $\sigma \in O(K, N)$. 显然, σ 的阶为 2. 当 $N(\lambda) = 1$ 时, $\lambda^\sigma = a + b + b\alpha = \lambda^{-1}$. 故对任意 $\mu \in K$, 有

$$\mu^{\sigma\eta_\lambda\sigma} = (\lambda\mu^\sigma)^\sigma = \lambda^\sigma \mu,$$

即得

$$\sigma\eta_\lambda\sigma = \eta_{\lambda^\sigma} = \eta_{\lambda^{-1}} = \eta_\lambda^{-1}.$$

任给 $\tau \in O(K, N)$, 假定 $1^\tau = \lambda \in K$, 则 $N(\lambda) = N(1^\tau) = N(1) = 1$. 而 $1^{\eta_\lambda} = \lambda = 1^\tau$, 因此 $1^{\tau\eta_\lambda^{-1}} = 1$. 记 $\gamma = \tau\eta_\lambda^{-1} \in O(K, N)$, 则 $1^\gamma = 1$. 往证 $\gamma \in \langle\sigma\rangle$. 设 $\alpha^\gamma = \beta$, 则 $\beta \cdot \beta^\sigma = N(\beta) = N(\alpha) = c_0$. 又因为 $(1 + \alpha)^\gamma = 1 + \alpha^\gamma = 1 + \beta$, 所以

$$(1 + \beta)(1 + \beta)^\sigma = N(1 + \beta) = N(1 + \alpha) = (1 + \alpha)\alpha = \alpha + \alpha^2 = c_0,$$

进而得到 $1 + \beta + \beta^\sigma = 0$. 设 $\beta = c + d\alpha$, 则 $\beta^\sigma = c + d + d\alpha$, 从而有

$$1 + c + d\alpha + c + d + d\alpha = 0,$$

即得 $d = 1$. 于是 $N(\beta) = N(c + \alpha) = c^2 + c + c_0 = c_0$. 这说明 $c^2 + c = 0$, 即 $c = 0$ 或者 1. 当 $c = 0$ 时, $\gamma = 1_K$; 当 $c = 1$ 时, $\alpha^\gamma = 1 + \alpha$, 即得 $\gamma = \sigma$. 这就证明了 $\gamma \in \langle \sigma \rangle$, 从而得出

$$O(K, N) = \{ \eta_\lambda \mid N(\lambda) = 1 \} \rtimes \langle \sigma \rangle. \tag{7.7}$$

下面往证 $SO(K, N) = \{ \eta_\lambda \mid N(\lambda) = 1 \}$. 在 Clifford 代数 $C = C(K, N)$ 中, $\overline{1}, \overline{\alpha} \in V \subset C_1$. 为了与 $\overline{1}$ 相区别, 我们用 $\overline{e}$ 记 C 的单位元素, 则有

$$\overline{1} \cdot \overline{1} = 1 \cdot \overline{e}, \quad \overline{\alpha} \cdot \overline{\alpha} = c_0 \cdot \overline{e}, \quad \overline{\alpha} \cdot \overline{1} = \overline{e} + \overline{1} \cdot \overline{\alpha}.$$

对于 $\lambda = a + b\alpha$, $N(\lambda) = 1$, 我们来计算正交变换 η_λ 的 Dickson 拟行列式. 这时有

$$1^{\eta_\alpha} = a + b\alpha, \quad \alpha^{\eta_\lambda} = (a + b)\alpha + c_0 b.$$

对辛基 $\mathscr{B} = \{1, \alpha\}$, $\overline{z}_{\mathscr{B}} = \overline{1} \cdot \overline{\alpha}$. 而

$$
\begin{aligned}
\overline{z}_{\mathscr{B}\eta_\lambda} &= (a \cdot \overline{1} + b \cdot \overline{\alpha})(bc_0 \cdot \overline{1} + (a + b) \cdot \overline{\alpha}) \\
&= abc_0 \overline{1} \cdot \overline{1} + b^2 c_0 \overline{\alpha} \cdot \overline{1} + a(a + b)\overline{1} \cdot \overline{\alpha} + b(a + b)\overline{\alpha} \cdot \overline{\alpha} \\
&= abc_0 \cdot \overline{e} + b^2 c_0 (\overline{e} + \overline{1} \cdot \overline{\alpha}) + a(a + b)\overline{1} \cdot \overline{\alpha} + b(a + b)\overline{\alpha} \cdot \overline{\alpha} \\
&= (abc_0 + b^2 c_0 + abc_0 + b^2 c_0)\overline{e} + (b^2 c_0 + a^2 + ab)\overline{1} \cdot \overline{\alpha} \\
&= \overline{1} \cdot \overline{\alpha} = \overline{z}_{\mathscr{B}}.
\end{aligned}
$$

这说明 Dickson 拟行列式 $\delta(\eta_\lambda) = 0$, 所以 $\{ \eta_\lambda \mid N(\lambda) = 1 \} \leqslant SO(K, N)$. 另一方面, $\overline{z}_{\mathscr{B}\sigma} = \overline{1} \cdot (\overline{1} + \overline{\alpha}) = 1 \cdot \overline{e} + \overline{1} \cdot \overline{\alpha}$, 因此 $\delta(\sigma) = 1$. 由 (7.7) 式即得 $\{ \eta_\lambda \mid N(\lambda) = 1 \} = SO(K, N)$, 进而证得 $O(K, N) = SO(K, N) \rtimes \langle \sigma \rangle$. 进一步, 根据 Hilbert 定理 90 (定理 6.1.19), 范数映射 N 的核 $\mathrm{Ker}\, N \cong K^\times / F^\times$ (参见命题 6.1.20 的证明). 这就证明了 $SO(V) \cong K^\times / F^\times$.

当 $F = F_q$ 为有限域时, $|K^\times| = q^2 - 1$, 进而得到 $SO(V)$ 是 $q + 1$ 阶循环群, 而 $O(V) \cong D_{2(q+1)}$ 是二面体群. $\square$

命题 7.3.25 设 $V = V_1 \perp V_2$, $\sigma_i \in O(V_i)$ $(i = 1, 2)$. 令

$$\sigma = (\sigma_1 \perp 1_{V_2})(1_{V_1} \perp \sigma_2),$$

则

$$\theta_V(\sigma) = \theta_{V_1}(\sigma_1)\theta_{V_2}(\sigma_2).$$

证明 对任一非奇异向量 $u \in V_1$, 显然 u 也是 V 的非奇异向量. 故对平延 $\tau_u \in O(V_1)$, 有

$$\theta_V(\tau_u \perp 1_{V_2}) = Q(u)F^{\times 2} = \theta_{V_1}(\tau_u).$$

由此可知, 如果 $\sigma_1 = \tau_{u_1} \cdots \tau_{u_s}, \sigma_2 = \tau_{u_1'} \cdots \tau_{u_t'}$, 其中 $\tau_{u_i} \in O(V_1)(i = 1, \cdots, s), \tau_{u_j'} \in O(V_2)(j = 1, \cdots, t)$, 则有

$$\theta_V(\sigma) = \theta_V(\sigma_1 \perp 1_{V_2})\theta_V(1_{V_1} \perp \sigma_2) = \theta_{V_1}(\sigma_1)\theta_{V_2}(\sigma_2). \quad \square$$

命题 7.3.26 设 W 是 V 的无亏子空间, 满足 $Q(W) = Q(V)$. 如果 $SO(W) \cap \operatorname{Ker}\theta_W = O'(W)$, 则 $SO(V) \cap \operatorname{Ker}\theta_V = O'(V)$.

证明 因为 W 无亏, 所以 $V = W \perp W^\perp$. 因为 $O(V)/SO(V)$ 和 $O(V)/\operatorname{Ker}\theta_V$ 都是交换群, 所以 $O'(V) \leqslant SO(V) \cap \operatorname{Ker}\theta_V$.

对任意 $\sigma \in SO(V) \cap \operatorname{Ker}\theta_V$, 设 $\sigma = \tau_{u_1} \cdots \tau_{u_k}$ 为 k 个平延之积, 则 k 为偶数. 由 $Q(W) = Q(V)$ 知, 存在 $w_1, \cdots, w_k \in W$, 满足 $Q(w_i) = Q(u_i)$ $(i = 1, \cdots, k)$. 令 $\eta = \tau_{w_1} \cdots \tau_{w_k} \in SO(V)$, 则 $\theta_V(\eta) = \theta_V(\sigma) = F^{\times 2}$. 因此 $\eta \in SO(V) \cap \operatorname{Ker}\theta_V$. 由推论 7.3.22 知, σ 与 η 属于 $O'(V)$ 的同一个陪集. 另一方面, $\eta|_W \in SO(W)$, 且有 $\theta_W(\eta|_W) = \theta_V(\eta) = F^{\times 2}$. 所以 $\eta|_W \in SO(W) \cap \operatorname{Ker}\theta_W = O'(W)$. 这意味着 $\eta|_W = [\gamma, \delta]$ 是一个换位子, 其中 $\gamma, \delta \in O(W)$. 因为 $\eta|_{W^\perp} = 1_{W^\perp}$, 所以

$$\eta = [\gamma \perp 1_{W^\perp}, \delta \perp 1_{W^\perp}] \in O'(V).$$

故得 $\sigma \in O'(V)$. 命题得证. $\square$

命题 7.3.27 如果 V 包含非零奇异向量, 则

$$O'(V) = SO(V) \cap \operatorname{Ker} \theta_V.$$

证明 这时 V 中包含双曲平面 W, $V = W \perp W^\perp$. 由命题 7.3.20 的证明可知 $Q(W) = F$, 从而有 $Q(V) = Q(W)$. 由命题 7.3.23 有

$$SO(W) \cap \operatorname{Ker} \theta_W = \left\{ \begin{pmatrix} a^2 & 0 \\ 0 & a^{-2} \end{pmatrix} \ \middle| \ a \in F^\times \right\}.$$

注意到 $O'(W) \leqslant SO(W) \cap \operatorname{Ker} \theta_W$, 而

$$\begin{pmatrix} a^2 & 0 \\ 0 & a^{-2} \end{pmatrix} = \begin{pmatrix} a & 0 \\ 0 & a^{-1} \end{pmatrix} \begin{pmatrix} 0 & 1 \\ 1 & 0 \end{pmatrix} \begin{pmatrix} a^{-1} & 0 \\ 0 & a \end{pmatrix} \begin{pmatrix} 0 & 1 \\ 1 & 0 \end{pmatrix} \in O'(W),$$

故得 $O'(W) = SO(W) \cap \operatorname{Ker} \theta_W$. 再由命题 7.3.26 即得

$$O'(V) = SO(V) \cap \operatorname{Ker} \theta_V. \qquad \square$$

命题 7.3.28 如果 $\dim V = n \geqslant 4$, $(n, m, |F|) \neq (4, 2, 2)$, 则

$$O'(V) = SO'(V).$$

证明 这时 $O(V) = \mathcal{T}(V)$ 由平延生成, 故只需证明任意两个平延的换位子属于 $SO'(V)$ 即可. 对任意非奇异向量 $u, v \in V$, 记 $W = \langle u, v \rangle$. 如果 $W^\perp$ 全奇异, 则 $W^\perp \subseteq (W^\perp)^\perp = W$. 于是 $\dim W^\perp = n - \dim W \geqslant n - 2$. 但这意味着 $W = W^\perp$ 是全奇异的, 与 u, v 非奇异矛盾. 因此, 必存在非奇异向量 $x \in W^\perp$, 满足 $Q(x) \neq 0$. 由命题 7.2.1 (4) 知, 平延 τ_x 与 τ_u, τ_v 均可交换, 进而得到

$$[\tau_u, \tau_v] = [\tau_u \tau_x, \tau_v \tau_x] \in SO'(V).$$

命题得证. $\qquad \square$

§7.4　Siegel 变换与 $\Omega(V)$ 的单性

在本节中总假定 (V,Q) 是域 F 上无亏的非退化正交空间, B 是相应的双线性形式, $\dim V = n \geqslant 4$, Witt 指数 $m = m(V) > 0$, 且 $(n, m, |F|) \neq (4, 2, 2)$.

设 $u \in V$ 是一个非零奇异向量. 取 $y \in \langle u \rangle^\perp$, 定义 $\langle u \rangle^\perp$ 上的线性变换 $\eta_{u,y}$:

$$w \mapsto w + B(w, y)u, \quad \forall w \in \langle u \rangle^\perp.$$

与 $\operatorname{char} F \neq 2$ 的情形一样, 直接验证可知, 对任意 $a \in F$, 有 $\eta_{au,y} = \eta_{u,ay}$, 从而有 $\eta_{u,0} = 1_{\langle u \rangle^\perp}$. 对于 $z \in \langle u \rangle^\perp$, 有 $\eta_{u,y}\eta_{u,z} = \eta_{u,y+z}$, 从而有 $\eta_{u,y}^{-1} = \eta_{u,-y}$. 进一步, 对任意 $w \in \langle u \rangle^\perp$, 因为 $w \perp u$, 且 $Q(u) = 0$, 所以

$$Q\left(w^{\eta_{u,y}}\right) = Q(w + B(w, y)u) = Q(w).$$

换言之, $\eta_{u,y} \in O(\langle u \rangle^\perp)$ 是 $\langle u \rangle^\perp$ 上的等距.

命题 7.4.1　设 $u \in V$ 是非零奇异向量, $y \in \langle u \rangle^\perp$, 则 $\langle u \rangle^\perp$ 上的等距 $\eta_{u,y}$ 可唯一延拓成 V 上的等距 $\rho_{u,y} \in O(V)$.

这个命题的证明与命题 6.2.1 基本相同, 留给读者作为练习.

与 $\operatorname{char} F \neq 2$ 的情形一样 (参见 §6.2), 可以给出延拓 $\rho_{u,y}$ 的具体表达式. 对非零奇异向量 u, 取 $v \in V$, 使得 (u, v) 是双曲对. 记 $H = \langle u, v \rangle$, 则 $V = H \perp H^\perp$, 而 $\langle u \rangle^\perp = \langle u \rangle \oplus H^\perp$. 对 $y \in \langle u \rangle^\perp$, 存在唯一的 $y_0 \in H^\perp$, 满足 $\eta_{u,y} = \eta_{u,y_0}$. 故总可假定 $y \in H^\perp$. 要确定延拓 $\rho_{u,y}$ 的表达式, 只需确定 v 在 $\rho_{u,y}$ 下的像. 假设 $\rho = \rho_{u,y}$: $v \mapsto au + bv + z$, $a, b \in F$, $z \in H^\perp$. 由

$$Q(v^\rho) = Q(v) = 0, \quad B(u^\rho, v^\rho) = B(u, v) = 1,$$
$$B(v^\rho, w^\rho) = B(v, w) = 0, \quad \forall w \in H^\perp$$

可得 $a = Q(y)$, 而 $z = y$. 最终得到 $\rho = \rho_{u,y}$ 的表达式

$$\rho_{u,y} : \begin{cases} w \mapsto w + B(w,y)u, \ \forall w \in \langle u \rangle^\perp; \\ v \mapsto v + y + Q(y)u. \end{cases} \tag{7.8}$$

等距 $\rho_{u,y}$ 称为 **Siegel 变换**.

推论 7.4.2 设 $u \in V$ 是一个非零奇异向量.

(1) 对任意 $y, z \in \langle u \rangle^\perp$, 有 $\rho_{u,y}\rho_{u,z} = \rho_{u,y+z}$;

(2) $\rho_{u,y}^{-1} = \rho_{u,-y}$;

(3) 对任意 $a \in F^\times$, 有 $\rho_{au,y} = \rho_{u,ay}$;

(4) $\rho_{u,y} = 1_V$ 的充分必要条件是 $y \in \langle u \rangle = \mathrm{rad}\,(\langle u \rangle^\perp)$;

(5) 对任意 $\tau \in O(V)$, 有 $\rho_{u,y}^\tau = \rho_{u^\tau, y^\tau}$.

上述推论的证明与 char $F \neq 2$ 的情形 (推论 6.2.2) 相同, 留给读者作为练习.

给定非零奇异向量 $u \in V$, 令

$$K_u = \{\, \rho_{u,y} \mid y \in \langle u \rangle^\perp \,\},$$

则 K_u 是 $O(V)_{\langle u \rangle}$ 的交换正规子群. 进一步, 定义由全体 Siegel 变换生成的子群

$$\Omega(V) = \langle\, \rho_{u,y} \mid u \in V 奇异, y \in \langle u \rangle^\perp \,\rangle \leqslant O(V).$$

显然有 $\Omega(V) = \langle\, K_u \mid u \in V 奇异 \,\rangle$. 由推论 7.4.2 (5) 有 $\Omega(V) \lhd O(V)$.

命题 7.4.3 $\Omega(V) \leqslant O'(V)$.

证明 对任意 $\rho_{u,y} \in \Omega(V)$, $\rho_{u,y} \neq 1_V$, 有 $y \neq 0$. 取 $v \in V$, 使得 (u,v) 是双曲对. 令 $H = \langle u, v \rangle$, 则 $V = H \perp H^\perp$. 不妨设 $y \in H^\perp$. 由命题 7.1.10 知, V 中存在由非奇异向量构成的基. 特别地, $y \in H^\perp \subset \langle u \rangle^\perp$ 可以表示成 $H^\perp$ 中的若干个非奇异向量 $z_1, \cdots, z_k$ 之和, 于是有 $\rho_{u,y} = \rho_{u,z_1} \cdots \rho_{u,z_k}$, 且 $Q(z_i) \neq 0$ $(i = 1, \cdots, k)$. 因此不妨假定 $Q(y) \neq 0$, 往证 $\rho_{u,y} \in O'(V)$. 因为

$$Q(y + Q(y)u) = Q(y) + Q(y)^2 Q(u) + Q(y)B(y,u) = Q(y),$$

所以子空间 $\langle y + Q(y)u \rangle$ 与 $\langle y \rangle$ 等价. 由 Witt 定理知, 存在 $\sigma \in O(V)$, 使得 $y^\sigma = y + Q(y)u$. 令平延 $\tau_1 = \tau_y$, $\tau_2 = \tau_{y+Q(y)u}$, 则 $\sigma^{-1}\tau_1\sigma = \tau_{y^\sigma} = \tau_2$. 因此

$$\tau_1\tau_2 = \tau_1^{-1}\sigma^{-1}\tau_1\sigma \in O'(V).$$

还需证明 $\tau_1\tau_2 = \rho_{u,y}$. 对任意 $z \in \langle u \rangle^\perp$, 有

$$
\begin{aligned}
z^{\tau_1\tau_2} &= \left(z + \frac{B(z,y)}{Q(y)}y \right)^{\tau_2} \\
&= z + \frac{B(z,y)}{Q(y)}y + \frac{1}{Q(y)}B\left(z + \frac{B(z,y)}{Q(y)}y,\, y + Q(y)u \right)\left(y + Q(y)u \right) \\
&= z + \frac{B(z,y)}{Q(y)}y + \frac{B(z,y)}{Q(y)}\left(y + Q(y)u \right) \\
&= z + B(z,y)u = z^{\eta_{u,y}}.
\end{aligned}
$$

这意味着 $\tau_1\tau_2$ 是 $\eta_{u,y}$ 的延拓. 由命题 7.4.1 即得

$$\rho_{u,y} = \tau_1\tau_2 \in O'(V). \qquad \square$$

与 $\operatorname{char} F \neq 2$ 的情形相同, 全体奇异向量构成**二次锥面**

$$\mathcal{C} = \{\, u \in V \mid Q(u) = 0 \,\}.$$

相应地, 有**二次射影锥面**

$$P\mathcal{C} = \{\, \langle u \rangle \mid u \in \mathcal{C} \,\}.$$

命题 7.4.4 $O(V)$ 在 $P\mathcal{C}$ 上的作用是忠实的.

证明 记 K 为 $O(V)$ 在 $P\mathcal{C}$ 上作用的核. 取 V 中的双曲对 (u,v), 令 $H = \langle u,v \rangle$, 则 $V = H \perp H^\perp$. 对任意 $\tau \in K$, 存在 $a,b \in F$, 满足 $u^\tau = au$, $v^\tau = bv$. 任取非奇异向量 $w \in H^\perp$, 令 $x = u + Q(w)v + w$, 则

$$
\begin{aligned}
Q(x) &= Q(u + Q(w)v + w) = Q(u + Q(w)v) + Q(w) \\
&= Q(w) + Q(w) = 0.
\end{aligned}
$$

所以 $\langle x \rangle \in PC$. 假设 $x^\tau = cx$, $c \in F$, 则有

$$cx = cu + cQ(w)v + cw = x^\tau = au + bQ(w)v + w^\tau.$$

因为 $H^\tau = H$, 所以 $(H^\perp)^\tau = H^\perp$, 从而得 $c = a = b$. 换言之, $w^\tau = aw$.
由命题 7.1.10 知, $H^\perp$ 中存在由非奇异向量构成的基, 故得 $\tau = a1_V$.
特别地, $Q(w) = Q(w^\tau) = Q(aw) = a^2 Q(w)$, 推出 $a = 1$, 即得 $\tau = 1_V$. □

对于 $0 \neq u \in V$, 记与 u 正交的全体奇异向量构成的集合为 $T_u = C \cap \langle u \rangle^\perp$, 相应的有射影空间中的子集合

$$PT_u = \{ \langle v \rangle \in \mathscr{P}(V) \mid 0 \neq v \in T_u \}.$$

命题 7.4.5 设 $u \in V$ 是非零奇异向量, 则子群 K_u 在 $PC \setminus PT_u$
上作用传递.

证明 设 $\langle x \rangle \neq \langle y \rangle \in PC \setminus PT_u$. 不妨设 $B(u, x) = B(u, y) = 1$. 令
$H = \langle u, x \rangle$, 则 $V = H \perp H^\perp$. 假设 $y = au + bx + z$, $a, b \in F$, $z \in H^\perp$,
则

$$1 = B(u, y) = B(u, au + bx + z) = b,$$
$$0 = Q(y) = Q(au + bx + z) = Q(au + bx) + Q(z) = a + Q(z).$$

根据 Siegel 变换的表达式 (7.8), 可知

$$y = Q(z)u + x + z = x^{\rho_{u,z}}.$$

传递性得证. □

命题 7.4.6 设 $\langle x \rangle, \langle y \rangle \in PC$, 则 $PC \neq PT_x \cup PT_y$.

证明 先假设 $x \perp y$. 因为 $\dim V \geqslant 4$, 所以 $\langle y \rangle^\perp$ 不是全奇异
的, 从而存在 $u \in \langle y \rangle^\perp$, 使得 (x, u) 为双曲对. 令 $H = \langle x, u \rangle$, 则
$V = H \perp H^\perp$. 因为 $y \in H^\perp$, 所以存在 $v \in H^\perp$, 使得 (y, v) 为双曲对.
令 $z = u + v$, 则 $Q(z) = Q(u) + Q(v) = 0$, 即 $\langle z \rangle \in PC$. 但是

$$B(x, z) = B(x, u + v) = 1 = B(y, u + v) = B(y, z).$$

这说明 $\langle z \rangle \notin PT_x \cup PT_y$.

再假设 $B(x,y) \neq 0$. 不妨设 $B(x,y) = 1$. 记 $H = \langle x,y \rangle$, 则 $V = H \perp H^{\perp}$. 取非奇异向量 $w \in H^{\perp}$, 令 $z = Q(w)x + y + w$, 则

$$Q(z) = Q(Q(w)x + y) + Q(w) = 2Q(w) = 0,$$

即 $\langle z \rangle \in PC$. 但是

$$B(x,z) = B(x, Q(w)x + y + w) = 1, \quad B(y,z) = Q(w) \neq 0.$$

同样得到 $\langle z \rangle \notin PT_x \cup PT_y$. □

命题 7.4.7 当 Witt 指数 $m(V) \geqslant 2$ 时, 如果 $\langle x \rangle \neq \langle y \rangle \in PC$, 则

$$PT_x \nsubseteq PT_y.$$

证明 如果 $x \perp y$, 由命题 7.4.6 的证明可知, 存在 $u, v \in V$, 使得 $(x,u), (y,v)$ 为双曲对, $\langle x,u \rangle \perp \langle y,v \rangle$. 这意味着 $\langle v \rangle \in PT_x \setminus PT_y$.

如果 $B(x,y) \neq 0$, 不妨设 $B(x,y) = 1$. 令 $H = \langle x,y \rangle$, 则

$$V = H \perp H^{\perp}.$$

因为 $m(V) \geqslant 2$, 所以 $H^{\perp}$ 中包含非零奇异向量 w. 令 $z = x + w$, 则

$$Q(z) = Q(x) + Q(w) = 0, \quad B(x,z) = B(x, x+w) = 0,$$

但是 $B(y,z) = B(y, x+w) = 1$, 又得到 $\langle z \rangle \in PT_x \setminus PT_y$. □

命题 7.4.8 $\Omega(V)$ 在 PC 上作用传递.

证明 对任意 $\langle x \rangle \neq \langle y \rangle \in PC$, 取 $\langle z \rangle \in PC \setminus (PT_x \cup PT_y)$, 则 $\langle x \rangle, \langle y \rangle \in PC \setminus PT_z$. 由命题 7.4.5知, 存在 $\sigma \in K_z \leqslant \Omega(V)$, 使得

$$\langle x \rangle^{\sigma} = \langle y \rangle.$$ □

命题 7.4.9 如果 V 的 Witt 指数 $m(V) = 1$, 则 $\Omega(V)$ 在 PC 上的作用是双传递的.

证明 对 $\langle x \rangle \in P\mathcal{C}$, 由 $m(V) = 1$ 知 $\langle x \rangle^{\perp} = \langle x \rangle$, 因此 $T_x = \mathcal{C} \cap \langle x \rangle^{\perp} = \langle x \rangle$. 于是 $PT_x = \{\langle x \rangle\}$ 只包含一个射影点. 由命题 7.4.5 知, 子群 $K_x \leqslant \Omega(V)_{\langle x \rangle}$ 在 $P\mathcal{C} \setminus \{\langle x \rangle\}$ 上传递, 即证得 $\Omega(V)$ 双传递. $\quad\square$

命题 7.4.10 当 $(n, m) \neq (4, 2)$ 时, 对任一 $\langle x \rangle \in P\mathcal{C}$, $\Omega(V)$ 在 PT_x 上双传递.

证明 当 $m = 1$ 时, 由命题 7.4.9 知结论成立. 当 $m \geqslant 2$ 时, $n \geqslant 6$. 取 $y \in V$, 使得 (x, y) 为双曲对. 记 $H = \langle x, y \rangle$, $V = H \perp H^{\perp}$. 因为 $\langle x \rangle^{\perp} = \langle x \rangle \oplus H^{\perp}$, 所以

$$PT_x = \{\langle u \rangle \mid u = ax + w,\ a \in F, w \in H^{\perp}, Q(w) = 0\}.$$

令 $\Omega_H = \Omega_H(V)$ 是 $\Omega(V)$ 中保持 H 的每个向量不动的稳定化子, 显然有 $\Omega_H \cong \Omega(H^{\perp})$. 由命题 7.4.8 知, Ω_H 在 $P\mathcal{C}(H^{\perp})$ 上传递. 取 $u = ax + w, v = bx + z$, 使得 $\langle u \rangle \neq \langle v \rangle \in PT_x \setminus \{\langle x \rangle\}$. 取 $\sigma \in \Omega_H$, 满足 $\langle w \rangle^{\sigma} = \langle z \rangle$. 因为 $x^{\sigma} = x$, 所以存在 $c \in F$, 使得 $\langle u \rangle^{\sigma} = \langle ax + w \rangle^{\sigma} = \langle cx + z \rangle$. 因为 $H^{\perp}$ 非退化, 所以存在 $y_1 \in H^{\perp}$, 满足 $B(z, y_1) = b + c$. 考虑 $\sigma \rho_{x, y_1} \in \Omega(V)$ 在 $\langle u \rangle$ 上的作用:

$$\langle u \rangle^{\sigma \rho_{x, y_1}} = \langle cx + z \rangle^{\rho_{x, y_1}} = \langle cx + z + B(z, y_1)x \rangle$$
$$= \langle cx + z + (b + c)x \rangle = \langle bx + z \rangle = \langle v \rangle.$$

命题得证. $\quad\square$

推论 7.4.11 如果 $m(V) \geqslant 2$, 且 $(n, m) \neq (4, 2)$, 对任意 $\langle x \rangle \in P\mathcal{C}$, 其稳定化子 $\Omega(V)_{\langle x \rangle}$ 恰有 3 条轨道: $\{\langle x \rangle\}$, $PT_x \setminus \{\langle x \rangle\}$ 和 $P\mathcal{C} \setminus PT_x$. 换言之, $\Omega(V)$ 是 $P\mathcal{C}$ 上一个秩 3 的置换群.

证明 由命题 7.4.10 知, $\Omega(V)_{\langle x \rangle}$ 在 $PT_x \setminus \{\langle x \rangle\}$ 上传递. 而由命题 7.4.5 知, $K_x \leqslant \Omega(V)_{\langle x \rangle}$ 在 $P\mathcal{C} \setminus PT_x$ 上传递. $\quad\square$

命题 7.4.12 如果 $(n, m) \neq (4, 2)$, 则 $\Omega(V)$ 在 $P\mathcal{C}$ 上的作用是本原的.

证明 当 $m(V) = 1$ 时, 由命题 7.4.9 知, $\Omega(V)$ 在 PC 上双传递, 结论显然成立. 当 $m \geqslant 2$ 时, $n \geqslant 6$. 设 $\mathcal{B} \subseteq PC$ 是一个非平凡块, $|\mathcal{B}| \geqslant 2$, 又设 $\langle v \rangle \neq \langle u \rangle \in \mathcal{B}$. 如果 $v \in \langle u \rangle^\perp$, 由推论 7.4.11 有 $PT_u \setminus \{\langle u \rangle\} \subset \mathcal{B}$. 对任意 $\langle w \rangle \notin \langle u \rangle^\perp$, $\langle u, w \rangle$ 是双曲平面. 因为 $m \geqslant 2$, 所以 $H^\perp$ 中包含非零奇异向量 x. 因为 $x \in \langle u \rangle^\perp$, 所以 $\langle x \rangle \in \mathcal{B}$. 另一方面, $w \in \langle x \rangle^\perp$, 故得 $\langle w \rangle \in \mathcal{B}$, 进而得到

$$\mathcal{B} = PC.$$

如果 $v \notin \langle u \rangle^\perp$, 则由推论 7.4.11 有 $PC \setminus PT_u \subset \mathcal{B}$. 对任意 $\langle w \rangle \in PT_u \setminus \{\langle u \rangle\}$, 由命题 7.4.6 知, 存在 $\langle x \rangle \in PC \setminus (PT_u \cup PT_w)$. 因为 $x \notin \langle u \rangle^\perp$, 所以 $\langle x \rangle \in \mathcal{B}$. 另一方面, $w \notin \langle x \rangle^\perp$, 所以 $\langle w \rangle \in \mathcal{B}$, 同样得出

$$\mathcal{B} = PC. \qquad \square$$

命题 7.4.13 设 (u, v) 是一个双曲对, $H = \langle u, v \rangle \subset V$, 则

$$O(V) = \Omega(V) \cdot O_{H^\perp}(V).$$

证明 只需证明任一平延 $\tau_x \in \Omega(V) \cdot O_{H^\perp}(V)$. 设 $x \in V$ 非奇异, 令 $y = Q(x)u + v \in H$, 则 $Q(y) = Q(x)$. 由 Witt 定理知, 存在 $\sigma \in O(V)$, 使得 $y^\sigma = x$. 记 $u_1 = u^\sigma$, $v_1 = v^\sigma$. 由命题 7.4.8 知, 存在 $\eta \in \Omega(V)$, 使得 $\langle u \rangle^\eta = \langle u_1 \rangle$. 假设 $u^\eta = au_1$, $a \in F^\times$. 注意 $B(u_1, v_1) = 1$, 而

$$B(v^\eta, u_1) = B(v, u_1^{\eta^{-1}}) = B(v, a^{-1}u) = a^{-1} \neq 0.$$

这说明 $\langle v_1 \rangle, \langle v^\eta \rangle \in PC \setminus PT_{u_1}$. 由命题 7.4.5 知, 存在 $\gamma \in K_{u_1} \leqslant \Omega(V)$, 满足 $\langle v^\eta \rangle^\gamma = \langle v_1 \rangle$. 因为 $K_{u_1} \leqslant O(V)_{\langle u_1 \rangle}$, 所以 $\langle u \rangle^{\eta\gamma} = \langle u_1 \rangle^\gamma = \langle u_1 \rangle$. 注意 $x = y^\sigma \in H^\sigma = \langle u_1, v_1 \rangle = H^{\eta\gamma}$. 记 $\rho = \eta\gamma \in \Omega(V)$, 令 $z = x^{\rho^{-1}} \in H$, 就有

$$\tau_x = \tau_{z^\rho} = \rho^{-1}\tau_z\rho = \left(\rho^{-1}\tau_z\rho\tau_z^{-1}\right)\tau_z.$$

因为 $\Omega(V) \lhd O(V)$, 所以 $\rho^{-1}\tau_z\rho\tau_z^{-1} \in \Omega(V)$. 再由 $\tau_z \in O_{H^\perp}(V)$ 即得

$$\tau_x \in \Omega(V) \cdot O_{H^\perp}(V). \qquad \square$$

命题 7.4.14　$\Omega(V) = O'(V) = SO'(V)$.

证明　由命题 7.3.27 和命题 7.4.3 有 $\Omega(V) \leqslant O'(V) \leqslant SO'(V)$, 故只需证明 $SO'(V) \leqslant \Omega(V)$. 因为 $\Omega(V) \leqslant SO(V)$, 由命题 7.4.13 知, 对任一双曲平面 $H \subset V$, 有 $SO(V) = \Omega(V) \cdot SO_{H^\perp}(V)$. 因此

$$SO(V)/\Omega(V) = \Omega(V) \cdot SO_{H^\perp}(V)/\Omega(V)$$
$$\cong SO_{H^\perp}(V)/(\Omega(V) \cap SO_{H^\perp}(V)).$$

由命题 7.3.23 知, $SO_{H^\perp}(V) \cong SO(H)$ 是交换群. 换言之, $SO(V)/\Omega(V)$ 可交换, 从而得到 $SO'(V) \leqslant \Omega(V)$.　□

命题 7.4.15　$O''(V) = O'(V)$.

证明　先假设 $|F| > 2$. 取定 $c \in F \setminus \{0, 1\}$. 对任意非零奇异向量 u, 总存在 $v \in V$, 使得 (u, v) 成为双曲对. 令 $H = \langle u, v \rangle$, $V = H \perp H^\perp$. 定义 V 上的线性变换 σ:

$$u^\sigma = cu, \quad v^\sigma = c^{-1}v, \quad x^\sigma = x, \ \forall x \in H^\perp.$$

容易验证 $\sigma \in O_{H^\perp}(V)$. 注意 $O(V)$ 可由平延生成, 而平延是对合. 由引理 6.2.6 知, $O(V)$ 中任意元素的平方都属于其导群 $O'(V)$. 特别地, $\sigma^2 \in O'(V)$.

对任意 $y \in H^\perp$, Siegel 变换 $\rho_{u,y} \in \Omega(V) = O'(V)$, 于是有

$$\left[\rho_{u,y}, \sigma^2 \right] = \rho_{u,y}^{-1} \sigma^{-2} \rho_{u,y} \sigma^2 = \rho_{u,y} \rho_{u^{\sigma^2}, y^{\sigma^2}} = \rho_{u,y} \rho_{c^2 u, y}$$
$$= \rho_{u,y} \rho_{u, c^2 y} = \rho_{u, (1+c^2)y} \in O''(V).$$

由 u, y 的任意性及 $1 + c^2 \neq 0$ 知, 任意 Siegel 变换都属于 $O''(V)$, 故得

$$O'(V) = \Omega(V) \leqslant O''(V).$$

当 $|F| = 2$ 时, 或者 $n \geqslant 6$, 或者 $m(V) = 1$. 对任意非零奇异向量 $u \in V$, 仍然设 (u, v) 为双曲对, $H = \langle u, v \rangle$, 于是 $V = H \perp H^\perp$. 由命题 7.1.10 知, $H^\perp$ 中存在由非奇异向量 $w_1, \cdots, w_{n-2}$ 构成的基. 现在 $F = \{0, 1\}$,

所以 $Q(w_i) = 1$ $(i = 1, \cdots, n-2)$. 任意取定 i $(1 \leqslant i \leqslant n-2)$. 因为 $H^\perp$ 无亏, 所以存在 $j \neq i$, 满足 $B(w_i, w_j) = 1$, 进而有 $Q(w_i + w_j) = 1$. 令 $W = \langle w_i, w_j \rangle$ 是无亏的子空间, 则 $V = W \perp W^\perp$. 注意 $u \in W^\perp$. 定义 V 上的线性变换 σ:

$$w_i^\sigma = w_j, \quad w_j^\sigma = w_i + w_j, \quad x^\sigma = x, \ \forall x \in W^\perp.$$

容易验证 $\sigma \in O_{W^\perp}(V) \leqslant O(V)$, 且 $\sigma^3 = 1_V$. 由引理 6.2.6 知 $\sigma = \sigma^{-2} \in O'(V)$. 进一步, 有

$$\rho_{u,w_i} = \rho_{u,w_i+w_j}\rho_{u,w_j} = \rho_{u^\sigma, w_j^\sigma}\rho_{u,w_j}$$
$$= \sigma^{-1}\rho_{u,w_j}\sigma\rho_{u,w_j} = [\sigma, \rho_{u,w_j}] \in O''(V).$$

由 i 的任意性知 $\rho_{u,w_i} \in O''(V)$ $(i = 1, \cdots, n-2)$. 对任意 Siegel 变换 $\rho_{u,y}$, $y \in H^\perp$, y 总可表示成若干 w_i 之和, 从而 $\rho_{u,y}$ 是若干 ρ_{u,w_i} 之积, 于是证得 $\rho_{u,y} \in O''(V)$. 再由 u 的任意性可得任意 Siegel 变换都属于 $O''(V)$. 命题得证. $\qquad\qquad\qquad\square$

至此, 我们已经证明了 $\Omega(V) = O'(V)$ 满足岩泽定理的所有条件, 从而得到

定理 7.4.16 设 $\operatorname{char} F = 2$, (V, Q) 是 F 上无亏的非退化正交空间, $\dim V = n \geqslant 4$. 如果 V 的 Witt 指数 $m = m(V) > 0$, 且 $(n, m) \neq (4, 2)$, 则 $\Omega(V) = O'(V)$ 是单群.

下面我们要来讨论前面排除掉的例外情形: $(n, m) = (4, 2)$. 这时 $V = \langle u_1, v_1 \rangle \perp \langle u_2, v_2 \rangle$ 是两个双曲平面的正交和.

命题 7.4.17 设 $V = \langle u_1, v_1 \rangle \perp \langle u_2, v_2 \rangle$, 其中 (u_i, v_i) $(i = 1, 2)$ 是双曲对, $\sigma \in SO(V)$.

(1) 如果 $u_1^\sigma = u_1$, 则 $\langle u_1, u_2 \rangle^\sigma = \langle u_1, u_2 \rangle$;

(2) 如果 $u_1^\sigma = u_1$, $u_2^\sigma = u_2$, 则存在 $\lambda \in F$, 使得

$$v_1^\sigma = \lambda u_2 + v_1, \quad v_2^\sigma = \lambda u_1 + v_2.$$

证明 (1) 设 $u_2^\sigma = \alpha_1 u_1 + \alpha_2 u_2 + \beta_1 v_1 + \beta_2 v_2$, $\alpha_i, \beta_i \in F$ $(i = 1, 2)$, 则有

$$0 = B(u_1, u_2^\sigma) = B(u_1, \alpha_1 u_1 + \alpha_2 u_2 + \beta_1 v_1 + \beta_2 v_2) = \beta_1,$$

$$0 = Q(u_2^\sigma) = Q(\alpha_1 u_1 + \beta_1 v_1) + Q(\alpha_2 u_2 + \beta_2 v_2) = \alpha_2 \beta_2.$$

如果 $\beta_2 \neq 0$, 则必有 $\alpha_2 = 0$, 从而有 $u_2^\sigma = \alpha_1 u_1 + \beta_2 v_2$. 设

$$v_1^\sigma = \alpha u_1 + \beta u_2 + \gamma v_1 + \eta v_2, \quad v_2^\sigma = \lambda_1 u_1 + \lambda_2 u_2 + \mu_1 v_1 + \mu_2 v_2,$$

则有

$$0 = B(u_1, v_2^\sigma) = B(u_1, \lambda_1 u_1 + \lambda_2 u_2 + \mu_1 v_1 + \mu_2 v_2) = \mu_1,$$

$$0 = Q(v_2^\sigma) = Q(\lambda_1 u_1 + \lambda_2 u_2 + \mu_1 v_1 + \mu_2 v_2) = \lambda_2 \mu_2.$$

如果 $\mu_2 \neq 0$, 则必有 $\lambda_2 = 0$. 于是 $v_2^\sigma = \lambda_1 u_1 + \mu_2 v_2$. 但这时有

$$1 = B(u_2^s, v_2^s) = (\alpha_1 u_1 + \beta_2 v_2, \lambda_1 u_1 + \mu_2 v_2) = 0,$$

矛盾. 因此 $\mu_2 = 0$, $v_2^\sigma = \lambda_1 u_1 + \lambda_2 u_2$. 对于 V 的辛基 $\mathscr{B} = \{u_1, u_2, v_1, v_2\}$, 在 Clifford 代数 $C(V)$ 中有 $\bar{z}_{\mathscr{B}} = \bar{u}_1 \bar{v}_1 + \bar{u}_2 \bar{v}_2$; 而对辛基 $\mathscr{B}^s$, 有 $\bar{z}_{\mathscr{B}^\sigma} = \bar{z}_{\mathscr{B}} + \delta(\sigma) \cdot \bar{1}$. 因为 $\sigma \in SO(V)$, 所以 $\delta(\sigma) = 0$. 另一方面, 有

$$\bar{z}_{\mathscr{B}^\sigma} = \overline{u_1^\sigma}\, \overline{v_1^\sigma} + \overline{u_2^\sigma}\, \overline{v_2^\sigma}$$

$$= \bar{u}_1(\alpha \bar{u}_1 + \beta \bar{u}_2 + \gamma \bar{v}_1 + \eta \bar{v}_2) + (\alpha_1 \bar{u}_1 + \beta_2 \bar{v}_2)(\lambda_1 \bar{u}_1 + \lambda_2 \bar{u}_2)$$

$$= \beta_2 \lambda_2 \bar{v}_2 \bar{u}_2 + \cdots = \beta_2 \lambda_2 (\bar{1} + \bar{u}_2 \bar{v}_2) + \cdots.$$

比较 $\bar{z}_{\mathscr{B}}$ 与 $\bar{z}_{\mathscr{B}^\sigma}$ 中对应项的系数. 作为 $\bar{u}_2 \bar{v}_2$ 的系数, $\beta_2 \lambda_2 = 1$, 但作为 $\bar{1}$ 的系数, $\beta_2 \lambda_2 = 0$. 这个矛盾说明必有 $\beta_2 = 0$, 从而得到 $u_2^\sigma = \alpha_1 u_1 + \alpha_2 u_2$. (1) 得证.

(2) 假设 $v_1^\sigma = \alpha_1 u_1 + \alpha_2 u_2 + \beta_1 v_1 + \beta_2 v_2$, 则

$$0 = B(u_2, v_1^\sigma) = B(u_2, \alpha_1 u_1 + \alpha_2 u_2 + \beta_1 v_1 + \beta_2 v_2) = \beta_2,$$

$$1 = B(u_1, v_1^\sigma) = B(u_1, \alpha_1 u_1 + \alpha_2 u_2 + \beta_1 v_1 + \beta_2 v_2) = \beta_1,$$

$$0 = Q(v_1^\sigma) = Q(\alpha_1 u_1 + \beta_1 v_1) + Q(\alpha_2 u_2 + \beta_2 v_2) = \alpha_1.$$

记 $\lambda = \alpha_2$, 即得 $v_1^\sigma = \lambda u_2 + v_1$. 同样地, 如果设

$$v_2^\sigma = \alpha_1 u_1 + \alpha_2 u_2 + \beta_1 v_1 + \beta_2 v_2,$$

则有

$$0 = B(u_1, v_2^\sigma) = B(u_1, \alpha_1 u_1 + \alpha_2 u_2 + \beta_1 v_1 + \beta_2 v_2) = \beta_1,$$
$$1 = B(u_2, v_2^\sigma) = B(u_2, \alpha_1 u_1 + \alpha_2 u_2 + \beta_1 v_1 + \beta_2 v_2) = \beta_2,$$
$$0 = Q(v_2^\sigma) = Q(\alpha_1 u_1 + \beta_1 v_1) + Q(\alpha_2 u_2 + \beta_2 v_2) = \alpha_2.$$

令 $\mu = \alpha_1$, 即得 $v_2^\sigma = \mu u_1 + v_2$. 因为 $\sigma \in SO(V)$, 有 $\delta(\sigma) = 0$, 所以 $\overline{z}_{\mathscr{B}} = \overline{z}_{\mathscr{B}^\sigma}$. 于是

$$\overline{u}_1 \overline{v}_1 + \overline{u}_2 \overline{v}_2 = \overline{u_1^\sigma} \, \overline{v_1^\sigma} + \overline{u_2^\sigma} \, \overline{v_2^\sigma} = \overline{u}_1(\lambda \overline{u}_2 + \overline{v}_1) + \overline{u}_2(\mu \overline{u}_1 + \overline{v}_2)$$
$$= \lambda \overline{u}_1 \overline{u}_2 + \overline{u}_1 \overline{v}_1 + \mu \overline{u}_2 \overline{u}_1 + \overline{u}_2 \overline{v}_2.$$

因为 $u_1 \perp u_2$, 所以 $\overline{u}_2 \overline{u}_1 = \overline{u}_1 \overline{u}_2$. 故从上式可得 $\lambda + \mu = 0$, 从而证得

$$\lambda = \mu. \qquad \qquad \Box$$

为了描述 $SO(V)$ 的结构, 下面构造一个具体的 4 维正交空间. 记 $V = M_2(F)$ 是 F 上全体 2 阶方阵构成的集合. 显然 V 是 F 上的一个 4 维线性空间. 注意

$$e_{11} = \begin{pmatrix} 1 & 0 \\ 0 & 0 \end{pmatrix}, \ e_{12} = \begin{pmatrix} 0 & 1 \\ 0 & 0 \end{pmatrix}, \ e_{21} = \begin{pmatrix} 0 & 0 \\ 1 & 0 \end{pmatrix}, \ e_{22} = \begin{pmatrix} 0 & 0 \\ 0 & 1 \end{pmatrix}$$

是 V 的一个基. 定义 $Q = \det$ 为行列式映射: $X \mapsto \det X, \ \forall X \in V$, 则 Q 是一个二次型: 对任意 $X \in V$ 和 $a \in F$, 显然

$$Q(aX) = \det(aX) = a^2 \det X = a^2 Q(X).$$

再设 $Y \in V$. 记 $X = (\alpha_1 \, \alpha_2)$, $Y = (\beta_1 \, \beta_2)$, $\alpha_i, \beta_i \ (i = 1, 2)$ 是列向量, 则

$$Q(X + Y) = \det(\alpha_1 + \beta_1 \, \alpha_2 + \beta_2)$$
$$= Q(X) + Q(Y) + \det(\alpha_1 \, \beta_2) + \det(\beta_1 \, \alpha_2).$$

显然 $B(X,Y) = \det(\alpha_1\,\beta_2) + \det(\beta_1\,\alpha_2)$ 是一个对称双线性形式, 并且是交错的. 可见, (V,Q) 构成 F 上的 4 维正交空间. 显然有 $Q(e_{ij}) = \det e_{ij} = 0$ $(i,j = 1,2)$, $B(e_{11}, e_{12}) = B(e_{11}, e_{21}) = B(e_{12}, e_{22}) = B(e_{21}, e_{22}) = 0$, 而

$$B(e_{11}, e_{22}) = \det\begin{pmatrix} 1 & 0 \\ 0 & 1 \end{pmatrix} + \det\begin{pmatrix} 0 & 0 \\ 0 & 0 \end{pmatrix} = 1,$$

$$B(e_{12}, e_{21}) = \det\begin{pmatrix} 0 & 0 \\ 0 & 0 \end{pmatrix} + \det\begin{pmatrix} 1 & 0 \\ 0 & 1 \end{pmatrix} = 1,$$

因此 $V = \langle e_{11}, e_{22}\rangle \perp \langle e_{12}, e_{21}\rangle$, 其 Witt 指数 $m(V) = 2$.

任给两个 2 阶可逆方阵 $S,T \in GL_2(F)$, 假定它们的行列式相等: $\det S = \det T$. 定义 V 上的一个线性变换 $\rho_{S,T}$: $X \mapsto S^{-1}XT, \forall X \in V$, 则

$$Q(X^{\rho_{S,T}}) = \det(S^{-1}XT) = \det X = Q(X).$$

换言之, $\rho_{S,T} \in O(V)$ 是 V 上的等距. 进一步, 如果 $S_i, T_i \in GL_2(F)$, $\det S_i = \det T_i$ $(i = 1,2)$, 则对任意 $X \in V$, 有

$$X^{\rho_{S_1,T_1}\rho_{S_2,T_2}} = S_2^{-1}S_1^{-1}XT_1T_2 = (S_1S_2)^{-1}X(T_1T_2) = X^{\rho_{S_1S_2,T_1T_2}}.$$

这说明, 如果记群

$$G = \{\,(S,T) \mid S,T \in GL_2(F), \det S = \det T\,\} \leqslant GL_2(F) \times GL_2(F),$$

则映射 φ: $G \to O(V)$, $(S,T) \mapsto \rho_{S,T}$ 是一个群同态. 考察同态核 $\mathrm{Ker}\,\varphi$. 如果 $\rho_{S,T} = 1_V$, 则 $S^{-1}e_{ij}T = e_{ij}$ $(i,j = 1,2)$. 这时必有 $\lambda \in F^\times$, 使得 $S = T = \lambda E$ 为数量矩阵, 于是得到

$$\mathrm{Ker}\,\varphi = \{\,(\lambda E, \lambda E) \mid \lambda \in F^\times\,\}.$$

下面要证明 $\mathrm{Im}\,\varphi = SO(V)$. 首先证明 $\mathrm{Im}\,\varphi \leqslant SO(V)$. 设

$$S^{-1} = \begin{pmatrix} a & b \\ c & d \end{pmatrix}, \quad T = \begin{pmatrix} \alpha & \beta \\ \gamma & \eta \end{pmatrix} \in GL_2(F), \quad \det S = \det T.$$

记 $\rho = \rho_{S,T}$. 直接计算得到

$$e_{11}^{\rho} = S^{-1} e_{11} T = \begin{pmatrix} a\alpha & a\beta \\ c\alpha & c\beta \end{pmatrix} = a\alpha e_{11} + a\beta e_{12} + c\alpha e_{21} + c\beta e_{22}.$$

同理可得

$$e_{12}^{\rho} = a\gamma e_{11} + a\eta e_{12} + c\gamma e_{21} + c\eta e_{22},$$
$$e_{21}^{\rho} = b\alpha e_{11} + b\beta e_{12} + d\alpha e_{21} + d\beta e_{22},$$
$$e_{22}^{\rho} = b\gamma e_{11} + b\eta e_{12} + d\gamma e_{21} + d\eta e_{22}.$$

对于 V 的辛基 $\mathscr{B} = \{e_{11}, e_{12}, e_{22}, e_{21}\}$ 计算 $\bar{z}_{\mathscr{B}\rho}$:

$$\bar{z}_{\mathscr{B}\rho} = \overline{e_{11}^{\rho}}\,\overline{e_{22}^{\rho}} + \overline{e_{12}^{\rho}}\,\overline{e_{21}^{\rho}}$$
$$= (a\alpha \bar{e}_{11} + a\beta \bar{e}_{12} + c\alpha \bar{e}_{21} + c\beta \bar{e}_{22})(b\gamma \bar{e}_{11} + b\eta \bar{e}_{12} + d\gamma \bar{e}_{21} + d\eta \bar{e}_{22})$$
$$+ (a\gamma \bar{e}_{11} + a\eta \bar{e}_{12} + c\gamma \bar{e}_{21} + c\eta \bar{e}_{22})(b\alpha \bar{e}_{11} + b\beta \bar{e}_{12} + d\alpha \bar{e}_{21} + d\beta \bar{e}_{22}).$$

将上式展开, 注意到 $\bar{e}_{22}\bar{e}_{11} = \bar{1} + \bar{e}_{11}\bar{e}_{22}$, $\bar{e}_{21}\bar{e}_{12} = \bar{1} + \bar{e}_{12}\bar{e}_{21}$, 可得 $\bar{1}$ 的系数为

$$c\beta b\gamma + c\eta b\alpha + c\alpha b\eta + c\gamma b\beta = 0.$$

由关系式 $\bar{z}_{\mathscr{B}\rho} = \bar{z}_{\mathscr{B}} + \delta(\rho) \cdot \bar{1}$ 即得 $\delta(\rho) = 0$. 这就证明了 $\rho \in SO(V)$.

引理 7.4.18 设 $a,b,c,d \in F$ 不全为 0, 且满足 $ad + bc = 0$, 则存在 $\alpha, \beta, \gamma, \delta \in F$, $(\alpha, \beta) \neq (0,0)$, $(\gamma, \delta) \neq (0,0)$, 使得

$$a = \alpha\gamma, \quad b = \alpha\delta, \quad c = \beta\gamma, \quad d = \beta\delta.$$

引理的证明留给读者作为习题.

命题 7.4.19 $\varphi\colon G \to SO(V)$ 是满同态.

证明 只需证明对任意 $\sigma \in SO(V)$, $\sigma \in \operatorname{Im}\varphi$. 假设

$$e_{11}^{\sigma} = ae_{11} + be_{12} + ce_{21} + de_{22},$$

则 $0 = Q(e_{11}^\sigma) = ad + bc$. 由引理 7.4.18 知, 存在 $(\alpha, \beta) \neq (0, 0)$, $(\gamma, \delta) \neq (0, 0)$, 使得

$$a = \alpha\gamma, \quad b = \alpha\delta, \quad c = \beta\gamma, \quad d = \beta\delta.$$

令

$$S^{-1} = \begin{pmatrix} \alpha & \alpha' \\ \beta & \beta' \end{pmatrix}, \quad T = \begin{pmatrix} \gamma & \delta \\ \gamma' & \delta' \end{pmatrix},$$

其中 $\alpha', \beta', \gamma', \delta'$ 使得 $\det S = \det T = 1$, 于是 $\rho = \rho_{S,T} \in \operatorname{Im}\varphi$, 并且有

$$e_{11}^\rho = S^{-1}e_{11}T = \begin{pmatrix} \alpha\gamma & \alpha\delta \\ \beta\gamma & \beta\delta \end{pmatrix} = ae_{11} + be_{12} + ce_{21} + de_{22} = e_{11}^\sigma.$$

因此 $e_{11}^{\sigma\rho^{-1}} = e_{11}$. 要证明 $\sigma \in \operatorname{Im}\varphi$, 只需证明 $\sigma\rho^{-1} \in \operatorname{Im}\varphi$. 故可假定 σ 满足 $e_{11}^\sigma = e_{11}$. 由命题 7.4.17 (1) 知, 这时有 $e_{12}^\sigma \in \langle e_{11}, e_{12} \rangle$.

设 $e_{12}^\sigma = \lambda e_{11} + \mu e_{12}, \mu \neq 0$. 令

$$S = \begin{pmatrix} 1 & 0 \\ 0 & \mu \end{pmatrix}, \quad T = \begin{pmatrix} 1 & 0 \\ \lambda & \mu \end{pmatrix},$$

则 $\rho = \rho_{S,T}$ 满足

$$e_{12}^\rho = S^{-1}e_{12}T = \begin{pmatrix} \lambda & \mu \\ 0 & 0 \end{pmatrix} = e_{12}^\sigma,$$

且 $e_{11}^\rho = S^{-1}e_{11}T = e_{11} = e_{11}^\sigma$, 从而可进一步假定 $e_{11}^\sigma = e_{11}, e_{12}^\sigma = e_{12}$. 这时由命题 7.4.17 (2) 知, 存在 $\zeta \in F$, 使得

$$e_{21}^\sigma = e_{21} + \zeta e_{11}, \quad e_{22}^\sigma = e_{22} + \zeta e_{12}.$$

令 $S^{-1} = \begin{pmatrix} 1 & \zeta \\ 0 & 1 \end{pmatrix}$, $T = E$ 为单位矩阵, 则 $\rho = \rho_{S,T}$ 满足

$$e_{21}^\rho = S^{-1}e_{21} = e_{21}^\sigma, \quad e_{22}^\rho = S^{-1}e_{22} = e_{22}^\sigma,$$

且还有 $e_{11}^\rho = e_{11}, e_{12}^\rho = e_{12}$. 这就证明了 $\sigma = \rho$, 进而得出 $\sigma \in \operatorname{Im}\varphi$. $\square$

定理 7.4.20 设 $\operatorname{char} F = 2$, $|F| > 2$, V 是 F 上的 4 维正交空间, 其 Witt 指数 $m(V) = 2$, 则

$$\Omega(V) = O'(V) \cong SL_2(V) \times SL_2(V).$$

证明 对群 $G = \{\,(S,T) \mid S, T \in GL_2(F),\ \det S = \det T\,\}$, 显然有

$$SL_2(F) \times SL_2(F) \leqslant G \leqslant GL_2(F) \times GL_2(F).$$

因为 $GL_2'(F) = SL_2'(F) = SL_2(F)$, 所以

$$SL_2'(F) \times SL_2'(F) \leqslant G' \leqslant GL_2'(F) \times GL_2'(F),$$

从而有

$$SL_2(F) \times SL_2(F) \leqslant G' \leqslant SL_2(F) \times SL_2(F),$$

即得 $G' = SL_2(F) \times SL_2(F)$. 已知 $\varphi\colon G \to SO(V)$, $(S,T) \mapsto \rho_{S,T}$ 是满同态, 将其限制到 G' 上, 得到 $\varphi|_{G'}\colon G' \to SO'(V) = \Omega(V)$, 仍然是满同态, 而其核

$$\begin{aligned}
\operatorname{Ker}\varphi|_{G'} &= \operatorname{Ker}\varphi \cap (SL_2(F) \times SL_2(F)) \\
&= \{\,(\lambda E, \lambda E) \mid \lambda^2 = 1\,\} = \{(E,E)\}.
\end{aligned}$$

这就证明了 $\varphi|_{G'}$ 是同构映射. 定理得证. $\qquad\square$

注 7.4.21 当 $|F| = 2$ 时, $GL_2(2) = SL_2(2)$, 因此

$$G = SL_2(2) \times SL_2(2), \quad \operatorname{Ker}\varphi = 1.$$

换言之, 这时有

$$SO(V) \cong SL_2(2) \times SL_2(2) \cong S_3 \times S_3.$$

进一步, 有 $\Omega(V) = SO'(V) \cong A_3 \times A_3$, 而 $O(V) \cong S_3 \operatorname{wr} \mathbb{Z}_2$.

　　最后我们指出, 当 $F = F_q$ 为有限域, $\dim V = 2m$ 时, 正交群的阶分别为

$$|O_{2m}^+(q)| = 2q^{m(m-1)}(q^m - 1)\prod_{i=1}^{m-1}(q^{2i} - 1),$$

$$|O_{2m}^-(q)| = 2q^{m(m-1)}(q^m + 1)\prod_{i=1}^{m-1}(q^{2i} - 1).$$

这个结果与 char $F \neq 2$ 的情形是一样的, 也可以用相同的方法给予证明 (参见 §6.4).

附录　Sesquilinear 形式与配极

设 V 是域 F 上的 n 维线性空间, 记 $PG(V) = \{V$的全体子空间$\}$. $PG(V)$ 连同子空间之间的包含关系就构成一个偏序集, 称为 V 的**射影几何**. $PG(V)$ 中的 1 维子空间称做 (射影) **点**, 2 维子空间称做 (射影) **线**, $n-1$ 维子空间称做 (射影) **超平面**. 特别地, 射影几何 $PG(V)$ 的**维数**定义为 $\dim V - 1 = n - 1$. $PG(V)$ 中全体 k-维子空间构成的集合 $Gr_k(V)$ 称为 k-维 **Grassmann 流形**[1] (Grassmann manifold). 特别地, 1-维 Grassmann 流形 $Gr_1(V)$ 就是射影空间 $\mathscr{P}(V)$.

设 V_1, V_2 分别是域 F_1, F_2 上的 n 维线性空间. 给定直射 $\varphi\colon \mathscr{P}(V_1)$ $\to \mathscr{P}(V_2)$. 可以自然地把 φ 延拓成射影几何 $PG(V_1) \to PG(V_2)$ 的一个映射 Φ: 对任一子空间 $U \in PG(V_1)$, 设 $u_1, \cdots, u_r$ 是 U 的一个基, 定义 V_2 中由 $\langle u_1 \rangle^\varphi, \cdots, \langle u_r \rangle^\varphi$ 张成的子空间为 $U^\Phi \in PG(V_2)$.

> **习题 1** 证明:
> (1) Φ 是良定的, 即 U^Φ 与 U 的基向量选取无关;
> (2) Φ 是 $PG(V_1) \to PG(V_2)$ 的一个双射;
> (3) Φ 保持子空间的包含关系: 对 $W \in PG(V_1)$, 有
>
> $$U \subseteq W \Longleftrightarrow U^\Phi \subseteq W^\Phi.$$

定义 2 设 V_1, V_2 分别是域 F_1, F_2 上的 n 维线性空间. 如果射影几何 $PG(V_1) \to PG(V_2)$ 的双射 Φ 保持子空间的包含关系, 就称 Φ 为**一个射影同构**.

用这个术语, 给定射影空间 $\mathscr{P}(V_1) \to \mathscr{P}(V_2)$ 的一个直射 φ, 就导出相应的射影几何 $PG(V_1) \to PG(V_2)$ 的一个射影同构 Φ. 反之,

---

[1]Hermann Günther Grassmann (1809.4.15 —1877.9.26), 德国数学家.

给定射影同构 Φ: $PG(V_1) \to PG(V_2)$, 对任意共线的三点 $\langle u \rangle$, $\langle v \rangle$, $\langle w \rangle \in \mathscr{P}(V_1)$, 显然它们都包含在子空间 $\langle u, v \rangle$ 中, 于是有

$$\langle u \rangle^\Phi, \langle v \rangle^\Phi, \langle w \rangle^\Phi \subseteq \langle u, v \rangle^\Phi,$$

即 $\langle u \rangle^\Phi$, $\langle v \rangle^\Phi$, $\langle w \rangle^\Phi$ 共线. 这说明射影同构 Φ 限制在 1 维子空间的集合上就是一个直射. 换言之, 射影空间之间的全体直射与射影几何之间的全体射影同构形成 1-1 对应的关系.

进一步, 对于域 F_1, F_2 上的 $n \geqslant 3$ 维线性空间 V_1, V_2, 任给射影同构 Φ: $PG(V_1) \to PG(V_2)$, 唯一存在直射 φ, 使得 Φ 由 φ 延拓而成. 根据射影几何基本定理 (定理 2.1.7), 存在域同构 σ: $F_1 \to F_2$ 和可逆的 σ-半线性映射 S: $V_1 \to V_2$, 使得 $\varphi = \mathscr{P}(S)$. 这意味着任一射影同构都可以由一个 σ-半线性映射导出.

定义 3 设 V_1, V_2 分别是域 F_1, F_2 的上 $n \geqslant 3$ 维线性空间, 射影几何 $PG(V_1) \to PG(V_2)$ 的一个双射 π 称为一个**对偶** (duality), 如果 π 将包含关系反向 (inclusion-reversing):

$$U \subseteq W \Longleftrightarrow U^\pi \supseteq W^\pi.$$

射影几何 $PG(V_1)$ 到自身的对偶称为**对射** (correlation).

下面看一类特殊的对偶. 设 $U \subseteq V$ 是一个子空间. 定义

$$U^0 = \{f \in V^* \mid f(v) = 0, \ \forall v \in U\},$$

称之为子空间 U 的**零化子** (annihilator). 显然 U^0 是 V^* 的子空间. 映射 $\Theta : V \to V^*$, $U \mapsto U^0$ 称为**零化子映射** (annihilator mapping).

定理 4 零化子映射 $\Theta : V \to V^*$ 是双射, 且满足

(1) $\dim U^0 = \dim V - \dim U$;

(2) $(U^0)^0 = U$;

(3) $U \subseteq W \Longleftrightarrow U^0 \supseteq W^0$;

(4) $(U + W)^0 = U^0 \cap W^0$;

(5) $(U \cap W)^0 = U^0 + W^0$.

证明 设 $e_1, \cdots, e_r$ 是 U 的一个基. 将其扩充成 V 的基 $e_1, \cdots, e_r$, $e_{r+1}, \cdots, e_n$, 而 $e_1^*, \cdots, e_r^*, e_{r+1}^*, \cdots, e_n^*$ 是相应的对偶基. 则对任意 $f \in V^*$, $f \in U^0$ 当且仅当 $f(e_1) = \cdots = f(e_r) = 0$. 设 $f = \sum_i^n c_i e_i^*$, $c_i \in F$ $(i = 1, \cdots, n)$, 则有 $c_1 = \cdots = c_r = 0$. 这说明 $U^0 = \langle e_{r+1}^*, \cdots, e_n^* \rangle$, (1) 得证.

由 (1) 知 $\dim (U^0)^0 = \dim V - \dim U^0 = \dim U$. 又显然有 $U \subseteq (U^0)^0$, (2) 得证.

如果 $U^0 = W^0$, 则有 $U = (U^0)^0 = (W^0)^0 = W$, 所以 Θ 是单射. 对任意子空间 $P \subseteq V^*$, P^0 是 $V^{**} = V$ 的子空间, 且 $(P^0)^0 = P$, 所以 Θ 是满射.

(3), (4), (5) 的证明留给读者作为练习. $\qquad\square$

零化子映射 Θ 就是射影几何 $PG(V) \to PG(V^*)$ 的一个对偶. 将 V^{**} 与 V 等同, 则 Θ^2 是 $PG(V)$ 到自身的恒等变换.

设 V 是域 F 上的 $n \geqslant 3$ 维线性空间, $PG(V)$ 是相应的射影几何. 这时零化子映射 $\Theta: PG(V) \to PG(V^*)$ 是一个对偶, 即将子空间的包含关系反向. 假设 π 是 $PG(V)$ 上的一个对射, 则映射的复合 $\pi\Theta: PG(V) \to PG(V^*)$, $X \mapsto (\pi(X))^0$ 保持子空间的包含关系, 从而是一个射影同构. 根据射影几何基本定理, 存在域自同构 σ 和 σ-半线性映射 $f: V \to V^*$, 使得

$$\pi(X)^0 = X^f, \quad \forall X \in PG(V).$$

注意对任意 $v \in V$, $v^f \in V^*$ 是一个线性函数. 定义映射 $\beta: V \times V \to F$:

$$\beta(u, v) = u^{v^f}, \quad \forall u, v \in V. \qquad (*)$$

于是, 对任意 $u, v, w \in V$, $a, b \in F$, 有

$$\beta(u + v, w) = (u + v)^{w^f} = u^{w^f} + v^{w^f} = \beta(u, w) + \beta(v, w),$$
$$\beta(u, v + w) = u^{(v+w)^f} = u^{v^f + w^f} = u^{v^f} + u^{w^f} = \beta(u, v) + \beta(u, w),$$
$$\beta(au, bv) = (au)^{(bv)^f} = (au)^{b^\sigma v^f} = ab^\sigma u^{v^f} = ab^\sigma \beta(u, v).$$

可见, 映射 β 是 V 上的一个 σ-**sesquilinear 形式**. 进一步, 如果对某个 $v \in V$, $\beta(u, v) = 0$ ($\forall u \in V$), 则 v^f 是零函数. 因为 f 是双射, 所以 $v = 0$. 同理, 若对某个 $u \in V$, $\beta(u, v) = 0$ ($\forall v \in V$), 则任意线性函数在 u 上的取值都等于 0, 即得 $u = 0$.

定义 5　V 上的一个 σ-sesquilinear 形式 β 称为**非退化的** (non-degenerate), 如果

$$\{ v \in V \mid \beta(u, v) = 0,\ \forall u \in V \} = \{ u \in V \mid \beta(u, v) = 0,\ \forall v \in V \} = \{0\}.$$

综上所述, 给定射影几何 $PG(V)$ 上的一个对射, 就得到一个非退化的 σ-sesquilinear 形式. 反之也成立: 给定 V 上一个非退化的 σ-sesquilinear 形式 $\beta: V \times V \to F$. 对任意子空间 $U \subseteq V$, 定义映射

$$\perp: U \mapsto U^\perp = \{ v \in V \mid \beta(v, u) = 0,\ \forall u \in U \}.$$

直接验证可知, 映射 $\perp$ 是 V 的子空间之间的一个双射, 且将子空间的包含关系反向, 即有

$$U \subseteq W \Longleftrightarrow U^\perp \supseteq W^\perp,$$

从而由线性空间 V 上的 σ-sesquilinear 形式 β 得到射影几何 $\mathscr{P}(V)$ 上的一个对射 $\perp$. 由此可见, 研究射影几何的对射与研究 V 上非退化的 σ-sesquilinear 形式是等价的. 将二者联系起来的是射影几何基本定理和 $(*)$ 式.

给定非退化的 σ-sesquilinear 形式 β, 就有射影几何 $PG(V) \to PG(V)$ 的对射 $\perp$. 再考虑零化子映射 Θ. 我们已经看到, 其复合 $\perp\Theta$: $PG(V) \to PG(V^*)$ 是一个射影同构. 于是, 存在双射的 σ-半线性映射 f, 使得 $\perp\Theta = \mathscr{P}(f)$. 直接验证可知, 这里的 f 就是 46 页定义的映射 $R: V \to V^*$, 即对给定的 $u \in V$, 有

$$u^f = u_R: x \mapsto \beta(x, u), \quad \forall x \in V.$$

进一步, 把 V^{**} 与 V 等同, 就得到

$$\perp = \perp\Theta^2 = (\perp\Theta)\Theta = \mathscr{P}(f)\Theta,$$

进而得到

$$U^{\perp} = \left(U^f\right)^0, \quad \forall U \in PG(V).$$

注意 f 是双射, 保持子空间的维数不变, 也保持子空间的包含关系不变. 由定理 4 就得出

定理 6 (1) $\dim U + \dim U^{\perp} = \dim V$;

(2) $U \subseteq W \implies U^{\perp} \supseteq W^{\perp}$;

(3) $(U + W)^{\perp} = U^{\perp} \cap W^{\perp}$, $(U \cap W)^{\perp} = U^{\perp} + W^{\perp}$.

定义 7 射影几何 $\mathscr{P}(V)$ 上的一个对射 π 称为 $\mathscr{P}(V)$ 的一个**配极** (polarity), 如果 π 是 2 阶的.

给定 σ-sesquilinear 形式 β, 就可以定义相应的对射 $\perp$, 它为配极的充分必要条件是对任意子空间 $U \subseteq V$, 总有 $(U^{\perp})^{\perp} = U$. 下面的定理刻画了 β 要满足的条件.

定理 8 设 σ 是 F 上的一个域自同构, β 是 V 上非退化的 σ-sesquilinear 形式, $\perp$ 是由 β 导出的对射, 则 $\perp$ 是配极当且仅当 β 满足

$$\beta(u, v) = 0 \Longleftrightarrow \beta(v, u) = 0, \quad \forall u, v \in V.$$

证明 必要性 若 $\beta(u, v) = 0$, 则 $v \in \langle u \rangle^{\perp}$. 于是

$$\langle v \rangle^{\perp} \supseteq \langle u \rangle^{\perp\perp} = \langle u \rangle,$$

即得 $\beta(v, u) = 0$.

充分性 对任意子空间 $U \subseteq V$, 有

$$U^{\perp} = \{v \in V | \beta(v, u) = 0, \ \forall u \in U\}.$$

故对任意 $u \in U$, 有 $\beta(u, v) = \beta(v, u) = 0$, $\forall v \in U^{\perp}$. 这意味着

$$U \subseteq U^{\perp\perp}.$$

再由定理 6 (1) 即得 $U = U^{\perp\perp}$, 所以 $\perp$ 是一个配极. $\qquad\square$

定义 9 V 上的 σ-sesquilinear 形式 β 称为**自反的** (reflexive), 如果

$$\beta(u, v) = 0 \Longleftrightarrow \beta(v, u) = 0, \quad \forall u, v \in V.$$

定理 8 指明了自反的 σ-sesquilinear 形式这个代数概念与配极这个几何概念之间的本质联系. 在第三章中, 我们给出了自反的 σ-sesquilinear 形式的分类, 即著名的 Birkhoff-von Neumann 定理 (定理 3.1.14).

符 号 说 明

符 号	含 义
1_V	V 上的恒等映射
α^G	群 G 的包含 α 的轨道
A_n	n 次交错群
A^{op}	代数 A 的反代数
$\mathrm{Aut}\,(G)$	群 G 的自同构群
$\mathbb{C}$	复数域
$C_G(H)$	H 在 G 中的中心化子
$\mathrm{char}\,F$	域 F 的特征
$\mathrm{codim}\,U$	子空间 U 的余维数
$\det M$	矩阵 M 的行列式
D_{2n}	$2n$ 阶二面体群
$\dim V$	线性空间 V 的维数
$\mathrm{discr}(B)$	B 的判别式
$\Phi(G)$	群 G 的 Frattini 子群
$\varphi|_W$	映射 φ 在 W 上的限制
F^+	域 F 的加法群
$F^\times$	域 F 的乘法群
$\mathrm{Fix}\,(\varphi)$	映射 φ 的不动点集合
F_q	q 个元素的有限域
$\Gamma L(V)$	V 上的半线性变换群
G_α	群 G 中点 α 的稳定化子
$Gal(K/F)$	扩域 K/F 的 Galois 群
$G \cong H$	群 G 同构于群 H

符 号	含 义
$\lvert G:H \rvert$	子群 H 在 G 中的指数
$[g,h]$	群中元素 g,h 的换位子
$G.H$	群 G 被 H 的任一扩张
$G:H$	群 G 被 H 的可裂扩张
$GL(V), GL_n(F), GL_n(q)$	一般线性群
G'	群 G 的换位子群 (导群)
$G \rtimes H, H \ltimes G$	群 G 与 H 的半直积
$G \times H$	群 G 与 H 的直积
$G = \langle S \rangle$	G 是由集合 S 中元素生成的群
$G \text{ wr } H$	群 G 与 H 的圈积
$H \leqslant G$	H 是 G 的一个子群
$H < G$	H 是 G 的一个真子群
$\text{Im}\,\varphi$	映射 φ 的像集合
$\text{Isom}\,(V,B)$	形式空间 (V,B) 的等距群
$K = F(\alpha)$	K 是域 F 上添加 α 得到的扩域
$\text{Ker}\,\varphi$	映射 φ 的核
M'	矩阵 M 的转置
$m(V)$	V 的 Witt 指数
$N \trianglelefteq G$	N 是 G 的一个正规子群
$N \triangleleft G$	N 是 G 的一个正规真子群
$N_G(H)$	H 在 G 中的正规化子
$N_{K/F}: K^\times \to F^\times$	扩域 K/F 上的范数映射
$O(V), O(V,Q)$	一般正交群
$\mathscr{P}_{n-1}(V)$	基于 n 维线性空间 V 的射影空间
$PG(V)$	线性空间 V 的射影几何
$PGL(V), PGL_n(F), PGL_n(q)$	一般射影线性群
$PGU_n(q^2)$	射影酉群
$PO(V)$	射影正交群
$PSL(V), PSL_n(F), PSL_n(q)$	特殊射影线性群

续表

符　号	含　义
$PSO(V)$	射影特殊正交群
$PSp_{2m}(V), PSp_{2m}(F), PSp_{2m}(q)$	射影辛群
$PSU_n(q^2)$	特殊射影酉群
$\mathbb{R}$	实数域
$\mathrm{rad}\,Q$	二次型 Q 的根
$\mathrm{rank}\,M$	矩阵 M 的秩
$SL(V), SL_n(F), SL_n(q)$	特殊线性群
S_n	n 次对称群
$SO(V)$	特殊正交群
$Sp_{2m}(V), Sp_{2m}(F), Sp_{2m}(q)$	辛群
$S \subseteq T, T \supseteq S$	S 是 T 的子集合
$S \subset T, T \supset S$	S 是 T 的真子集合
$SU(V), SU_n(F), SU_n(q^2)$	特殊酉群
$Syl_p(G)$	群 G 的 Sylow p-子群的集合
$\mathrm{Sym}(\Omega)$	Ω 上的对称群
$T_{K/F}\colon K \to F$	扩域 K/F 上的迹映射
$U^\perp$	子空间 U 的正交补
$U \perp W$	子空间 U 与 W 的正交和
$U \oplus W$	子空间 U 与 W 的直和
$U(V), U_n(F), U_n(q^2)$	一般酉群
U^0	子空间 U 的零化子
$\langle v_1, \cdots, v_r \rangle$	由 $v_1, \cdots, v_r$ 生成的子空间
V^*	线性空间 V 的对偶空间
$V^{\perp_L}, V^{\perp_R}$	形式空间 V 的左根, 右根
$V^\perp, \mathrm{rad}\,V$	V 的根
$Z(G)$	群 G 的中心
$\mathbb{Z}_n$	n 阶循环群

部分习题解答与提示

第 一 章

1.1.5 设 $\Delta \subset \Omega$ 是一个包含 α 的非平凡块, 则必有 $\Delta = \Delta_0 \cup \Delta_1$ 或者 $\Delta = \Delta_0 \cup \Delta_2$.

第 二 章

2.1.4 设 $A = \begin{pmatrix} a & b \\ c & d \end{pmatrix}$ 属于作用的核, 则它分别保持 $\mathscr{P}$ 中的点 $\langle (0,1) \rangle$, $\langle (1,0) \rangle$ 和 $\langle (1,1) \rangle$ 不变, 即可分别推出 $b = 0$, $c = 0$ 和 $d = a$, 即 A 是数量矩阵. 反之, 数量矩阵必属于作用的核.

2.1.9 (2) 对任意向量 $v = \sum\limits_{i=1}^{n} x_i e_i \in V$, 有

$$v^f = \sum_{i=1}^{n} x_i^\alpha e_i^f = (e_1, \cdots, e_n) A \begin{pmatrix} x_1^\alpha \\ \vdots \\ x_n^\alpha \end{pmatrix} = \left(v^{\alpha'} \right)^{f'}.$$

(3) 对任意 $f = \alpha' f' \in \Gamma L(V)$, $g \in GL(V)$, 有

$$fgf^{-1} = \alpha' f' g f'^{-1} \alpha'^{-1}.$$

设 $f' g f'^{-1} \in GL(V)$ 在 $e_1, \cdots, e_n$ 下的矩阵为 $A = (a_{ij})$, 则对任意向量 $v = \sum\limits_{i=1}^{n} x_i e_i \in V$, 有

$$v^{fgf^{-1}} = \left[(e_1, \cdots, e_n) A \begin{pmatrix} x_1^\alpha \\ \vdots \\ x_n^\alpha \end{pmatrix} \right]^{\alpha'^{-1}} = (e_1, \cdots, e_n) A^{\alpha^{-1}} \begin{pmatrix} x_1 \\ \vdots \\ x_n \end{pmatrix},$$

其中 $A^{\alpha^{-1}} = (a_{ij}^{\alpha^{-1}})$. 换言之, fgf^{-1} 是一个以 $A^{\alpha^{-1}}$ 为矩阵的线性变换, 属于 $GL(V)$. 进一步, 有

$$\Gamma L(V)/GL(V) = \{\,\alpha' \mid \alpha \in \mathrm{Aut}\,(F)\,\} \cong \mathrm{Aut}\,(F).$$

2.2.3　考虑超平面 $H = \mathrm{Ker}\,(g - 1_V)$.

2.2.5　*必要性*　当 u, v 线性相关时, 结论显然成立. 当 u, v 线性无关时, 由

$$\tau(u,\varphi)\tau(v,\psi) = \tau(v,\psi)\tau(u,\varphi)$$

可得, 对任意 $x \in V$, 有 $\varphi(x)\psi(u)v = \psi(x)\varphi(v)u$. 分别取 $x \notin \mathrm{Ker}\,\varphi$ 和 $x \notin \mathrm{Ker}\,\psi$ 即得结论.

2.2.9　设 α-半线性变换 γ 与所有平延可交换, $u, v \in V$ 线性无关. 取线性函数 φ, 满足 $\varphi(u) = 0, \varphi(v) = 1$, 则 γ 应与平延 $\tau\colon x \mapsto x+\varphi(x)u$ 可交换. 于是有

$$v^\gamma + u^\gamma = v^{\tau\gamma} = v^{\gamma\tau} = v^\gamma + \varphi(v^\gamma)u.$$

故得 $\varphi(v^\gamma) \neq 0$. 令 $c = \varphi(v^\gamma)$, 即得 $u^\gamma = \varphi(v^\gamma)u = cu$. 对任意与 u 线性无关的 w, 由命题 2.2.8 知, 存在平延 σ, 使得 $u^\sigma = w$. 于是 $w^\gamma = u^{\sigma\gamma} = u^{\gamma\sigma} = cw$. 对任意 $a \in F^\times$, aw 仍然与 u 线性无关, 因此有 $a^\alpha cw = a^\alpha w^\gamma = (aw)^\gamma = c(aw)$, 即得 $a^\alpha = a, \forall a \in F^\times$.

2.3.1　(1) 设 $w_1, \cdots, w_n$ 是 V 的基, 满足 $w_1, \cdots, w_k$ 是 W 的基, 且对某个 i, $v = w_i$. 令线性变换 $g\colon w_1 \mapsto \lambda w_1, w_j \mapsto w_j, 2 \leqslant j \leqslant n$, 则 $g \in P_k$, $\det g = \lambda$, $\langle v\rangle^g = \langle v\rangle$. 进一步, 对任意 $x \in G$, 存在 $g \in P_k$, 满足 $\det g = \det x$, 故 g 和 x 属于 H 在 G 中的同一陪集. 于是 $x \in H \cdot P_k$.

(2) 对任意 $\langle u\rangle, \langle v\rangle \in \Omega$, 存在 $g \in G$, 使得 $\langle u\rangle^g = \langle v\rangle$. 设 $\lambda = \det g$. 由 (1) 知, 存在 $h \in P_k$, 使得 $\det h = \lambda$, $\langle v\rangle^h = \langle v\rangle$, 故 $\langle u\rangle^g = \langle v\rangle = \langle v\rangle^h$, 进而有 $\langle u\rangle^{gh^{-1}} = \langle v\rangle$, 而 $gh^{-1} \in H$.

(3) 对任意 $\langle w_k\rangle, \langle x_k\rangle \in \Delta$, $\langle w_{k+1}\rangle, \langle x_{k+1}\rangle \in \Gamma$, 分别将其扩充成 V 的基 $w_1, \cdots, w_k, w_{k+1}, \cdots, w_n$ 和 $x_1, \cdots, x_k, x_{k+1}, \cdots, x_n$, 使得 $w_1, \cdots, w_k$ 和 $x_1, \cdots, x_k$ 是 W 的基. 令 $g\colon w_i \mapsto x_i\ (i = 1, \cdots, n)$,

则 $g \in P_k$, 满足 $\langle w_k \rangle^g = \langle x_k \rangle$, $\langle w_{k+1} \rangle^g = \langle x_{k+1} \rangle$. 设 $\det g = \lambda$. 由 (1) 知, 存在 $h_1, h_2 \in P_k$, 使得 $\det h_1 = \det h_2 = \lambda$, 且 $\langle x_k \rangle^{h_1} = \langle x_k \rangle$, $\langle x_{k+1} \rangle^{h_2} = \langle x_{k+1} \rangle$, 于是 $gh_1^{-1}, gh_2^{-1} \in H_k$, 满足 $\langle w_k \rangle^{gh_1^{-1}} = \langle x_k \rangle$, $\langle w_{k+1} \rangle^{gh_2^{-1}} = \langle x_{k+1} \rangle$, 即 Δ, Γ 是 H_k 轨道.

(4) 因为 Δ 是一条 H_k 轨道, 而 $H_k < X$, 所以 Δ 包含在一条 X 轨道中. 又因为 X 不能保持 W 不变, 所以 Δ 不是 X 轨道. 这意味着包含 Δ 的 X 轨道为 $\Delta \cup \Gamma = \Omega$.

(5) 任给平延 $\tau = \tau(x, \varphi) \in H$: $v \mapsto v + \varphi(v)x$, $\varphi(x) = 0$. 对 $\langle x \rangle \in \Omega$, 设 $\langle w \rangle \in \Delta$, 即 $w \in W$. 由 (4) 知, 存在 $g \in X$, 使得 $\langle x \rangle^g = \langle w \rangle$, 于是 $g^{-1}\tau g = \tau(x^g, \varphi \circ g^{-1})$. 因为 $\langle x \rangle^g = \langle w \rangle \subset W$, 由平延的定义可知 $g^{-1}\tau g$ 保持 W 不变, 所以 $g^{-1}\tau g \in H_k < X$, 进而得到 $\tau \in X$. 换言之, X 包含任意平延. 因为 $H = SL_n(F)$ 由平延生成, 所以证得 $X = H$.

(6) 因为 $P_k < X$, 所以存在 $x \in X$ 和 $w \in W$, 满足 $\langle w \rangle^x = \langle v \rangle \notin W$. 由 (1) 知, 存在 $g \in P_k < X$, 使得 $\langle v \rangle^g = \langle v \rangle$, 且 $\det g = \det x$, 于是 $xg^{-1} \in X \cap H$, 且 $\langle w \rangle^{xg^{-1}} = \langle v \rangle$, 即得 $X \cap H > H_k$. 由 (5) 知, 这时必有 $X \cap H = H$, 即 $H \leqslant X$, 所以 $H \cdot P_k \leqslant X$. 由 (1) 得证 $X = G$.

第 三 章

3.1.6 仿照线性变换维数公式的证明.

3.1.11 当 B 非退化时, 用推论 3.1.10.

3.1.18 (2) 设 B 是 V 上的任一双线性形式, 它在 V 的某个基下的矩阵为 M. 考虑矩阵 $\frac{1}{2}(M + M')$ 和 $\frac{1}{2}(M - M')$ 所对应的双线性形式.

3.1.29 对任意 $u, v \in V$, 考虑 $B(u+v, u+v)$.

3.4.15 设 $e_1, \cdots, e_n$ 为 V 的一个基. 对任意 $u + \mathrm{i}v \in V^{\mathbb{C}}$, 假设 $u = \sum_{j=1}^{n} \lambda_j e_j$, $v = \sum_{j=1}^{n} \mu_j e_j$, $\lambda_j, \mu_j \in \mathbb{R}$ $(j = 1, \cdots, n)$, 则

$$u + \mathrm{i}v = \sum_{j=1}^{n} (\lambda_j + \mathrm{i}\mu_j)e_j.$$

再验证 $e_1, \cdots, e_n$ 在 $V^{\mathbb{C}}$ 中线性无关, 即得 $\dim V^{\mathbb{C}} = n$.

3.4.17 令 $H = -\mathrm{i}B^{\mathbb{C}}$. 注意到 B 是反对称的, 故对任意 $u + \mathrm{i}v$, $x + \mathrm{i}y \in V^{\mathbb{C}}$, 有

$$H(x + \mathrm{i}y, u + \mathrm{i}v) = \overline{H(u + \mathrm{i}v, x + \mathrm{i}y)}.$$

第 四 章

4.1.5 (1) 度量矩阵为 $\begin{pmatrix} 0 & E_m \\ -E_m & 0 \end{pmatrix}$, 其中 E_m 为 m 阶单位矩阵.

(2) 记 $u = (u_1, \cdots, u_m)$, $v = (v_1, \cdots, v_m)$. 对任意向量

$$\alpha = (u\ v)\begin{pmatrix} a \\ b \end{pmatrix}, \quad \beta = (u\ v)\begin{pmatrix} c \\ d \end{pmatrix} \in V,$$

其中 $a = (a_1, \cdots, a_m)'$, $b = (b_1, \cdots, b_m)'$, $c = (c_1, \cdots, c_m)'$, $d = (d_1, \cdots, d_m)'$, $a_i, b_i, c_i, d_i \in F$ $(i = 1, \cdots, m)$, 有

$$B(\alpha, \beta) = (a'\ b')\begin{pmatrix} 0 & E_m \\ -E_m & 0 \end{pmatrix}\begin{pmatrix} c \\ d \end{pmatrix} = -b'c + a'd.$$

而

$$B(\alpha^g, \beta^g) = (a'M'\ b'M^{-1})\begin{pmatrix} 0 & E_m \\ -E_m & 0 \end{pmatrix}\begin{pmatrix} Mc \\ M'^{-1}d \end{pmatrix} = B(\alpha, \beta).$$

4.1.9 假定

$$v_i^{\sigma} = \sum_{s=1}^{m} a_{is}u_s + \sum_{t=1}^{m} b_{it}v_t, \quad a_{ij}, b_{ij} \in F,$$

则有

$$B(u_i, v_j) = B(u_i^\sigma, v_j^\sigma) = B\left(u_i, \sum_{s=1}^m a_{is}u_s + \sum_{t=1}^m b_{it}v_t\right) = b_{ji}.$$

于是 $b_{ji} = \delta_{ji}$. 对于 $i \neq j$, 有

$$0 = B(v_i^\sigma, v_j^\sigma) = B\left(v_i + \sum_{s=1}^m a_{is}u_s, \ v_j + \sum_{t=1}^m a_{jt}u_t\right)$$
$$= a_{ij}B(u_j, v_j) + a_{ji}B(v_i, u_i).$$

于是, 对任意特征的域 F, 总有 $a_{ij} = a_{ji}$.

4.1.10 设 $x \in \mathrm{Ker}\,(1_V - \tau)$. 对任意 $y \in V$, 有

$$B(x, y - y^\tau) = B(x, y) - B(x, y^\tau) = B(x^\tau, y^\tau) - B(x, y^\tau)$$
$$= B(x^\tau - x, y) = 0.$$

这意味着 $\mathrm{Ker}\,(1_V - \tau) \subseteq \mathrm{Im}\,(1_V - \tau)$. 再由维数

$$\dim \mathrm{Ker}\,(1_V - \tau) = \dim V - \dim \mathrm{Im}\,(1_V - \tau) = \dim \mathrm{Im}\,(1_V - \tau)^\perp$$

即得证.

4.1.11 (1) 令 $V_1 = \mathrm{Ker}\,(1_V - \tau)$, $V_2 = \mathrm{Im}\,(1_V - \tau)$ 即满足要求.

(2) 因为 $\mathrm{char}\,F = 2$, 所以 $1_V - \tau = 1_V + \tau$. 令 $U = \mathrm{Ker}\,(1_V + \tau)$ 为 τ 的全体不动点构成的集合, 然后可按照下述步骤证明:

(a) $\mathrm{Im}\,(1_V + \tau)$ 是 U 的全迷向子空间.

因为 $(1_V + \tau)^2 = 1_V + \tau^2 = 0$, 所以 $\mathrm{Im}\,(1_V + \tau) \subseteq U$. 对任意 $x, y \in V$, 有

$$B(x + x^\tau, y + y^\tau) = B(x, y) + B(x, y^\tau) + B(x^\tau, y) + B(x^\tau, y^\tau)$$
$$= 2B(x, y) + B(x, y^\tau) + B(x^{\tau^2}, y^\tau) = 0,$$

即证得 $\mathrm{Im}\,(1_V + \tau)$ 是 U 的全迷向子空间.

(b) 设 $U = \operatorname{rad} U \perp U_0$, 则 $\operatorname{rad} U = U \cap U_0^\perp$, 且 U_0 是 V 的非退化子空间.

显然有 $\operatorname{rad} U \subseteq U \cap U_0^\perp$. 反之, 设 $x \in U \cap U_0^\perp$. 对任意 $r + u \in U$, 其中 $r \in \operatorname{rad} U, u \in U_0$, 有 $B(x, r + u) = 0$. 这说明 $x \in \operatorname{rad} U$. 进一步, 有 $U_0 \cap U_0^\perp \subseteq U \cap U_0^\perp = \operatorname{rad} U$, 于是 $U_0 \cap U_0^\perp \subseteq U_0 \cap \operatorname{rad} U = 0$, 即 U_0 非退化.

(c) $\dim U_0^\perp = \dim \operatorname{Im}(1_V + \tau)|_{U_0^\perp} + \dim \operatorname{rad} U$.

因为 τ 保持 U_0 中的每个向量不动, 故对 $x \in U_0^\perp$ 和任意 $u \in U_0$, 有
$$B(x^\tau, u) = B(x^\tau, u^\tau) = B(x, u) = 0,$$
即得 $(U_0^\perp)^\tau \subseteq U_0^\perp$. 将 $1_V + \tau$ 限制在 $U_0^\perp$ 上, 其核为 $\operatorname{Ker}(1_V + \tau) \cap U_0^\perp = \operatorname{rad} U$. 由维数公式即得证.

(d) $\operatorname{rad} U$ 是 $U_0^\perp$ 的极大全迷向子空间.

$\operatorname{Im}(1_V + \tau)|_{U_0^\perp}$ 和 $\operatorname{rad} U$ 都是 $U_0^\perp$ 的全迷向子空间, 其维数 $\leqslant \frac{1}{2}\dim U_0^\perp$. 由 (c) 即得 $\dim \operatorname{rad} U = \frac{1}{2}\dim U_0^\perp$.

(e) 令 W_0 为 U_0 的一个极大全迷向子空间, 则 $W = W_0 + \operatorname{rad} U$ 是 V 的一个极大全迷向子空间, 使得 $\tau|_W = 1_W$.

因为 U_0 非退化, 所以 $V = U_0 \perp U_0^\perp$. 现在 W_0 和 $\operatorname{rad} U$ 分别是 U_0 和 $U_0^\perp$ 的极大全迷向子空间, 故 W 是 V 的极大全迷向子空间. 又因为 $W_0 \subseteq U_0 \subseteq U$, 所以 $\tau|_W = 1_W$.

4.2.7 $|\Delta_0| = 1, |\Delta_1| = q(q^{2m-2} - 1)/(q - 1), |\Delta_2| = q^{2m-1}$.

4.3.7 (1) 设 $\langle u, v \rangle$ 是 2 维全迷向子空间. 向量 u 有 $q^4 - 1$ 种取法. $\langle u \rangle^\perp \supset \langle u \rangle$ 是 3 维的, 故 v 有 $q^3 - q$ 种取法. 所以 V 中共有
$$(q^4 - 1)(q^3 - q)/(q^2 - 1)(q^2 - q) = q^3 + q^2 + q + 1$$
个 2 维全迷向子空间.

(2) 每个 2 维全迷向子空间中有 $(q^2 - 1)/(q - 1) = q + 1$ 个 1 维子空间. 若 $\ell' \neq \ell \in \mathscr{L}$, 则 $\ell \cap \ell'$ 的维数 $\leqslant 1$.

(3) 设每个点与 x 条线关联. 用两种方式计算关联的点、线对的数目

$$|\{(P,\ell)\mid P\in\mathscr{P},\ \ell\in\mathscr{L},\ P\ \text{与}\ \ell\ \text{关联}\}|,$$

即得 $x=q+1$. 对 $P'\ne P\in\mathscr{P}$, 只有当 $P\perp P'$ 时它们唯一确定一个 2 维全迷向子空间.

(4) 假定 $P=\langle u\rangle$ 与 ℓ 不关联, 则 $\ell\cap\langle u\rangle^\perp$ 是 1 维的. 令 $P'=\ell\cap\langle u\rangle^\perp=\langle z\rangle$, $\ell'=\langle u,z\rangle$ 即满足要求. 因为 P' 与 ℓ,ℓ' 关联, 由 (2) 知 P' 唯一, 进而得到 ℓ' 唯一.

第 五 章

5.3.1 γ,φ 都是 2 阶的.

5.3.2 对于标准正交基 $e_1,\cdots,e_n$, 其度量矩阵 $(B(e_i,e_j))=E$ 是单位矩阵.

5.3.7 (1) 这时迹映射 $T\colon F_{q^2}^+\to F_q^+$ 是满同态, $G=K_u$ 同构于加法子群 $\operatorname{Ker}T\cong F_q^+$.

(2) 因为 $u\perp v$, 所以 $\tau_{u,a}$ 与 $\tau_{v,b}$ 可交换. 再由 $K_u\cap K_v=1_V$ 即得

$$G\cong K_u\oplus K_v.$$

(3) 由命题 5.2.5 和定理 5.3.5 即得证.

5.3.10 (1) 由 (5.11) 式知, V 中迷向向量的个数为

$$i_4-1=q^7+q^4-q^3-1,$$

所以 $|\mathscr{P}|=(i_4-1)/(q^2-1)=(q^3+1)(q^2+1)$.

取定迷向向量 u, 则 $\langle u\rangle^\perp=\langle u\rangle\perp\langle v,w\rangle$, 其中 $\langle v,w\rangle$ 是双曲平面. 计算 $\langle u\rangle^\perp\setminus\langle u\rangle$ 中迷向向量的个数. 首先 $\langle v,w\rangle$ 中迷向向量 x 的个数为 $i_2-1=q^3+q^2-q-1$. 对每个这样的 x 和任意 $\lambda\in F$, $\lambda u+x$ 仍然是 $\langle u\rangle^\perp\setminus\langle u\rangle$ 中的迷向向量, 故共有

$$q^2(i_2-1)=q^2(q^2-1)(q+1)$$

个 x. 于是得到

$$|\mathscr{L}| = \frac{(i_4-1)q^2(i_2-1)}{(q^4-1)(q^4-q^2)} = (q^3+1)(q+1).$$

(2) 对 $\ell \in \mathscr{L}$, ℓ 中包含 $(q^4-1)/(q^2-1) = q^2+1$ 个 1 维子空间, 即每条线恰与 q^2+1 个点关联. 如果 $\ell' \neq \ell \in \mathscr{L}$, 则 $\dim(\ell \cap \ell') \leqslant 1$.

(3) 设每个点与 y 条线关联. 用两种方式计算关联的点、线对的数目, 即得 $|\mathscr{P}|y = (q^2+1)|\mathscr{L}|$, 进而得到 $y = q+1$. 对 $P' \neq P \in \mathscr{P}$, 只有当 $P \perp P'$ 时它们唯一确定一个 2 维全迷向子空间.

(4) 假定 $P = \langle u \rangle$ 与 ℓ 不关联, 则 $\ell \cap \langle u \rangle^{\perp}$ 是 1 维的. 令 $P' = \ell \cap \langle u \rangle^{\perp} = \langle z \rangle$, $\ell' = \langle u, z \rangle$ 即满足要求. 因为 P' 与 ℓ, ℓ' 关联, 由 (2) 知 P' 唯一, 进而得到 ℓ' 唯一.

5.3.11　根据 (5.11) 式, V 中的迷向向量有 $i_4 = 136$ 个. 故 $|\mathscr{P}| = (4^4 - 136)/3 = 40$. 假定 $e_1, \cdots, e_4$ 是 V 的一个标准正交基, 则 $\langle e_1 \rangle$ 有 40 种取法. 而在 $\langle e_1 \rangle^{\perp}$ 中有 $i_3 = 28$ 个迷向向量, 故 $\langle e_2 \rangle$ 有 $(4^3 - 28)/3 = 12$ 种取法. 同理, $\langle e_3 \rangle$ 有 $(4^2 - 10)/3 = 2$ 种取法, $\langle e_4 \rangle$ 只有一种取法. 故得

$$|\mathscr{L}| = 40 \cdot 12 \cdot 2 \cdot 1/(4 \cdot 3 \cdot 2 \cdot 1) = 40.$$

5.3.12　设 $\ell = \{\langle e_1 \rangle, \cdots, \langle e_4 \rangle\}$, 点 $P = \langle u \rangle$ 与 ℓ 不关联. 再设 $u = \sum_{i=1}^{4} c_i e_i, c_i \in F$ $(i = 1, \cdots, 4)$, 则 $B(u, u) = \sum_{i=1}^{4} c_i \bar{c}_i = 1$. 所以 c_i 中不为 0 的恰有 3 个. 这意味着恰有一个与 ℓ 关联的点 P' 与 P 正交, 进而存在唯一的线 ℓ' 与 P 和 P' 都关联.

第 六 章

6.1.18　由命题 6.1.17 的证明知, $V = \langle u, v \rangle$ 恰有两个 1 维迷向子空间.

6.4.2　(2) 对任意 $A \in GL_4(q)$ 和 $X, Y \in V, a, b \in F$, 有

$$(X^{\eta_A})' = (A'XA)' = -A'XA,$$

$$(aX + bY)^{\eta_A} = A'(aX + bY)A = aX^{\eta_A} + bY^{\eta_A},$$

即得 η_A 是 V 上的线性变换. 由 $\eta_A \eta_{A^{-1}} = 1_V$ 知 η_A 可逆. 再设 $B \in GL_4(q)$, 则

$$(X^{\eta_A})^{\eta_B} = (A'XA)^{\eta_B} = B'A'XAB = (AB)'X(AB) = X^{\eta_{AB}}.$$

所以 φ 是 $GL_4(q) \to GL_6(q)$ 的一个群同态.

(3) 对任意 $X, Y = (y_{ij}) \in V$, $a \in F$, 直接计算可得

$$Q(aX) = a^2 Q(X),$$
$$Q(X+Y) = Q(X) + Q(Y) + B(X, Y),$$

其中

$$B(X,Y) = x_{12}y_{34} + y_{12}x_{34} - x_{13}y_{24} - y_{13}x_{24} + x_{14}y_{23} + y_{14}x_{23}$$

显然是对称双线性的. 进一步, 令

$$u_1 = \begin{pmatrix} 0 & 1 & 0 & 0 \\ -1 & 0 & 0 & 0 \\ 0 & 0 & 0 & 0 \\ 0 & 0 & 0 & 0 \end{pmatrix}, \quad v_1 = \begin{pmatrix} 0 & 0 & 0 & 0 \\ 0 & 0 & 0 & 0 \\ 0 & 0 & 0 & 1 \\ 0 & 0 & -1 & 0 \end{pmatrix},$$

$$u_2 = \begin{pmatrix} 0 & 0 & 1 & 0 \\ 0 & 0 & 0 & 0 \\ -1 & 0 & 0 & 0 \\ 0 & 0 & 0 & 0 \end{pmatrix}, \quad v_2 = \begin{pmatrix} 0 & 0 & 0 & 0 \\ 0 & 0 & 0 & 1 \\ 0 & 0 & 0 & 0 \\ 0 & -1 & 0 & 0 \end{pmatrix},$$

$$u_3 = \begin{pmatrix} 0 & 0 & 0 & 1 \\ 0 & 0 & 0 & 0 \\ 0 & 0 & 0 & 0 \\ -1 & 0 & 0 & 0 \end{pmatrix}, \quad v_3 = \begin{pmatrix} 0 & 0 & 0 & 0 \\ 0 & 0 & 1 & 0 \\ 0 & -1 & 0 & 0 \\ 0 & 0 & 0 & 0 \end{pmatrix},$$

直接验证即知 (u_i, v_i) $(i = 1, 2, 3)$ 是双曲对, 且有

$$V = \langle u_1, v_1 \rangle \perp \langle u_2, v_2 \rangle \perp \langle u_3, v_3 \rangle,$$

即证得 V 是 6 维 plus 型正交空间, 其 Witt 指数 $m(V) = 3$.

(4) 对任意 $X = (x_{ij}) \in V$, 如果

$$A = \begin{pmatrix} a_1 & & & \\ & a_2 & & \\ & & a_3 & \\ & & & a_4 \end{pmatrix} \in GL_4(q)$$

是对角阵, 直接计算即得

$$Q\left(X^{\eta_A}\right) = a_1 a_2 a_3 a_4 Q(X) = \det A \cdot Q(X).$$

A 为初等矩阵的情形: 对于 $1 \leqslant i \leqslant 4$ 和 $\lambda \in F$, 记将第 i 行 (列) 乘上 λ 倍的初等矩阵为

$$P(i(\lambda)) = \begin{array}{c} \qquad\quad \text{第 } i \text{ 列} \\ \begin{pmatrix} 1 & & & & \\ & \ddots & & & \\ & & \lambda & & \\ & & & \ddots & \\ & & & & 1 \end{pmatrix} \end{array} \text{第 } i \text{ 行}.$$

可直接验证 $Q(X^{\eta_A}) = \det A \cdot Q(X)$. 例如, 当 $A = P(2(\lambda))$ 时, 有

$$X^{\eta_A} = \begin{pmatrix} 0 & \lambda x_{12} & x_{13} & x_{14} \\ -\lambda x_{12} & 0 & \lambda x_{23} & \lambda x_{24} \\ -x_{13} & -\lambda x_{23} & 0 & x_{34} \\ -x_{14} & -\lambda x_{24} & -x_{34} & 0 \end{pmatrix},$$

所以

$$Q(X^{\eta_A}) = \lambda x_{12} x_{34} - \lambda x_{13} x_{24} + \lambda x_{14} x_{23} = \lambda Q(X) = \det A \cdot Q(X).$$

对于 $1 \leqslant i, j \leqslant 4$, 记交换第 i, j 行 (列) 的初等矩阵为

第 i 列   第 j 列

$$P(i,j) = \begin{pmatrix} 1 & & & & & & \\ & \ddots & & & & & \\ & & 0 & \cdots & 1 & & \\ & & \vdots & \ddots & \vdots & & \\ & & 1 & \cdots & 0 & & \\ & & & & & \ddots & \\ & & & & & & 1 \end{pmatrix} \begin{matrix} \\ \\ 第\ i\ 行 \\ \\ 第\ j\ 行 \\ \\ \end{matrix}$$

例如, 当 $A = P(2,4)$ 时, 有

$$X^{\eta_A} = \begin{pmatrix} 0 & x_{14} & x_{13} & x_{12} \\ -x_{14} & 0 & -x_{34} & -x_{24} \\ -x_{13} & x_{34} & 0 & -x_{23} \\ -x_{12} & x_{24} & x_{23} & 0 \end{pmatrix},$$

所以 $Q(X^{\eta_A}) = -x_{14}x_{23} + x_{13}x_{24} - x_{12}x_{34} = -Q(X) = \det A \cdot Q(X)$.

对于 $1 \leqslant i, j \leqslant 4$, 记将第 j 行的 λ 倍加到第 i 行 (将第 i 列的 λ 倍加到第 j 列) 的初等矩阵为

第 i 列   第 j 列

$$P(i, j(\lambda)) = \begin{pmatrix} 1 & & & & & & \\ & \ddots & & & & & \\ & & 1 & \cdots & \lambda & & \\ & & & \ddots & \vdots & & \\ & & & & 1 & & \\ & & & & & \ddots & \\ & & & & & & 1 \end{pmatrix} \begin{matrix} \\ \\ 第\ i\ 行 \\ \\ 第\ j\ 行 \\ \\ \end{matrix}$$

例如, 当 $A = P(3, 4(\lambda))$ 时, 有

$$X^{\eta_A} = \begin{pmatrix} 0 & x_{12} & x_{13} + \lambda x_{14} & x_{14} \\ -x_{12} & 0 & x_{23} + \lambda x_{24} & x_{24} \\ -x_{13} - \lambda x_{14} & -x_{23} - \lambda x_{24} & 0 & x_{34} \\ -x_{14} & -x_{24} & -x_{34} & 0 \end{pmatrix},$$

故得

$$\begin{aligned} Q(X^{\eta_A}) &= x_{12}x_{34} - (x_{13} + \lambda x_{14})x_{24} + x_{14}(x_{23} + \lambda x_{24}) \\ &= Q(X) = \det A \cdot Q(X). \end{aligned}$$

(5) 因为 $GL_4(q)$ 中的元素均为若干初等矩阵的乘积, 所以由 (4) 即知, 对任意 $A \in GL_4(q)$, η_A 保持二次型 Q 当且仅当 $\det A = 1$, 故 φ 限制在 $SL_4(q)$ 上诱导出 $SL_4(q) \to O_6^+(q)$ 的一个同态. 考察这个同态的核. 设 $A = (a_{ij}) \in \mathrm{Ker}\,\varphi$, 则对任意 $X \in V$, 有 $XA = A'^{-1}X$. 令 $X = u_1$, 可得 $a_{13} = a_{14} = a_{23} = a_{24} = 0$. 同理, 分别令 $X = u_2, u_3, v_1$, 得到 A 的非主对角线元素全为 0, 即 A 是对角阵. 再设

$$A = \begin{pmatrix} a_1 & & & \\ & a_2 & & \\ & & a_3 & \\ & & & a_4 \end{pmatrix}.$$

取 $X = u_1, u_2, u_3$, 可得 $a_2 = a_3 = a_4 = a_1^{-1}$. 由 $\det A = 1$ 即得 $A = \pm E$.

6.5.6 对基向量 $1, i, j, k$ 证明等式成立. 例如

$$\overline{ij} = -k = (-j)(-i) = \bar{j}\,\bar{i}.$$

6.5.10 设 $t = a + bi + cj + dk \in U$, 将其代入等式 $ti = it$, 即得 $c = d = 0$. 再由 $tj = jt$ 可得 $b = 0$.

第 七 章

7.3.11 设 $A = (a_{ij})$, $D = (d_{ij})$. 记 $A'^{-1} = (c_{ij})$, 则有

$$u_j^\sigma = \sum_{i=1}^m a_{ij} u_i, \quad v_j^\sigma = \sum_{i=1}^m (d_{ij} u_i + c_{ij} v_i), \quad j = 1, \cdots, m.$$

直接计算可得 $B(u_i^\sigma, v_j^\sigma) = \sum_{k=1}^m a_{ki} c_{kj}$. 由 $A'C = E$ 是单位矩阵即得

$$B(u_i^\sigma, v_j^\sigma) = \delta_{ij} = B(u_i, v_j).$$

同理可得 $B(v_i^\sigma, v_j^\sigma) = \sum_{k=1}^m (d_{ki} c_{kj} + c_{ki} d_{kj})$. 由 $AD' + DA' = 0$ 即得

$$B(v_i^\sigma, v_j^\sigma) = 0 = B(v_i, v_j).$$

对 $1 \leqslant i \leqslant m$, 直接计算可得 $Q(v_i^\sigma) = \sum_{j=1}^m d_{ji} c_{ji}$, 是矩阵 $D'C = (A^{-1}D)' = A^{-1}D$ 的主对角线元素, 故由已知得到

$$Q(v_i^\sigma) = 0 = Q(v_i).$$

名 词 索 引

参 考 文 献

[1] 徐明曜. 有限群导引 (上册). 第二版. 北京: 科学出版社, 1999.

[2] 徐明曜. 有限群导引 (下册). 北京: 科学出版社, 1999.

[3] 聂灵沼, 丁石孙. 代数学引论. 第二版. 北京: 高等教育出版社, 2003.

[4] 北京大学数学系几何与代数教研室. 高等代数. 第三版. 北京: 高等教育出版社, 2003.

[5] Abramenko Peter, Brown Kenneth S. *Buildings: Theory and applications*. Graduate Texts in Mathematics 248. New York: Springer-Verlag, 2008.

[6] Artin Emil. *Geometric algebra*. New York: Interscience, 1957.

[7] Michael Aschbacher. *Finite group theory*. Cambridge: Cambridge University Press, 1986.

[8] Birkhoff G, Neumann J. von. *The logic of quantum mechanics*, Ann. of Math. 1936, (2)**37**: 823-843.

[9] Carter Roger W. *Simple groups of Lie type*. London: John Wiley & Sons, 1972.

[10] Chevalley Claude. *Sur certains groupes simples*, Tohoku Math. J.1955, (2)**7**: 14-66.

[11] Cole F N. *Simple groups as far as order 660*. American Journal of Mathematies 1893, **15**: 303-315.

[12] Dickson Leonard Eugene. *Linear groups with an exposition of the galois field theory*. Leipzig: Teubner, 1901.

[13] Garrett Paul. *Buildings and classical groups*. London: Chapman & Hall, 1997.

[14] Grove Larry C. *Classical groups and geometric algebra*. Graduate studies in mathematics 39. Providence, Rhode Island: Amer Math Soc, 2002.

[15]　Huppert B. *Endliche gruppen I*. Berlin: Springer-Verlag, 1967. (中译本: 有限群论 (第一卷第一分册). 姜豪, 俞曙霞, 等, 译. 福州: 福建人民出版社, 1992).

[16]　Huppert B. *Geometric algebra*. Lecture Notes, U. of Illinois Chicago, 1968/1969.

[17]　Isaacs Irving Martin. *Character theory of finite groups*. New York: Academic Press, 1976.

[18]　Jacobson Nathan. *Basic algebra I*. 2nd ed. New York: W H Freeman and Company, 1985.

[19]　Lang Serge. *Algebra*. Graduate Texts in Mathematics 211. New York: Springer-Verlag, 2002.

[20]　Pierce R S. *Associative algebras*. Graduate Texts in Mathematics 88, New York: Springer-Verlag, 1982.

[21]　Ronan M. *Lectures on buildings*. San Diego: Academic Press, 1989.

[22]　Siegel Carl L. *Über die zetafunktionen indefiniter quadratische formen II*. Math. Z. 1939, **44**: 398-426.

[23]　Taylor Donald E. *The geometry of the classical groups*. Berlin: Heldermann, 1992.

[24]　Wall G E. *The structure of a unitary factor group*. Publ math de l'Inst des hautes études scientifiques 1959, **1**: 7-23.

[25]　Weyl Hermann. *The classical groups*. Princeton, New Jersey: Princeton University Press, 1946.

[26]　Wilson Robert A. *The finite simple groups*, Graduate Texts in Mathematics 251, London: Springer-Verlag, 2009.